张思莱

作品

爱宝贝

张思莱（健康分册）育儿微访谈

爸爸妈妈最想知道的事

张思莱　著

中国妇女出版社

图书在版编目（CIP）数据

张思莱育儿微访谈：爸爸妈妈最想知道的事.健康分册 / 张思莱著.—北京：中国妇女出版社，2014.8

（爱宝贝名家经典系列）

ISBN 978-7-5127-0909-6

Ⅰ.①张…　Ⅱ.①张…　Ⅲ.①婴幼儿—哺育　Ⅳ.①TS976.31

中国版本图书馆CIP数据核字（2014）第146270号

张思莱育儿微访谈——爸爸妈妈最想知道的事（健康分册）

作　　者：张思莱　著
策划编辑：张京阳
责任编辑：刘　宁
封面设计：柏拉图
责任印制：王卫东
出版发行：中国妇女出版社
地　　址：北京东城区史家胡同甲24号　　邮政编码：100010
电　　话：（010）65133160（发行部）　65133161（邮购）
网　　址：www.womenbooks.com.cn
经　　销：各地新华书店
印　　刷：北京联兴华印刷厂
开　　本：185×260　1/16
印　　张：20.5
字　　数：370千字
版　　次：2014年8月第1版
印　　次：2014年10月第2次
书　　号：ISBN 978-7-5127-0909-6
定　　价：39.80元

推荐序1

小小爱带来大改变

给张思莱大姐的书写序，纯属“袁”冠“张”戴，“猪”头不对“驴”嘴：我是个生意人，而张大姐是大夫；我是王老五，而张大姐讲的是育儿经。不过呢，我这个人，就是天不怕地不怕，最喜欢读书、讲笑话。我就借张大姐的书来说说自己作为一个爱读书、爱写书的王老五的读后感吧。

我7岁的时候第一次帮助我二嫂带孩子，发现孩子真的是很难带，因为你要睡她醒了，你醒了她睡了；一不小心一泡屎，再一高兴一泡尿；喂奶会吐，不喂会哭；抱起来就睡，放下去就嚎；孩子出疹子、发烧、感冒的概率还特别高。我那个时候就觉得，带孩子可比养猪、养羊辛苦多了（我那个时候还真的经常看《农村养猪手册》）。但就这样我也帮助嫂嫂、姐姐们带过五六个孩子。那个时候带孩子基本上是没知识的，即使大人说的也是有一搭、没一搭，所以现在回头再看张大姐的书，貌似自己那个时候在不自觉中有很多操作动作或者养小孩的做法是不对的。那个时候就没有张大姐写的这样通俗易懂而且细致入微的书，结果好多孩子养得很粗放，长大是长大了，但是也留下了很多的遗憾。比如我有一个侄女似乎就是因为小儿麻痹症导致腿脚不便，也有一些孩子似乎养得有点儿营养不足或者营养过剩。我在想，以前人们为什么要生那么多孩子，我就是兄弟姐妹中的第12个！广种薄收啊，不能保证个个养得好，一堆孩子总有押中的宝贝。不过，对于那个没被养好的孩子，很多的遗憾与不幸可就是百分之百的。

读张大姐的书，说的是一个一个的小点，但这样的小点，在任何一个孩子和他们的家长身上，可是一件大事。这样的小点都注意了，很多家庭的宝贝健康了，家庭幸福这件大事就圆满了。这个路子恰恰是我今天在自己做的黑苹果青年公益服务项目和飞马旅创新服务业扶持项目中所强调的，我们今天面临的问题与困难，是有很多体制的问题，但要是人人等待顶层设计解决问题，那么多人在干啥呢？我也不相信真的有了更好的顶层设计，我们的孩子一夜之间就更好养了。问题要从我们每个人做起，如果每个医护人员从手头做好一小点，每个家长注意学习科学的育儿知识一小点，我们的管理者的服务精神与意识多那么一小点，那么多的一小点累积起来，这个社会才会不一样，我们的养育质量才会不一样，我们的医患关系才会从根本上不一样。张大姐不是大人物，张大姐说的也不是大事，张大姐写的这本书也不是一本伟大的著作，她就是让我们体会每个人只要有心，即使没有顶层设计，即使退休了，即使靠着自媒体，也可以怎样一点点地做很多事情。读这本书，我觉得张大姐用最微小的角度教养了我，我也希望有更多的朋友读这本书得到教养，再把这样的教养规则带给自己的宝宝。

袁　岳

零点研究咨询集团董事长、飞马旅发起人及CEO

零点青年公益创业发展中心理事长、独立媒体人

推荐序2

自2000年年初始至今，张思莱医师在一线义务答疑已有14年，是“科学养育”理念的积极传播者和推动者。

这么多年来，我一直习惯称呼张思莱医师为“张教授”，虽然张医师并不在学校任教，但我心里觉得这个称谓与她所做的事情特别贴合。教而授之，传道解惑，张医师一直做的就是“教授”的事。她以儿科医生的从业经历，十几年前即开始在论坛上为父母答疑。她跟新浪育儿的渊源关系比我都要长。张医师还是很“潮”的姥姥，带外孙，玩微博，回答网友问题，传播科学育儿知识。跟着张医师，我们学习养育小孩，努力做个好父母。

2010年，微博新媒体成为重要交流手段，张思莱医师开通新浪微博，成为众多率先在新浪开通微博的大V用户中相当有影响力的一位专家医生，粉丝数达到62万；2011年，作为新浪育儿金牌专家组成员，张医师进驻微访谈问诊栏目，在照看小外孙、外出讲座之余，年复一年地在线回复家长的问题，解决众多年轻父母在宝宝养育及早教方面的困惑。如今，这本汇集了张医师在微博上回复众多父母养育问题的精编书出版了，如果你也是新手父母，正在为小宝宝的各种问题一筹莫展，读读这本书吧！让张思莱医师帮你育儿。

——新浪网育儿执行主编郑先子

推荐序 3

既然生命没有时间停留，让我们用爱陪伴

记得铭铭2岁多的时候，我正在帮助客户做跨国购并的战略咨询。那是一个深秋，我们在美国做商业尽职调查。购并对象产品线非常复杂，全球十几个工厂及供应链盘根错节，联合项目组平均每天睡眠时间不超过4小时。谈判第一阶段结束后，我们开车赶往纽约。客户的项目负责人陈总50多岁，早年是位外交人员，驻外多年后转到企业发展，有着丰富的人生阅历。他一直有痛风，在那段紧张的工作中，旧疾复发，正在咬牙坚持着。车窗外，美国东部落叶绚丽，我默默翻看着手机里儿子的照片，侧耳听着大家关于购并的激烈讨论。陈总忽然话锋一转，对我讲："沙莎，作为客户，我当然希望你百分之百地投入我们的项目；作为朋友，我希望你现在能多些时间陪陪你的儿子。他全心全意地依赖你也就是这几年。不要像我当年一直驻外……现在儿子长大了，他什么心事都不会和我讲，我也不知道怎样和他能够更亲密些。我知道这挺难，你也是个不服输的人，但我想你一定能比我当年做得更好！"6年时光转瞬而逝，这段话时时在我耳边回响。我努力做到可以迅速切换角色，做个不完美、有压力但有趣的妈妈。

我想很多父母和我一样，在陪伴孩子成长的过程中，常常会有很多的惊喜时刻。我非常享受和儿子一起读书、讲故事的温馨时光。记得铭铭1岁半时，刚刚开始说短句。一天早晨，他把我和Harry拉到地板上坐下来，而他自己则爬到高沙发上，打开自己最爱的一本书，一本正经地准备给我们讲故事。他翻开一页，兴高采烈地开始："垃圾车来啦！"然后翻到下一页，换了一个语调神秘地讲："垃圾车，来啦。"最后到了绘本封底，他无限惋惜地说："垃圾车，走了。"我和Harry笑得肚子都疼了。孩子，就是这样让你的心不断地柔软起来。

一方面我非常幸运，母亲是儿科专家，可以时时指导我科学育儿；另一方面，我也像每一位年轻的妈妈，常常会有很多疑问和挫折感。我很爱看妈妈的书，她有几十年做儿科医生的丰富经验，也有作为姥姥带外孙成长的真实体验，更有和千千万万年轻妈妈网友互动答疑，对大家精准的指导和深入浅出的讲解。妈妈的新书《张思莱育儿微访谈》，像一个超级实用的工具箱，帮助我们用知识一点点加持自己的能量，提升自己的观察力和判断力，以更科学、正确的方式去养育自己的孩子。希望她的新书可以切实地帮助到更多的新手父母！

我妈妈是一个立志学习和工作到底的人，我从年少轻狂时对她的权威充满逆反，到今天对她由衷的敬佩和欣赏，经历了一个很长的心路历程。小时候的记忆中，她是北京儿科名医，绝对完美主义的强势母亲；后来她是卫生部"儿童早期综合发展项目"的国家级专家，千万年轻父母的育儿专家导师。一个60岁的人敢于学习互联网，建博客、微博，成为新浪育儿大V全国冠军，2013年微博点击超过9亿次；2014年又敢于涉足移动互联网，以初心进入微信公众平台，学习新的规则，40天后粉丝超过6万。在她的背后，没有商业力量运作，没有专业团队，只有她对儿科专业的爱与专注，以及充满激情与活力的公益心。我也很想成为她那样的人，在年长时还能激励自己的儿女，磨炼灵魂，为自己的理想和传播科学知识日日精进。

既然生命没有时间停留，让我们在爱中一起陪伴孩子成长，一起慢慢体会生命全部的意义。

沙　莎

麦肯锡公司全球资深董事、合伙人

作者自序

在我多年的行医生涯中，与无数的家长和孩子打过交道。每当我看到一个个孩子来时萎靡不振、治愈后活蹦乱跳地离开医院时，都感到无比欣慰；当一个弱小的生命由于疾病危重而挽救不过来时，我那种难过的心情很长时间不能抚平。那时为了争分夺秒地抢救危重的孩子，我不止一次地让护士抽自己的鲜血给孩子输上（那时还允许医院自己选择血源，患儿父母的血因故不能使用）。20世纪70年代，我在农村县医院工作时，曾经多次进行口对口的人工呼吸，抢救心跳已经停止的孩子。事后有人问我："你看到那么脏的孩子，而且几乎是死孩子，还敢嘴对嘴地进行人工呼吸，连个纱布也不垫，你不觉得恶心吗？"说实在的，我的脑子里想的都是抓紧时间让孩子快一点儿恢复呼吸和心跳，哪还顾得上孩子脏不脏、恶心不恶心。

那个时候医患之间的关系是互相信赖的。在那个年代做医生，工作的宗旨是：只要病人有1%的希望，我们就要尽100%的努力进行抢救。家属对我们说的话是："您就尽最大的努力治吧，我们相信您！""您已经尽了最大的努力，孩子死了我们不埋怨您。"虽然我已经退休，这些话至今还温暖着我的心。是病儿和他们的家长让我的医疗技术获得提高，让我始终坚持专业学习，才有了今天的成就。虽然我已经不在临床一线，但是我还可以通过讲课、著书、完成各类育儿杂志的约稿、在各类网络论坛答疑、发表科普文章，通过我的博客、微博和微信公众平台帮助家长。至今我仍然喜欢我的职业，也为女儿没有继承我的事业感到遗憾。

自20世纪90年代开始医患关系逐渐紧张，至今这种关系已经严重影响孩子们的健康和生命安全，这是最令我担忧的事情。记得我在博客（http://blog.sina.com.cn/zhangsilai）和微信公众平台上（订阅号zhangsilaiyishi）已经多次讲述如何正确护理小儿发热，阐述滥用抗生素的危害和输液治疗的利与弊。例如我的外孙子铭铭高热两天两夜，我只用了几支小中药和3次（每次8毫升）泰诺林，铭铭的感冒就好了，随后我又继续让铭铭吃了1天的中成药就停药了。设身处地想想，我要是给患儿只开了几支小中药和退热药，家长心里就会犯嘀咕，说不定下午或者晚上看孩子发热不退又去另一家医院就诊。这就是目前家长无助、医生无奈的医疗现状。医生谨小慎微的结果就会出现扩大检验、过度治疗，抗病毒和抗生素全都上，口服药、输液一起上。家长也知道医生所有的治疗手段都用上了，治疗也就这样了，于是只能安心接受治疗了。医生和家长对这样不合理的处理心知肚明，所以一旦孩子稍有好转，家长就急忙停药，唯恐孩子受罪或者产生耐药性，有时往往因错误的处理导致孩子疾病迁延或者形成慢性病灶，反而更容易使孩子产生耐药性。

医患关系紧张的原因是多方面的，有社会的，有医疗体制的，有医生、家长等方面的。目前中国医生还没有相应的社会保险制度，再加上国内时有发生的“医闹”现象，造成一些医生谨小慎微、步步为营，用夸大病情的严重性和扩大治疗的手段来保护自己，完全看不到绝大多数的患者还是一个弱势群体。当然也有一小撮害群之马，为了牟取自己的蝇头小利败坏了医护工作者的名声。而家长因为缺乏必要的科普知识，不能理解、判别并做好和医生的配合工作，也常常加重了这种失衡。我国长期而普遍的医患双方缺失信任，只能使矛盾越来越尖锐化，最终受害的将是我们的孩子。

科学育儿是一项伟大的工程。行医几十年，我就是被孩子从叫“医生大姐姐”“医生阿姨”，到后来叫“医生奶奶”“主任奶奶”走过来的。医生的职业是一个需要不断更新知识、不断学习，并在医疗实践中不断总结经验的职业。退休后，由于爱孩子，我仍然坚持在网络上、荧屏上，在全国各地的讲座中，与千千万万年轻父母紧密沟通，进行科学育儿知识的普及。多年来，因为这份执着和对职业的热爱，我深深理解家长的困惑和纠结，微博上的140个字不足以解决家长心中的疑惑，于是我将在微博上的问答进一步详细论述，深入浅出，汇集成

《张思莱育儿微访谈》，以专业的知识帮助大家做科学、有爱的父母。

在这里我也要特别感谢新浪育儿频道的各位编辑以及新浪微博的各位编辑为我进行科学育儿知识普及所搭建的平台。最后，我想告知家长：育儿是一个美好而艰辛的过程，如果你用心学习、用爱陪伴，一定会为孩子打下一个坚实、健康的人生基础。

张思莱

2014年5月

目 录

常见疾病篇

消化系统疾病 / 60

泌尿生殖系统疾病 / 81

血液系统疾病 / 95

神经系统疾病 / 102

皮肤科疾病 / 110

眼科疾病 / 131

耳科疾病 / 147

鼻科疾病 / 151

口腔科疾病 / 155

营养性疾病 / 168

变态反应性疾病 / 178

骨骼、肌肉系统 / 183

疫苗接种篇

张思莱医师

我是一个儿科医生、母亲和外祖母，更是大家的朋友，愿意晚年为孩子们和家长在育儿路上尽微薄之力。

常见疾病篇

一般治疗

婴幼儿发热的家庭处理

爸爸妈妈@张思莱医师

我的孩子经常发热，一发热我就着急，不知道如何处理，尤其是深夜去医院很不方便，但是我又怕孩子高热引起抽风。请问孩子发热时，如果不方便马上去医院，我在家里应该怎么处理？

表情 图片 视频 话题 长微博 发布

A 婴幼儿的新陈代谢比成人旺盛，因此体温比成人相对高一些。而且婴幼儿的体温一天之内会有波动，早晨相对低一些，下午略高，但是不能相差1℃。活动过度、穿衣过多、环境温度过高以及吃饭哭闹，也会造成体温暂时升高，这时孩子全身状况良好，没有自觉症状。年龄越小，中枢神经系统体温调节功能越差，再加上体表面积相对大，皮肤汗腺发育不健全，所以孩子的体温很容易波动。如果婴幼儿腋下的体温达到37.5℃，又出现一些症状、体征，可以诊断为病理性发热。一般37.5℃~38℃为低热，38.1℃~39℃为中度热，39.1℃~40.4℃为高热，>40.5℃为超高热。虽然发热是人体防御疾病和适应内外环境异常的一种代偿性反应，但是如果发热过久，使体内调节功能失调，则会对孩子的健康造成威胁。因此，病理性发热必须及时处理。在发热的原因不明确或者不能马上去医院时，可以在家做如下处理：

◆ 降低室内温度，使家里凉爽、舒适，孩子的衣物穿得少一些。发热的孩子需要卧床休息，吃容易消化的食物。如果处于添加辅食阶段，要暂停新的食物摄入，待疾病痊愈后再重新添加。

◆ 保证孩子液体的摄入量，尤其是水的摄入。因为高热会造成孩子新陈代谢加快，出汗或不显失水增多，而且多喝水有助于加快毒素的排出。

◆ 如果是低热，多给孩子喝水即可；中度热可以给予退热药口服；高热及超高热必须马上去医院，采取其他方法退热。

◆ 物理降温的方法：最好的方法就是给孩子洗温水澡，温度控制在29.5℃～32℃之间（不用浴液），也可以用手背或者手腕感觉水微温即可。用海绵或者毛巾不停地将水淋在孩子的身体上，洗完澡后立刻穿上衣服，一般可以退热1℃或1℃以上。也可以用温湿毛巾擦浴全身，尤其是大血管走行的位置，如腋下、腹股沟等部位，擦至皮肤发红为止。有的医生还喜欢让患儿头枕冰袋、冷水袋，用冷水袋或冰袋放置在患儿腋下、颈部两侧、腹股沟以及额部，但是这样使用冰袋有可能引起婴幼儿寒战，尤其是小婴儿更容易发生，反而促使温度升高，因此对于小婴儿不建议使用。

目前世界卫生组织不建议使用酒精（包括白酒）给婴幼儿擦浴降温，原因是酒精可以通过皮肤和呼吸道吸收，对孩子的健康反而不利，严重者可以引起昏迷；也不建议使用退热针（包括早已经淘汰的安乃近、复方氨基比林注射液），因为注射这些退热针剂后孩子大量出汗，极易发生虚脱甚至休克；过敏体质的孩子会出现过敏性皮疹，轻者可见荨麻疹、渗出性红斑，重者发生剥脱性皮炎，更为严重的可引起粒细胞减少、再生障碍性贫血，其死亡发生率极高，所以儿童应禁止使用这类药物。但是目前仍有一些医院选择安乃近点鼻或者使用激素类药物（地塞米松、氢化可的松）退热，这些处理是错误的，需要引起家长注意。

专家提示

如果孩子发热原因不清，精神状态不佳，应尽早去医院就诊，明确诊断，给予相应的处理，以免贻误病情。

孩子发热需要捂汗吗

爸爸妈妈@张思莱医师

我的孩子刚1个月，由于给孩子做满月，来庆贺的人多，可能是受风感冒了，孩子发热，体温38.5℃。婆婆让我给孩子包上厚厚的被子发汗，说孩子发汗后病就好了。结果孩子不但没有退热，反而抽风了。送到医院后，医生说是因为我们捂汗造成孩子抽风的。孩子发热难道不需要捂汗吗？

表情 图片 视频 话题 长微博 发布

A 人体能够保持较恒定的体温，主要是因为体内有产热和散热的内调节系统，可以采取防御寒冷和炎热的措施。为了调节产热和散热的平衡，新陈代谢、皮肤、呼吸系统、循环系统、泌尿系统以及内分泌系统都参与了这项生理活动。孩子发热时，首先皮肤的血管扩张，血流速度加快，呼吸加快，促使身体散热，开始大量出汗。但是婴幼儿体温中枢调节温度能力有限，越小的孩子调节能力越差，被厚厚的被子包裹，孩子的体温不但不能降下来，反而因为不能散热，造成体温升高。而且，由于大量出汗，导致孩子严重脱水，同时也造成大量电解质丢失，引起电解质紊乱。大量的脱水可造成血液浓缩，有效血容量减少，严重影响散热，使肾功能受损。越小的孩子皮下脂肪越薄，越不能抵御高热。婴幼儿的神经系统对于高热的耐受能力很差，因此高热可以引起孩子昏睡、谵语、惊厥、昏迷，尤其是小婴儿，更容易发生高热惊厥，时间长了还可以产生永久性脑损伤，遗留神经系统后遗症。所以孩子发热必须及时做相应的处理（具体请参看上文“婴幼儿发热的家庭处理”），千万不能在孩子发热的时候捂汗。

为什么有的医生说孩子经常发热不一定是坏事

爸爸妈妈@张思莱医师

我的孩子是早产儿，出生时仅2300克，现在已经1岁了，体重和身高都不达标。由于体质较差，我们照顾得不是很好，孩子经常发热。每次去医院看病，医生都嘱咐我们要细心照料孩子，注意合理的营养搭配，并且还耐心地指导我们，我们由衷地表示感激。但是医生也说，孩子经常发热也不一定是坏事。这是为什么？

表情 图片 视频 话题 长微博 发布

A 医生这样说是有一定道理的。孩子出生后，对疾病的抵抗能力从两方面获得：一种是从母体中获得一些抗体，因此具有一定的抵抗疾病的先天性免疫力。如果是母乳喂养的孩子，还能够通过母乳获得一部分免疫物质，所以孩子有一定的抗病能力。另一种是通过后天和疾病的抗争产生抗体，我们叫“获得性免疫”。这种抗体一般是在孩子6个月以后逐渐产生、增多，具有高度的特异性。当孩子接触了某种病原体时，这种病原体刺激机体的免疫系统产生针对这种病原体的抗体，产生抗病能力。如果孩子接触的病原体少，可能产生的抗体就少，以后碰到没有接触过的病原体，因为体内没有相应的抗体，就可能发生因为这种病原体感染而引发的疾病。

孩子发热，是因为病原体入侵而引起的一种机体防御反应。通常情况下，发热是身体对抗感染的积极行为。例如，发热时体内的白细胞可以攻击并摧毁入侵的病原体，孩子通过和疾病的抗争获得了相应的抗体，以后他抵抗疾病的能力会大大增强。因此从这个角度说，你们那里的医生说的有一定道理。

最近，美国专家指出，婴儿如果能在1岁前发几次热，能减少日后患过敏症的风险。在这项新的研究中，研究人员检查了835名儿童从出生到1岁期间的医疗记录，发现1岁前从未发过热的儿童中，有一半在7岁前发生了过敏反应；而在那些发过1次热的儿童中，7岁前发生过敏反应的比例是46.7%；而在那些发热2次以上的儿童中，这一比例降到了31%。

如何给孩子选择退热药

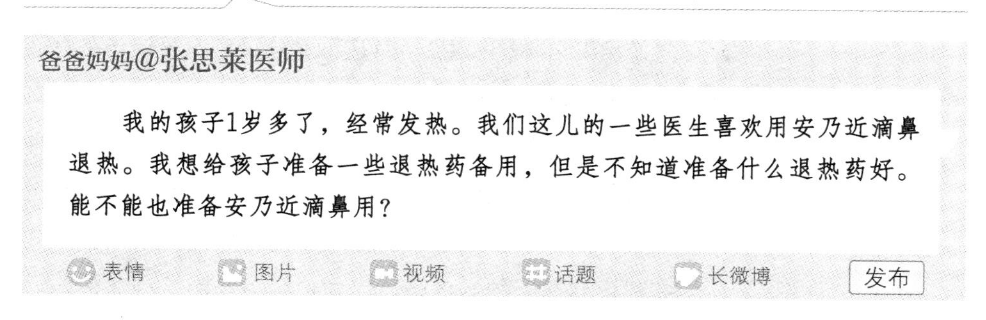

A 安乃近因为可以引起婴幼儿粒细胞减少，造成肾损伤，容易引起过敏反应，注射和口服已经很少使用，国内已经限制使用，但是有的医院还采用安乃近滴鼻。2岁以下的孩子需要慎重使用，因为安乃近滴鼻也会造成以上损伤。

专家提示

世界卫生组织不建议儿童使用含有安乃近的复方退热制剂，所以家长在选择用药时一定要仔细看药物说明。

目前世界卫生组织不建议给2月龄以下的孩子使用退热药，可以采用物理降温。世界卫生组织针对儿童退热推荐的安全、有效的退热药有两种：乙酰氨基酚和布洛芬。乙酰氨基酚的制剂市面上有口服的泰诺林片剂（或者混悬液）和肛门栓剂（用于喂不进药或者吃进药后呕吐严重的），这类药物有明显的解热镇静作用，对胃肠道刺激小，对血小板及凝血机制无影响，通常口服或肛塞30分钟就会产生退热作用，可持续4小时。但需要注意的是，24小时喂药不要超过5次。如果剂量过大也会造成对肝脏的损害，孩子可能表现为恶心、呕吐以及腹部不适。6月龄以上的婴儿可以使用布洛芬制剂如美林，6～8小时用药1次，24小时内喂药次数不要超过4次。这类药的特点是对高热患儿起效快，退热维持时间长，可降低严重感染时机体的代谢率，减少能量消耗。但是如果孩子患有肾脏疾病、哮喘、溃疡和其他慢性病，请询问医生后再用药。同时也提请家长注意，婴儿滴剂、儿童配剂和咀嚼片药物含量是不一样的，家长需要根据孩子的体重来计算药量。

这两种药物如何使用，尤其是对高热不退的患儿（6月龄以上），有些医生认为可以将泰诺林和美林各备1瓶：发热初起可先使用泰诺林，如果2小时还不退热，可以再使用美林。泰诺林每天可以服用5次，间隔4小时1次，美林是6小时服用1次，即1日4次。这样交替用药可以避免药物过量。具体每种药物用量要看药物说明书。但是这种交替用药家长很容易记错，拿错药给孩子服用，会引起潜在的副作用，所以美国儿科学会建议选择一种退热药，以后也坚持使用这种退热药。如果想改变药物剂量或者换成其他的药物，一定要咨询医生后方能实施。

家长还可以选择一些中成药给孩子退热，但是需要注意适应证。

专家提示

美国儿科学会认为不应该给2岁以下的孩子服用非处方咳嗽药和感冒药。因为它们可能会引起严重的副作用。

◆ 小儿牛黄散：主要是由钩藤、僵蚕、天麻、全蝎、黄连、大黄、胆南星、浙贝母、天竺黄、半夏、橘红、滑石、人工牛黄、朱砂、麝香、冰片等组成，适用于小儿食滞内热引起的咳嗽发热、呕吐痰涎、烦躁起急、睡卧不安、惊风抽搐、神志昏迷、大便燥结。脾胃虚寒者忌服。每次0.9克，1日2次，温开水送服；周岁以内小儿酌减。

◆ 紫雪散：是“中药三宝”之一。主要由生石膏、羚羊角、犀角、麝香、青木香、丁香等配制而成，常用于急性热病引起的高热不退、大便秘结、烦躁不安以及神志不清、说胡话等症状，尤其对小儿急惊风具有高效、速效的特点。服用时，1周岁以内，每次0.3克，每增加1岁便递增0.3克，1日1次。要注意此药对高热病人才有退热作用。但有的孩子热度并不高，或发热原因不明，不要盲目使用紫雪散，以免掩盖了病情，造成误诊。

◆ 猴枣散：由猴枣、羚羊角、天竺黄、川贝母、沉香、青礞石、麝香、月石组成，常用于治疗小儿痰热惊风，对小儿急惊风、四肢抽搐、痰多气急、发热烦躁等症有较好的疗效。

但是以上中药都含有苦寒的成分，还有一些长期使用对身体有伤害的药物成分，所以中成药必须辨证论治，在中医指导下使用（不建议西医使用这些药物），家长不要盲目使用。

专家提示

发热只是疾病的症状之一，使用退热药是治标的一个医疗手段，而且退热药使用后要想达到稳定的、完全退热的目的是需要一定时间的，只有抑制或者杀灭引起发病的病原体，孩子才有可能完全退热。所以家长千万不能因性急而频繁给孩子使用退热药或者反复带孩子去医院就诊。

高热惊厥会对大脑造成伤害吗

爸爸妈妈@张思莱医师

我的孩子刚1岁，在出生后的1年中曾经因为发热引发抽风。我很担心孩子这样反复抽风会对大脑造成伤害，我该如何预防孩子发生高热惊厥呢？

表情 图片 视频 话题 长微博 发布

A 有的孩子在6个月至5岁期间容易发生高热惊厥，这种情况具有家族性。一般多在孩子发热开始的几个小时内出现，孩子惊厥时常常表现为全身僵直、双眼上翻、全身抽动、意识丧失，大约持续几秒钟，一般不会超过1分钟。孩子出现高热惊厥是因为神经系统发育不健全、体温调节中枢不健全的缘故，高热惊厥不会引起大脑伤害，也不会引起癫痫或者智力低下。有高热惊厥史的孩子发热要及早处理，不必等到体温38.5℃再用退热药，可以在肛温38℃或者腋下37.5℃时提前使用退热药及镇静药，并及时送到医院，请医生进一步检查引起发热的病因，给予相应的处理。

孩子发生高热惊厥如何处理

爸爸妈妈@张思莱医师

我的孩子只要发热超过39℃就容易发生惊厥。每次发生的时候，老人就习惯按压孩子的人中穴，可是我听说这样处理不好。请问医生，孩子发生高热惊厥时，家长如何处理才合适？

表情 图片 视频 话题 长微博 发布

A 孩子如果发生高热惊厥，家长首先不要惊慌，把孩子放在地板上或者床上，避免孩子躺着的地方有尖锐或坚硬的物品，以免对孩子造成伤害；把孩子的头偏向一侧，以使呕吐物顺势流出，防止呕吐物堵塞呼吸道或者引起误吸。不要往孩子的嘴里放大人的手指头或者小板子（家长主要怕孩子的舌头被咬伤），孩子是不会咬伤自己的舌头的。一般高热惊厥不会持续很长时间，家长可以拨打“120”请医生帮助处理。

应该给孩子选择什么样的体温计

爸爸妈妈@张思莱医师

目前市面上销售的体温计种类繁多，有水银体温表、数字电子体温表和红外线体温表，不知道选择哪一种好。

表情　图片　视频　话题　长微博　发布

A你说得很对，目前市面上确实有各种体温表。从前医院多使用水银体温表，但美国儿科学会不建议使用水银体温表，因为水银体温表容易破碎，造成水银挥发或者孩子误食，被人体吸收而中毒。耳部红外线体温表的工作原理是通过其发出的红外线束到达鼓膜来进行测量的，其精确度与红外线束是否能够直接达到有一定关系。如果耳部耵聍多或者耳道弯曲比较多，这种表的准确度就不如数字电子体温表。目前美国儿科学会最推荐的是数字电子体温表，这种体温表可以测量出口腔温度和肛门温度。

如何判断孩子的体温是否正常

爸爸妈妈@张思莱医师

医生说可以采集孩子腋下、口腔和肛门的温度，那怎样通过这3种测量方法判断孩子是否发热呢？

表情　图片　视频　话题　长微博　发布

A可以通过测量腋下、口腔和肛门的温度来判断孩子是不是发热。以腋下温度为例，人体的正常温度为36℃～37℃，肛门内、口腔内、腋下的温度依次相差0.5℃，以腋下为最低。也就是说，当腋下温度是37℃时，如果同时测量口腔内温度应该是37.5℃，肛门内温度就是38℃。但是需要注意两点：其一，人的体温在正常范围内会有周期性波动，清晨最低，下午和傍晚最高；夏季比冬季体温稍高。其二，对于小儿来说，尤其是小婴儿剧烈运动、饭后（吃奶后）、哭闹、衣被过厚、室温过高都可以造成体温升高达到37.5℃（腋下），甚至达到38℃。所以家长在给孩子测量体温时要注意以上情况，给予正确判断。

测量孩子不同部位的温度，肛门温度和口腔温度比腋下温度准确一些。如果有条件，可以用2支体温表同时测量口腔内和肛门内温度。但是不建议用1支体温表分别测量口腔和肛门内温度，这样不卫生。

测量肛门内温度，主要用于4岁以内的孩子。建议先打开数字电子体温表，在体温计末端涂抹上凡士林等润滑剂，然后固定住孩子的双腿，将体温表末端插入孩子的肛门1厘米～2厘米，扶着体温表等待1分钟，或者指示灯亮后即可读出体温数字。

测量口腔内体温，主要用于4岁以上的孩子。打开体温表，将体温表末端一头放进孩子的舌下，向内插入，让孩子闭上嘴，等待1分钟或者指示灯亮后就可以读取数字了。

发热会不会转为肺炎

爸爸妈妈@张思莱医师

我的孩子已经发热3天了，反复去医院，孩子还不退热，我很着急，很怕孩子转为肺炎。请问，发热会不会转为肺炎？

表情 图片 视频 话题 长微博 发布

A 发热只是疾病的一个症状，并不是一种疾病。发热具有自限性的特点，是人体的一种适应反应，不需要干预也会很快康复的。但是长时间发热也有可能是严重感染的初期症状，随后就会出现其他的相关症状，所以医生通过观察孩子的精神状态、热型以及其他的体征才能找出病因，以进行相应的治疗。所以，找出发热的病因是很重要的。更何况有一些肺炎早期症状只表现为发热，胸部体征早期并不明显，以后才逐渐出现一些肺炎的症状，如呼吸急促，呼吸频率2个月内小儿超过60次/每分钟，2～12个月小儿超过50次/每分钟，1～5岁孩子往往超过40次/每分钟，同时表现出口唇发绀、鼻翼翕动、下胸壁凹陷等缺氧的症状，精神萎靡不振，拒奶，拒食，伴有咳嗽痰多。家长往往认为是因为发热不退才转为肺炎的，这是一个认识上的误区。

密切观察发热的孩子是十分重要的。反复去医院，反复用药，致使每次用药都不能达到有效的血浓度，或者发生重叠用药，更容易引起孩子的耐药性增强和药物过量（严重者甚至中毒），而且反复去医院也会发生交叉感染。临床上常常见一些孩子发热退了（原来发热本身症状并不严重）又开始频繁腹泻了（而且是比较严重的腹泻，引起脱水），往往就是交叉感染的结果。因为医院的复杂环境、患不同疾病的孩子、医护人员往往是交叉感染的感染源，孩子通过呼吸道和接触再次感染。因此，建议家长每次给孩子用药最好观察2～3天，等待药物发挥作用。同时配合医嘱密切观察病情发展，发现异常情况及时带孩子去医院。

为什么不给孩子输液治疗

爸爸妈妈@张思莱医师

我的孩子2岁了，昨天发热38.5℃，流涕，有些鼻塞，轻微咳嗽。去医院看病，通过化验和检查，医生说我的孩子患的是上呼吸道感染，给孩子开了一些中成药。但是我觉得输液治疗及时，效果也好，我要求给孩子输液，医生不同意。请问，为什么不给我的孩子输液治疗？

表情　图片　视频　话题　长微博　发布

A 孩子生病了，家长很着急，希望孩子快点痊愈，这种心情我是十分理解的。虽然我没有给你的孩子看病，也不清楚你的孩子的具体情况，但是就输液问题，我想谈谈我的看法。

静脉输液确实是一种治疗疾病的好办法，它能够快速地打开静脉通道，及时给予病人治疗的药物，尤其对于抢救危重病人可起到至关重要的作用。但不是所有的疾病，也不是不管疾病的轻重都需要输液。

静脉输液有它好的一面，也有它不利的一面。静脉输液主要用于抢救危急病人，有的病人不能吃药，必须依靠输液才能达到治疗的目的。但是有的疾病不需要输液也能达到治疗的目的，而且有的疾病输液反而不如口服药物效果好。更何况经过长期大量的临床观察，世界各国都有一些专家认为：静脉输液的药液中存在着人们肉眼极难发现的不溶性微粒，如橡胶颗粒、纤维素、结晶体等；有的药液在配制的过程中遭到污染，出现细菌、真菌和一些其他微生物。通过输液的过程，这些不溶性微粒进入到人体中，往往阻塞小的血管，引起局部血液供应不足而使身体受到损害；被污染的液体进入到血液中还能够引发一些感染性疾病，甚至危及生命。输液的不良反应在世界各地频频发生。另外，婴幼儿的机体因为免疫体系发育不成熟，不能很好地抵御感染性疾病，以及各种因为输液引起的不良反应。而且，由于孩子的心血管系统和呼吸系统还很稚弱，不恰当的液体和液量还能造成这些系统不能承受的负担，引发心血管和呼吸系统的衰竭。所以，必须合理使用输液这种治疗手段。

儿科医生对于婴幼儿的治疗原则是：能够不吃药就能痊愈的疾病就不要吃药，能够依靠吃药痊愈的疾病就不要肌肉注射，能够通过打针痊愈的疾病就不要输液治疗，这样才能达到既能很好地治疗疾病，又能确保安全可靠的目的。通过我的解释，我想你会明白为什么医生不同意给你的孩子进行输液治疗了。

为什么孩子上幼儿园后经常生病

爸爸妈妈@张思莱医师

我儿子2岁4个月时开始上幼儿园，不到8个月的时间，患了5次病，几乎都是腹泻、感冒、气管炎，外带中耳炎。现在我不让孩子去幼儿园了，白开水猛劲儿地给孩子喝，肉、鱼虾少吃，饭菜尽量清淡……请问，为什么孩子送幼儿园后总得病？还需要再送吗？

表情　图片　视频　话题　长微博　发布

A 孩子没有送幼儿园之前，家庭对孩子关怀备至，照顾得非常周到，而且家庭环境简单，接触疾病的机会少，所以孩子生病的机会少。这样的孩子就是我们说的“温室中的鲜花”，不能经受风雨严寒。幼儿园人多，各种疾病的病原体也多，阿姨照顾这么多的孩子肯定有疏忽的地方，再加上这么大的孩子免疫机制没有健全，抵抗力差，所以容易患病。有的孩子因为到一个不熟悉的环境，看不到自己的亲人，容易产生焦虑的情绪，使孩子的抵抗力下降。而且孩子感冒如果治疗不及时或者治疗不彻底，也很容易继发扁桃体炎、气管炎或者中耳炎。其实孩子每生一次病，就产生了对抗这种疾病的抗体，在机体和疾病的抗争中，孩子的免疫机能逐渐健全。在家里虽然生病少了，但是缺乏了这方面的锻炼。

另外，孩子也需要进行社交方面的锻炼，也就是人们常说的社会化训练。孩子只有在和小朋友的接触中才能获得这方面的经验，为他今后融入社会打下良好的基础。孩子现在已经熟悉了幼儿园的环境、老师和小朋友，如果长时间不送，孩子不愿意去幼儿园的想法又被强化了，再次送幼儿园会使孩子的焦虑情绪加重。一般来说，孩子3岁以后随着免疫系统逐渐成熟，抵抗疾病的能力逐渐加强，生病的概率就少了。

关于扁桃体的问题，现在这个阶段的孩子本身扁桃体就比较大，随着发育会逐渐变小，除非你的孩子反复扁桃体发炎造成腺体增殖。不要过多担心，继续将孩子送到幼儿园，向老师建议：注意避免孩子之间的交叉感染，及时做好疾病的监控，及早隔离，做到室内空气流通，尽最大可能减少疾病感染的机会。

你还要注意孩子的营养，不要一味强调清淡而忽略了孩子需要营养全面、均衡、合理的饮食需求，否则孩子营养跟不上，一样会造成抵抗力下降，不能因噎废食！

如何给孩子喂药

爸爸妈妈@张思莱医师

孩子生病后，每次我给孩子喂药都十分困难，孩子不是闭着嘴拒绝张开，就是喂进去又被他呕出来，真不知道如何喂药。你能指导我一下吗？

表情 图片 视频 话题 长微博 发布

A 孩子出生后在与大自然的亲密接触中，往往也会由于各种原因引起身体不适而患病。药物疗法是防治疾病的综合措施中一个重要的步骤。儿科医生用药的原则是能口服用药的不采取肌肉注射用药，能够肌肉注射给药的不采取静脉输液给药。因此，口服喂药是治疗疾病的第一选择。但是由于宝宝年龄小，药物或多或少带有苦味或者其他宝宝不喜欢的味道，对于偏好甜味的宝宝来说，这些异味的药物确实不受欢迎，甚至拒绝、反抗，因此造成不少的宝宝喂药困难，使得疾病不能很快地进行治疗，往往贻误病情，对此妈妈颇感头痛或无奈。

儿科用药与成人有着显著不同的特点，小儿绝不是缩小的成人版。由于小儿的各个器官处于未完全成熟、还在继续不断发育时期，尤其是肝、肾、血液以及消化系统发育不完善，用药不当很容易对身体造成损害，甚至是一些不可逆的损害；小儿由于新陈代谢旺盛，药物在身体中吸收、分布代谢和排泄的过程比成人快；小儿体液含量比例较成人高，但是对于水、电解质代谢的调节功能差，因此对于影响水、电解质代谢的药物更加敏感，较成人更易于引起中毒。因此，家长需要向医生进一步了解药物的性能、作用、原理、吸收、代谢和排泄以及适应证、毒性反应以及禁忌证，做到合理用药、正确喂药，尽量减少患儿的痛苦以及家长的负担，达到满意的治疗效果。

目前儿童药物多以液体或者颗粒制剂为主，此外还有滴剂、混悬剂、咀嚼片、泡腾片剂，以方便患儿口服。为了减少药物的不良味道，多采用糖浆，或者加入甜味剂和香味剂的制剂，或者包以糖衣，以增加宝宝的喜好度，达到安全、顺利口服药物的目的。还开发了一些半衰期（一般指药物在血浆中最高浓度降低一半所需的时间）比较长的药物，可以每天吃1次或者2次的药物，减少了喂药时的困难。为了让孩子更好地接受药物，家长最好选择宝宝易于接受的药物剂型或者半衰期比较长的药物。

一、喂药时间的安排

喂药的时间要严格遵照医嘱或者药品说明书的使用时间。每种药物进入体内后，绝大多数借助血液到达作用部位或受体部位，并达到一定浓度才能达到治疗效果。一般来说，药物作用的强度与药物在血浆中的浓度成正比，药物在体内的浓度随着时间而变化，只有维持药物在血液中的一定浓度对于治疗疾病才能有效。大多数药物治疗和毒性（不良反应）作用的强度，都取决于作用部位或受体部位药物浓度，而药物到达作用部位的浓度与血药浓度直接有关。所以对于使用的每一种药物，医生都会明确告诉你口服药物的时间，才能保证药物在血液中有效的治疗浓度，达到治疗的目的。尤其是一些抗生素，要严格遵照医嘱或药品说明书服用，以迅速达到有效血药浓度，这样才能制约或杀灭细菌，控制病情的发展。

例如，医生告诉家长，此药需要每日吃3次、每次1片。往往家长多是早晨给孩子吃1次，中午吃1次，晚上吃1次。这种吃法就是错误的，它不能保证药物在血液中达到有效的血药浓度，因为在夜间血药浓度可能下降到很低水平，而不能达到治疗的目的。正确的口服时间应该是间隔8小时吃1次，可以早8点、下午4点、夜间12点各口服1次。每日2次用药指的是间隔12小时口服1次，每日3次用药指的是间隔8小时口服

1次，每日4次用药指的是间隔6小时口服1次，这样才能维持有效的血药浓度，控制病情发展，直至痊愈。

专家提示

有的药物在症状消失后还需要继续服用到整个疗程结束才能停药，否则会引起疾病的反复，形成迁延性或者慢性的疾病。例如，细菌性痢疾的疗程为7～10天，即使大便外形正常，显微镜检查大便已经无脓血，还要继续用药，直至大便培养3次正常后方可停用抗生素。

另外，需要注意药物是饭前（饭前15～30分钟）服用还是饭时、饭后服用。一般对胃肠道有刺激的药物多建议饭后或者饭时服用，因为空腹服用会加重对胃肠道的刺激，像阿司匹林片、钙片饭后服用就可以减少对胃肠道的刺激；但是有的药物空腹服用能够迅速进入肠道，保持高浓度，药效发挥得好，像一些收敛止泻药物、保护胃黏膜的药物可以在饭前30分钟服用；一些助消化药物建议饭时服用；铁剂的吸收有明显的昼夜节律，因此补充铁剂晚上7时服用比早上7时服用有效利用度高。人体的血钙水平在午夜至清晨最低，因此，晚饭后服用补钙药可使钙得到充分的吸收和利用；脱敏的药物晚上临睡前服用效果最好。

二、喂药前的准备工作

给宝宝喂药需要选择合适的器皿、工具，对于新生儿或者小婴儿可以使用滴管；1岁左右的孩子可以选择汤匙、带有刻度的小量杯、长把饭勺或者压舌板；如果吃的是药片还需要准备研碎药物用的小药钵。为了减轻孩子对于苦味或者其他异味的刺激，家长可以准备白砂糖，对于大一些的孩子可以准备一些小的水果糖块。针对自己孩子的情况，也可以使用去掉针头的注射器。还需要搅动药物的筷子1根、白开水1杯、大毛巾1块、围嘴1条，以上物品均要经过消毒后方可使用。

三、给宝宝喂药的基本步骤

首先要让孩子选择半坐位姿势，轻轻把住孩子的四肢，固定住头部，以防喂药时呛着孩子或者误吸入气管。

对于1岁之内的小婴儿使用小滴管喂药最适宜。喂药前围上围嘴，旁边预备好毛巾，将小滴管吸进药（可以混入少许白糖）后伸进孩子的嘴里，将滴管嘴放在孩子一侧颊黏膜和牙龈之间，将药少量挤进，待孩子吞咽后再继续喂下一口，吃完药后再喂上几口水，用毛巾给孩子擦干净嘴角，然后亲亲和夸奖孩子。

对于大一些的孩子，先做好动员工作，告诉孩子为什么要吃药，吃药后病就会好得快一些，才能有力气玩。对于明白事理、比较合作的孩子可以围上围嘴直接使用汤勺喂药，喂完药后让孩子喝几口清水，用毛巾擦干净嘴角，给一块糖来解除孩子口腔中的异味，也表示你对孩子好的行为的一种奖励，告诉孩子“今天你吃药表现得非常好，妈妈非常高兴”，亲一亲你的孩子，将孩子这个好的行为巩固下来。对于不合作的孩子，大人可抱着孩子，采取半坐位，围上围嘴，将孩子的两条腿夹在大人的两腿之间，孩子的一条胳膊放在大人的身后，大人一只手固定住孩子另一条胳膊，大人另一条胳膊固定住孩子的头部；另一个家长用长把饭勺或者压舌板轻轻压住孩子的舌头的中部，用汤勺或者去掉针头的注射器将药液滴进孩子的颊黏膜和牙龈交界之处，让药物慢慢流进；压舌板或者勺先不要取出，待孩子咽后可以放松一下，然后继续压下舌头喂药，直至全部喂完，然后让孩子喝几口清水，还可以给孩子一块糖，告诉他这样可以减少药物的异味，减少孩子对吃药的恐惧感。但是说服工作还是要进行的，孩子只要有一点儿进步就要进行表扬，将孩子进步的行为巩固下来，直到能够自己主动吃药。

四、给宝宝喂药的注意事项

平时家长要做好教育工作，不要利用吃药、打针、去医院恐吓孩子，造成孩子对一些医疗行为的恐惧感；要告诉孩子生病后就需要吃药，接受医生的治疗，这样疾病才能很快痊愈。

吃药前一定要核对药物名称、药物剂量、使用说明、有无禁忌、是否在保质期内，准确无误后方可喂孩子。如果是液态制剂，一定要摇匀后再吃；药片研碎后倒入少许水，调成混悬状备用。吃完药后注意如何保存，防止由于保存不当引起药物变质。

喂药时不要采取撬嘴、捏紧鼻孔等方式强行灌药，这样更容易造成孩子的恐惧感，而且孩子挣扎后很容易呛着孩子引起误吸。尤其是一些油类的药物更要慎重，防止呛后引起吸入性肺炎。

不要在孩子张口说话或者大哭时突然喂药，这样很容易随着孩子的吸气而将药物误吸入气管。

附：小儿药物剂量的计算目前采取两种计算方法

◉ 按小儿体重计算

婴儿6月龄前体重估计：月龄×0.6+3（千克）或者出生时体重（克）+月龄×700克

7～12月龄体重估计：月龄×0.5+3.6（千克）或者6000克+月龄×250克

1岁以上体重估计：年龄×2+[7（千克）或者+8（千克）]

药物剂量（每日或者每次）=药物/千克×估计的体重（千克）

◉ 按体表面积计算

此法被认为相对准确、科学性强，但是新生儿不适合使用体表面积计算药量。对于婴幼儿可以采用下列公式计算出体表面积：

体表面积（平方米）=0.035（平方米/千克）×体重（千克）+0.1（平方米）（此公式仅限于体重在30千克以下者）

小儿剂量=成人剂量×小儿体表面积/成人体表面积（1.73平方米）

药物不能与果汁、牛奶、豆浆、饭菜等食物同服，除非有特殊需要。因为药物与食物同食很容易引起药物与食物间的不良反应或者降低药物的药效。

家长的表率作用十分重要，同时也要给孩子提供模仿的榜样，当孩子看到榜样被奖赏的行为时，会增加产生同样行为的倾向；反之，当孩子看到榜样被惩罚的行为时，就会抑制产生这种行为的倾向。

孩子和小动物在一起生活好吗

爸爸妈妈@张思莱医师

张大夫，我的孩子已经6个月了，由于我要上班，将孩子放在奶奶家。可是奶奶家养了小狗、鹦鹉，这些小动物陪伴着老人很长时间了，给他们的生活增添了很多乐趣。我知道这些小动物可能会给孩子的健康带来危险，更何况孩子的姑姑还准备今年生孩子，但是我不知道如何说服老人家将这些小动物送给其他老人。你能够给我讲讲这些动物对孩子的影响吗？

表情 图片 视频 话题 长微博 发布

A 你说的这些小动物确实很可爱，也会给老人和孩子带来很多乐趣。孩子与小动物交朋友是一件非常好的事情，但是应该注意，没有进行全面免疫的小动物也能给人带来一些疾病，尤其是孩子还小，身体的抵抗力差，这些小动物身上可能带有一些致病的细菌和病毒，可以使抵抗力差的孩子患病：

鹦鹉可以引发鹦鹉热。鹦鹉热是通过吸入病鸟排泄的粪便污染的尘埃而发病的，临床上表现为流感性疾病，可能发展成严重的肺炎，还可以合并胸腔积液、心肌炎、心内膜炎、心包炎以及脑膜炎。

狗身上可以携带狂犬病毒，一旦被狗咬伤或带有狂犬病毒的唾液污染擦伤的皮肤黏膜，都可以引发狂犬病。由于这种病潜伏期比较长，最长的可达20年，因此人们往往疏忽。此病侵犯神经系统，预后极为严重，病死率几乎100%。

猫除了可以传播狂犬病外，有的孩子被猫抓了以后，可能引起发热、淋巴结肿大化脓，个别的可能合并脑炎或脑膜炎，导致猫抓病发生。同时还有一种弓形体病是人畜共患的传染病，猫是主要传染源。如果孕妇怀孕初期感染还可能引起流产或胎儿畸形发生，新生儿可以引起视力受损、肺炎、心肌炎、肝炎以及肾炎，等等。

有个别家庭还喜欢给孩子买小豚鼠玩，这也很危险。因为被鼠类的粪便污染的尘埃被人吸入、接触后，或进食被污染的食物，可以引起出血热，表现为高热，皮肤充血、出血，有的人还会发生鼻出血、咯血以及尿血等，进而发生休克或肾衰竭。

更何况家里空气中飞扬的一些动物的皮毛屑和分泌物的微小颗粒也会造成一些过敏体质的孩子引起哮喘等变态反应性疾病发生。

你应该把这些养小动物的危害向老人讲清楚，为了孩子的健康，为了让孩子的姑姑怀上一个健康的宝宝，建议老人先给家里的宠物做全面的预防接种，杜绝宠物身上的细菌或病毒传给孩子或孕妇。同时也要告诫孩子不要与动物过于亲近接触，以防动物野性突然发作发生不测。如果做不到这一点，让老人暂时将这些宠物寄养在别人家中，我想家里的老人是会通情达理地处理好这件事情的。

孩子需要常规检查蛔虫吗

爸爸妈妈@张思莱医师

我的孩子刚3岁，已经能够到处去玩了。我准备送孩子去幼儿园，正赶上幼儿园给孩子常规检查是否感染蛔虫。幼儿园希望我将孩子的大便留下，进行化验，检查蛔虫卵。孩子需要常规检查蛔虫吗？

表情 图片 视频 话题 长微博 发布

A 蛔虫病是小儿最常见的肠道寄生虫病。感染蛔虫后会影响孩子的食欲和胃肠道的功能，同时也会危害孩子的生长发育，还能够造成很多并发症的发生，甚至危及生命。因此必须积极进行防治。

蛔虫是通过粪口途径进入身体的，一个成熟的雌蛔虫每天可以产卵20万个，当孩子由于饮食不洁，蛔虫卵通过口进入人体，经过消化道→血管→肺脏→咽喉→胃→小肠，发育为成虫，雌、雄虫交配开始产卵。从感染虫卵到成虫产卵，一般需要2个半月，成虫寿命1～2年。在虫卵移行发育成幼虫的过程中，可以窜入其他器官引起并发症，有的并发症还十分严重。当孩子开始吃食物时，就潜藏着感染的可能性，尤其是夏天感染机会最多，而且夏天感染了蛔虫卵只有到了秋天成虫后才能被驱除。

因此需要注意饮食卫生和孩子的个人卫生：

◆ 将孩子所用的一切物品清洁消毒。

◆ 养成孩子饭前、便后洗手的好习惯，并要勤剪指甲。

◆ 1岁以后的孩子杜绝吸吮手的坏习惯。

◆ 最好保证一年一次常规检查蛔虫卵，及时发现，给予驱虫处理。

2岁之内的孩子禁用驱虫药，2岁以上的孩子可以进行驱虫治疗。由于目前驱虫药不能彻底消灭虫卵和幼虫，那么残留的虫卵或幼虫在1～3个月后又可发育为成虫，所以建议驱虫后3个月至半年再服用一次驱虫药，以彻底消灭蛔虫。

为什么孩子的蛲虫消灭不干净

爸爸妈妈@张思莱医师

我的宝宝3岁了，已经上幼儿园了。可是1个月前从幼儿园接回来后，孩子总是抠肛门，说“痒痒”，后来发现孩子大便有白线头样的虫子。医生说是蛲虫，已经治疗了1个月，怎么还有蛲虫？

表情　图片　视频　话题　长微博　发布

A 成人和儿童都可以感染蛲虫病，儿童的发病率较高，特别容易在托儿所、幼儿园等集体机构中互相传播。造成感染的原因是进食了沾有蛲虫卵的食物。蛲虫的习性是在夜间于肛门处排卵，最多数分钟可以产下1万多个卵。这些卵可污染被褥和衣物，由于孩子肛门处瘙痒，用手抓挠，也会污染孩子的手和指甲，因而造成重复感染，同时还可以引起家庭内的相互感染。有的孩子，尤其是女孩子，还因为蛲虫爬进会阴引起尿道感染。蛲虫卵在自然环境中可以存活10～14天，蛲虫从虫卵到成虫大约需要1个月。因此除了药物治疗外，主要是预防重复感染，具体措施如下：

◆ 养成良好的卫生习惯，饭前、便后要洗手，勤剪指甲，纠正孩子吃手指或其他物品的习惯，尽早穿合裆裤。大便后和睡前清洗肛门后涂以蛲虫膏，最好能够涂进肛门内少许，以避免重复感染。

◆ 每天将被褥和孩子用过的物品放在太阳光下暴晒，有条件应天天换洗被褥和孩子衣物，孩子的内裤每天换洗后用沸水煮，以达到灭虫卵的目的。

◆ 孩子生活的场所（托儿所、幼儿园、家庭）都要同时防治，以减少再感染的环节。

◆ 2岁以上的孩子可以吃驱虫药。具体应该在医生指导下应用。

你的孩子可能是重复感染的问题，所以总也治疗不彻底。希望你按照我说的进行防治，就能够获得好的效果。

如何向医生正确叙述病情

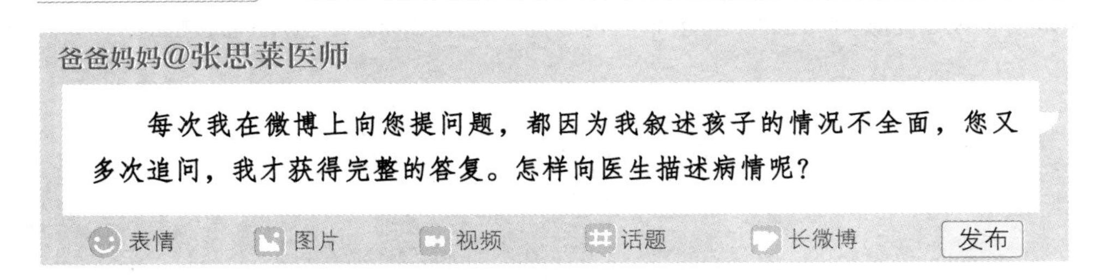

A 经常有一些家长去医院就诊，或者在网上和讲座后咨询一些有关育儿或疾病的问题，因为不能正确、全面地叙述病情，常常得不到满意的回答。尤其是在医院就诊，医生面对着后面众多患儿排队等待就诊的压力，肯定没有时间去仔细追问，因而就有可能出现一些问题。

那么怎么才能正确描述呢？正确的方法和步骤是：

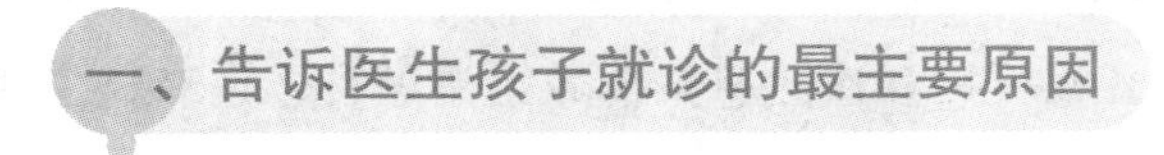

一、告诉医生孩子就诊的最主要原因

患儿感受最痛苦或最明显的症状和体征，疾病持续的时间。如“咳嗽、发热

3天”“脓血便3天伴发热2天”。

二、叙述病史

◆ 孩子的年龄，包括月龄，如果是新生儿应该说明日龄。主要是有利于判定孩子的体重、身长、头围、前囟情况等，有利于计算奶量或给药剂量；以及相应年龄段应该达到的发育水平（包括大运动、精细运动、语言发育、社会性、认知水平、情绪发育以及应进行的早教内容）。

◆ 详细叙述发病的经过，包括发病的原因、饮食情况（奶量，辅食）、全身症状、大小便情况、病情的轻重、发展过程、去过的医院、当时大夫诊治的情况、用的药。

◆ 小婴儿就诊应说明出生地点，如医院、家中或其他地方，这是医生必须了解的，有利于了解孩子出生时的环境。

三、既往史

◆ 对于小婴儿，还需要了解孩子出生前后的情况，包括胎次、产次、宫内情况、出生体重、生后有无窒息或抢救，生后开奶时间，现在吃的什么奶以及辅食添加情况，有没有添加保健药，等等。

◆ 既往情况，包括疾病、预防接种情况。

四、家族史

◆ 有关的家族情况及所接触环境情况（遗传病、传染病、环境污染，等等）。

◆ 有的患儿还需要了解籍贯、现居住地、种族，因为有的疾病与地区和种族有关。

试举例1：发热，咳嗽3天

男孩8个月，3天前开始发热，当时体温（腋下）38.9℃，咳嗽，有痰，且一天比一天重。昨天因体温39.5℃去儿童医院看急诊。大夫检查后说肺里有少量的湿罗音，验血常规说白细胞高，拍胸片后诊断为肺炎。给予头孢拉定干混悬剂、小儿急支糖浆和泰诺糖浆治疗。但高热不退，夜间咳嗽致使不能安睡。自生病以来食欲减退，原来每天吃800毫升的×××配方奶、两顿混有蔬菜和鱼、虾肉的米糊和烂面条，现在每天吃只吃400毫升～500毫升的奶，拒吃辅食。现大小便正常。

平素孩子身体健康，按时接种国家计划内的疫苗。家里人也很健康，近期没有去过公共场合与外人接触过。

试举例2：全身皮肤持续性发黄20天

女孩，23天。出生第三天发现脸部发黄，以后躯干和四肢皮肤逐渐出现黄染，颜色比较鲜亮。生后当天排胎便，第三天大便转黄。尿色黄，染尿布。医生经皮测胆是26，经检查认为是生理性黄疸，进行蓝光照射治疗，每天8小时，进行3天后皮肤黄染减退。孩子出生后1周出院。孩子精神好，吃奶好，因颜面部黄疸一直没有消退，故来院进行检查。

孩子是第一胎第一产足月顺产儿，出生后无窒息并在生后半小时内开奶，现纯母乳喂养，按需哺乳，大小便正常。已接种卡介苗、乙肝疫苗第一针。

父母身体健康，籍贯北京，居住地上海。

以上的叙述虽然简单，不像医生写病历那样详细、复杂，但是医生听你的描述就可以了解得比较全面。这样医生的检查和追问就会有所侧重，有助于诊断和治疗。

如何看待C反应蛋白升高

爸爸妈妈@张思莱医师

2岁孩子发热、流涕，咽痛3天，带到医院看病，化验检查C反应蛋白升高，医生认为是细菌感染，给予抗生素治疗。请问，C反应蛋白升高就能证明是细菌感染吗？

表情 图片 视频 话题 长微博 发布

A 首先必须肯定的是，C反应蛋白不是细菌感染的特异性指标。在机体受到感染或组织损伤时，血浆中一些急剧上升的蛋白质（急性蛋白），称为“C反应蛋白”（CRP）。当机体在各种急性炎症、组织损伤、心肌梗死、手术创伤、放射性损伤等疾病发作后数小时，C反应蛋白在血中的浓度就会急剧升高，一旦病变好转又迅速降至正常。

C反应蛋白在机体的天然免疫过程中发挥重要的保护作用，它可以激活补体和加强吞噬细胞的吞噬而起调理作用，从而清除入侵机体的病原微生物（包括细菌、病毒、支原体和原虫）和损伤、坏死、凋亡的组织细胞。

对于一些发热的患儿，临床医生常常利用C反应蛋白是否升高来鉴别是细菌还是病毒感染：一旦发生细菌感染引起的炎症，C反应蛋白水平即升高；而病毒性感染C反应蛋白大都正常或者稍高，但也有一些病毒感染，如腺病毒、巨细胞病毒、麻疹等病毒感染时C反应蛋白也会升高。同时，一些炎性，如风湿热、类风湿关节炎等都可以使C反应蛋白升高。所以不能仅凭C反应蛋白升高而诊断发热为细菌感染，必须要结合临床症状和其他的检查方法确诊。因此，见到C反应蛋白就认为是细菌感染而用抗生素的做法是不妥的。

怎样合理使用抗生素

爸爸妈妈@张思莱医师

您在网上一直强调要合理使用抗生素，那么怎样才能合理使用抗生素呢？

表情　图片　视频　话题　长微博　发布

A 你提的这个问题特别好，今天滥用抗生素的问题已经到了非解决不可的时候了。在医院里，经常碰到一些妈妈问医生：

——“宝宝咳嗽2天了，流鼻涕，我在家已经给他吃了2天×××消炎药，一点儿也不管用，您给孩子输点儿液，换一种更好的消炎药！让他的病快点儿好。”

——“幼儿园有的孩子得了痢疾，我给孩子吃了点儿消炎药预防，您说行吗？”

——“医生，这是我们大人吃剩的庆大霉素，可以不可以给宝宝吃呀？”

——“医生，我的孩子体质差，每个月几乎都生病。您多给孩子开点儿消炎药，到时孩子有点儿小病，我在家给他吃点儿消炎药就可以不来医院了。”

当医生没有满足家长的要求，希望他及时来医院就诊时，家长就会生气地抛过来一句话："××医生就比你好，我要什么药他都给开！还说对我们负责？真够差劲的！"

碰到这样的事情，医生也感到十分恼火：一方面为这些妈妈滥用抗生素给孩子带来潜在的或者已经造成的伤害感到心痛，另一方面为同行不负责任的医疗行为带给妈妈的影响感到十分气愤。

这里谈到的"消炎药"，就是我们常说的"抗生素"。人们一般认为抗生素能够治疗一切炎症，其实抗生素只是针对细菌引起的感染，而对于病毒引起的感染以及无菌性炎症是不起作用的。儿科常见的上呼吸道感染（俗称"感冒"）几乎90%都是病毒感染引发的，关节炎、肩周炎、滑膜炎等都属于无菌性炎症。

目前国内的抗生素市场很大，鱼目混珠，十分混乱。而且抗生素菌谱越来越窄，抗生素越用越高级，同一个药物换上不同的商品名加上广告的吹捧，就价格翻倍，越来越让家长满头雾水、无从选择。因此，家长必须走出抗生素用药的误区。

在国外，抗生素属于处方用药，只有主治医师以上的医生才能开，可是在我国一些城市的药房可以随便卖，也为不合理应用抗生素创造了条件。

抗生素自从问世以来，为保障人类的健康做出了不可磨灭的巨大贡献。但是任何药物都具有两面性，当人们没有正确认识和合理使用时，抗生素同样也会带给人类不小的灾难。

每种抗生素都有一定的抗菌谱。凡是能杀灭或抑制某一种或某一类细菌的抗生素称为"窄谱抗生素"，如青霉素只对革兰氏阳性菌有抗菌作用，而对革兰氏阴性菌、结核菌、立克次体等均无疗效，故青霉素就属于窄谱抗生素。凡是能够杀灭和抑制大多数细菌的抗生素则称为"广谱抗生素"，如氯霉素、四环素由于对革兰氏阳性菌、革兰氏阴性菌、立克次体、沙眼衣原体、肺炎支原体等都有不同程度的抑制作用，所以被称为“广谱抗菌药物”。近年来一些半合成的青霉素，如氨苄西林、羟苄西林等扩大了抗菌范围，不但对革兰氏阳性菌有效，而且对革兰氏阴性菌也很有效，特别是对伤寒杆菌、痢疾杆菌效果也很好；第三代、第四代头孢菌素抗菌谱也很广。窄谱抗生素针对性强，不容易产生二重感染；而广谱抗生素抗菌谱广，应用范围大，容易产生耐药、二重感染等，针对性也不如窄谱抗生素强。因此医生会根据抗生素使用原则做出选择，以达到尽快控制感染、挽救病人生命的目的。

临床医生选择抗生素的原则应该是：能用窄谱的就不用广谱的；能用低级的就不用高级的；用一种能解决问题就不用两种；在没有明确病原菌时可以使用广谱抗生素，一旦明确了致病的微生物就要使用针对性强的窄谱抗生素，同时轻度或中度感染不主张联合使用抗生素。

专家提示

具体使用抗生素的原则是：能够用口服制剂达到治疗目的就不用针剂；能够使用肌肉注射达到治疗目的就不用静脉滴注。使用抗生素必须保证足够的剂量，在体内必须达到有效浓度，且要维持一定的时间，切不可随意停用或减少用药次数，只有这样才能有效控制感染，不会使细菌产生耐药性。

人体是一个微生态平衡的整体。各种细菌在身体各个部位互相依赖、互相制约、和平共处。对于病毒引起的感染或无菌炎症使用了抗生素，或者已经明确某种细菌的感染而盲目使用广谱抗生素或联合用药，或者没有针对性地使用窄谱抗生素，这些抗生素不但没有杀死致病菌、病毒，或者即使杀死了致病菌，同时也杀死或抑制了正常细菌，引起菌群失调，耐药性致病菌种大量产生、繁殖，造成二重感染，即原有细菌或者病毒感染，由于大量或长期使用抗生素，机体的抵抗力下降，一些真菌乘虚而入引起鹅口疮、念珠菌肠炎、全身性念珠菌、曲菌感染等。

尤其是婴幼儿和学龄前儿童，由于身体各器官发育不成熟，对成人可能不会造成损害的抗生素，对婴幼儿和学龄前儿童往往会造成严重的损害。一些抗生素的毒副作用会造成孩子肝功能的严重损害，喹诺酮类药物如环丙沙星等对儿童软骨有潜在损害，氯霉素则可导致骨髓抑制引发血液病和灰婴综合征；一些氨基糖苷类抗生素，如新霉素、庆大霉素、链霉素、卡那霉素等容易造成孩子的耳聋和肾损害；一些非氨基糖苷类抗生素，如氯霉素、红霉素等也可以引起药物性耳聋。据《生命时报》报道，2005年中央电视台春节联欢会上由21名聋哑表演者献上的舞蹈《千手观音》让太多人感到震惊和感动，这21名表演者中，竟有18名是由于小时候注射抗生素而致聋的。滥用抗生素也增加了孩子过敏的机会，儿童哮喘病的增多就与此有很大关系。

不少家长由于医学知识的缺乏，在养育孩子的过程中滥用抗生素：错误地认为越高级的抗生素越好；喜欢把抗生素作为预防药物长期使用；当使用抗生素治疗时，只要用上一两天不见效，也不管自己使用剂量够不够、药物在体内是否达到有效浓度、用药途径是否对、使用时间是否够、孩子本身的免疫机制是否有问题，便频繁更换医院不断就诊，造成同一种疾病使用多种抗生素。有的家长只要治疗稍见成效就马上停止给孩子用药，造成致病菌死灰复燃，病情迁延不愈，治疗起来更加困难。

随着大量抗生素的应用和新产品的不断研发，细菌的耐药性也在逐年增强。由于人类滥用抗生素，现在一代耐药菌的产生只要2年时间，而医药工作者开发一种新的抗生素一般需要10～12年时间，抗生素的研制速度已经远远跟不上耐药菌的繁殖速度，如此发展下去，我们早晚有一天会面临无药可治的境地。

因此，合理使用抗生素也是每个家长需要注意的问题。

近来各种媒体都在不断地报道有关“超级细菌”的问题。其实所谓的“超级细菌”不是什么新鲜的东西，它就是抗药性细菌，称其为“多重耐药菌”或者“多重肠杆菌属的耐药菌”更适宜。简单说，就是任何抗生素都对它奈何不了，人一旦感染了细菌性疾病将面临无药可治的境况，严重地威胁着人们的生命。“超级细菌”超强抗药性来源于一个名为NDM—1的强悍基因。只要细菌体内拥有这个基因并通过它指导合成相应的酶，就可以对现在几乎所有抗生素产生抗药性。这个基因现在散布在多种细菌中，因此世界卫生组织目前敦促各国抗击“超级细菌”。

世界卫生组织发表公告说：抗药性细菌（即报道的超级细菌）日益成为全球公共卫生问题，可能影响许多传染病的控制，一些致病菌（多药耐药菌）对许多常用抗生素产生了抵抗力，给疾病治疗造成特殊困难。世界卫生组织建议各国政府将控制和预防耐药性细菌的重点集中在4个主要方面：1.检测耐药细菌；2.合理使用抗生素，包括建议医务工作者和公众合理使用抗生素；3.引进或执行有关停止无处方销售抗生素的法规；4.严格执行预防和控制感染措施，比如洗手措施，特别是在医疗保健机构中，这些措施必须得到执行。世界卫生组织还表示，将把抗击耐药细菌作为2011年世界卫生日主题。

人类从发明抗生素开始，细菌也在不断产生抵抗抗生素的基因，细菌耐药菌种的不断出现，使抗生素的研发工作必须不断地得到发展，所发明新的抗生素的疗效越来越强，滥用抗生素的现象也越来越普遍，细菌也在不断顽强地抵抗抗生素。从生物进化的观点来看，“适者生存”是一个颠扑不破的真理，因此细菌耐药性越来越强，最终就出现了“超级细菌”。研制一种新的抗生素一般需要10～12年的时间，但是细菌产生耐药性仅仅需要2年的时间。正如我在前面博文中所谈到的，如果我们长期滥用抗生素，早晚有一天将面临无抗生素可用的境况。没有想到这一天这么快就来到了。目前在东南亚发生的“超级细菌”事件就为我们人类敲响了警钟。

我国是一个生产抗生素的大国（很多发达国家都在我国建厂生产抗生素），同时也是一个滥用抗生素的大国，其滥用程度一点儿也不亚于印度。每年全世界有50%的抗生素被滥用，而我国这一比例甚至接近80%。像印度、巴基斯坦不需要处方就可以买到抗生素，为抗生素滥用创造了方便的条件。虽然在我国建立了抗生素销售必须有医生处方的法规，但通常是形同虚设。因为药房对销售处方药的处方睁一只眼、闭一只眼；如果药房自己设有医生的话，更为抗生素销售大开方便之门，这是导致滥用抗生素现象的原因之一。

导致滥用抗生素原因之二，是医生在治疗的过程中滥用抗生素现象比较严重。我国一些医生为了减少在医疗过程中产生不必要的医疗纠纷，不顾医生用药的原则而滥用抗生素；另外不客气地说，极少部分的医生专业水平比较差，对自己的诊断不自信，因此企图采用双保险的方法，即使是病毒感染性疾病也要使用抗生素，还美其名曰“预防细菌感染”。所以在术前使用抗生素预防，术后更是大肆应用抗生素，甚至是无菌手术。岂不知抗生素并没有预防细菌感染的作用。尤其是对于婴幼儿患病，动辄使用抗生素，而且使用的抗生素越来越高级，也美其名曰“婴幼儿抵抗力低下、免疫机制不健全”，如孩子轮状病毒肠炎、病毒性感冒使用抗生素几乎成了一些医生的惯例。另外，医生不考虑感染的菌种，喜欢抗生素联合用药，或者长期使用广谱抗生素，造成二重感染。当然也不能否定个别医生从个人利益考虑，收取药品的回扣而滥用、喜欢用更高级的抗生素。

导致滥用抗生素原因之三，是患者自己盲目使用抗生素，尤其是一些家长盲目地给自己的孩子使用抗生素。孩子只要一生病，家长就私自用药，抗生素首当其冲。因为家长认为孩子生病肯定有炎症，有炎症就必须要用消炎药，因此使用抗生素是对的，也是必需的。如果医生不给使用抗生素或者不使用更高级的抗生素，家长还一百个不愿意，甚至产生医疗纠纷。如果孩子患细菌感染性疾病需要使用抗生素时，往往家长凭借自己似懂非懂的一些医疗知识，又害怕使用抗生素对孩子造成损害，因此用药不够疗程，或者减少抗生素用药量，或者频繁更换更高一级的抗生素，因此更促进抗生素耐药性的产生。

其实“超级细菌”并不是一种洪水猛兽，也不是一种传染病，而是感染。一旦人的抵抗力下降，就会被感染。但是“超级细菌”是可控、可防、可治的。

首先要控制可能造成感染的场所和感染的媒介。医院是交叉感染的重灾区。医院环境的污染、医疗器械的污染、医生的手都可能是感染的媒介。现在的医务工作者由于工作紧张，或者根本没有这个意识，检查和护理每一个病人往往是不洗手的，使用的听诊器或其他诊治、护理器械往往也不能做到一人一消毒，因此无形中起到传播媒介的作用。同样，人们也应该养成洗手的习惯，不管是外出回家，还是饭前便后，都要做到认真洗手，以杜绝感染的途径。另外，对于患者感染性疾病应该做到快速确诊，找出致病菌，使用针锋相对的抗生素，不要盲目联合用药。一旦使用抗生素就要用够剂量，而且要用够疗程，这样才能减少耐药菌的产生。一旦发现多药耐药菌就要进行隔离，避免交叉感染，也要尽量减少去医院的机会。特别是一些家长，当孩子生病后，不等药物发挥疗效，反复去医院、不断换药，为细菌产生抗药性创造了方便的条件，也为孩子制造了交叉感染的机会。

因此再次告诫家长，孩子的健康就掌握在家长手里，千万不要再滥用抗生素了。

孩子是自闭症吗

爸爸妈妈@张思莱医师

我的宝宝3岁半了，平时由爷爷奶奶照顾，在家说话少，喜欢爸爸妈妈并愿意一起玩。但是一出去见到陌生人就哭，而且不爱和其他小朋友一起玩，喜欢自己在一边玩，比较娇气。孩子是自闭症吗？

表情 图片 视频 话题 长微博 发布

A 自闭症是一种严重的心理障碍性疾病，患有自闭症的孩子从来不与人交往，与人缺乏目光接触，对自己的亲人没有感情，行为、兴趣狭窄而怪异，生活方式刻板、教条，简单重复，喜欢自言自语，鹦鹉学舌，真正的危险不知害怕，听而不见或对某音节很敏感，好动或过分安静，有很好的听觉或视觉记忆能力，经常有莫名其妙的表情或笑容。其特征为：在与人交往方面是自我封闭；在语言方面是自言自语；在行为方面是自得其乐，兴趣怪异或有超人的机械记忆力。目前病因不清楚，大多数科学家认为可能与先天因素有关，如遗传基因、胎儿期病毒感染或者产前、产时、产后缺氧有关。近年来有些研究者认为也可能与慢性汞中毒有关或者缺少抚触及情感上的交流。

你的孩子虽然说话少，但是喜欢和家里人玩。孩子拒绝陌生人，不合群，可能与你的家庭教养方式、生活方式有关。例如：孩子很少出家门，失去了和别人交往的机会，不懂得人际交往的乐趣；家庭的娇惯使得孩子表现出娇气；家庭过多的照顾，使得孩子失去了用语言表达自己需求的愿望。孩子的种种表现说明孩子是性格上的孤僻，但不是孤独症。

希望你们经常让孩子多和他人接触，尤其是与同龄小朋友接触，不要娇惯和纵容孩子，让孩子学会自己的事情自己做（指本年龄段应该学做的事情），鼓励孩子通过语言来表达自己的需求和喜怒哀乐，从小塑造一个性格开朗、兴趣广泛、有人缘的好孩子。

新生儿疾病

出生1天的宝宝没有喂奶可以吗

爸爸妈妈@张思莱医师

我的小宝宝刚出生1天，昨天没给他吃东西，只给他喂了点儿水。现在他喝水喝得很少，喝奶也很少，总是睡觉，与昨天不太一样。他昨天下午3点出生的，晚上就不像今天这样总贪睡，想问问大夫新生的孩子这样正常吗？是让他继续睡觉还是强给他喂水、喂奶？

表情 图片 视频 话题 长微博 发布

A 新生儿出生后30分钟内应该吸吮母亲的乳头，因为这段时间内孩子的吸吮力最强，通过吸吮获得初乳，不但可使孩子获得免疫物质，而且还可使孩子获得能量。但是，有的母亲生后第一天分泌的乳汁很少，新生儿获得能量不足可能会发生低血糖。正常的足月新生儿低血糖的发生率为1%～5%，而早产儿和小于胎龄儿的发生率为15%～25%。发生低血糖主要是由于孩子体内糖原和脂肪储存不足，生后代谢所需的能量又相对高，而且新生儿发生低血糖的症状或体征非特异性，只是表现少动、嗜睡、少吃，少部分新生儿低血糖无症状，不容易引起看护者的注意。但是低血糖是造成新生儿中枢神经系统损害的原因之一，而且发生得越早，血糖越低，持续时间越长，就越容易造成中枢神经系统的永久损害。另外，由于摄入量不足也可能造成胎便排泄延迟，黄疸加重或迟迟不能消退，对机体也是一种损害。所以孩子出生后必须及早给予母乳喂养。如果母乳确实不足或者无法母乳喂养，就需要及早补充母乳库的奶或者配方奶粉。你的孩子由于没有及时哺喂，应该提高警惕，避免发生低血糖。因此，马上叫醒孩子喂奶。做到新生儿24小时频繁有效的吸吮，按需哺乳，随着母乳分泌不断增加，此种现象就不会再发生。

新生儿为什么会低血糖

爸爸妈妈@张思莱医师

我怀孕的时候有妊娠期糖尿病，但不是很高，孩子是足月出生，体重3.5千克。出生时血糖2.2毫摩尔/升，喝糖水后血糖升至2.7毫摩尔/升，没有其他症状。孩子现在1个月了，发育得很好，体重已经4.5千克。请问，他还会不会出现低血糖的症状？

表情 图片 视频 话题 长微博 发布

A 新生儿低血糖常缺乏症状，同样水平的血糖患儿所表现的症状也有很大的差异。无症状性低血糖患儿比有症状的低血糖患儿多10～20倍，孩子主要表现为反应差、嗜睡、阵发性发绀、震颤、呼吸暂停、不吃、眼球不正常转动。有的孩子表现为多汗、脸色苍白、反应低下。一些家长往往误认为孩子乖巧、不闹、省心省力而忽略没有处理。但是新生儿低血糖持续的时间比较长或者反复发生，对智力发育肯定有影响，或者造成神经系统后遗症。因此预防新生儿低血糖非常重要。

新生儿产生低血糖的原因有很多：胎儿主要在胎龄32～36周储存肝糖原，而代谢产热、维持体温的棕色脂肪的分化是从胎龄26～30周开始，一直延续到出生后2～3周。由于孩子出生后离开母亲温暖的子宫到温度相对于子宫低的外界环境，为了适应周围的环境，代谢所需的能量相对高，但是糖原储存得少。尤其是早产儿和小于胎龄儿，其糖原合成酶的活性较低，但是组织器官代谢需糖量却相对较多，因此新生儿尤其是小于胎龄儿和早产儿更容易发生低血糖。

你在怀孕的时候有妊娠期糖尿病，你的血糖高，胎儿的血糖就会随之增高，因此胎儿的胰岛素代偿性增高。出生以后，新生儿不能再从母体中获得糖原，而胰岛素还维持在一个高水平，因此就发生了低血糖。另外，发生过妊娠高血压综合征的孕妇或胎盘功能不全者，其新生儿低血糖发生率更高。也有个别孩子因为延迟开奶而发生低血糖。如果新生儿还伴有其他疾病，如感染、窒息、呼吸道疾病等，也容易发生低血糖。

新生儿低血糖多发生在生后数小时至1周内。只要产后1个小时内做到早接触、早开奶、早吸吮（又称“三早”）、勤吸吮一般就不会发生新生儿低血糖。如果因为医疗原因不能母乳喂养的孩子，生后1小时应及时补充糖水或者配方奶，这样就不会发生低血糖。医生对于高危儿应密切监测，如果发生低血糖及时补充糖水，很快就会纠正低血糖，血糖常常在12小时内达到正常水平。

目前低血糖的诊断：足月儿最初3天内血糖低于1.7毫摩尔/升（30毫克/分升），3天后血糖低于2.2毫摩尔/升（40毫克/分升）才能诊断为低血糖；小于胎龄儿和早产儿生后3日内血糖低于1.1毫摩尔/升（20毫克/分升），3日后低于2.2毫摩尔/升（40毫克/分升）。所以你的孩子当初也不是低血糖，你不用担心。但是一些业内人士认为上述的诊断界限值偏低，有的孩子在血糖1.7毫摩尔/升～2.2毫摩尔/升时常出现低血糖症状，给予葡萄糖后症状即消失，我想医生可能出于这个观点给你的孩子补充了葡萄糖水。

以后只要你正确、合理地喂养孩子，使孩子保持正常奶量的摄入，孩子就不会再发生低血糖了。

新生儿黄疸为什么不消退

爸爸妈妈@张思莱医师

我是一位准妈妈，现在正在提前学习一些科学育儿的知识。请问，新生儿黄疸产生的原因是什么，黄疸消退得慢对孩子有影响吗？

表情 图片 视频 话题 长微博 发布

A 皮肤和巩膜出现黄染，医学上称为“黄疸”。黄疸是新生儿期最常见的临床表现之一，既可能是一种正常现象，也有可能是某种疾病的严重表现，而且严重的黄疸可以引起脑部的伤害。

一、生理性黄疸

说它是一种正常的现象，是因为胎儿在宫内的低氧环境中，为了满足对氧的需要，产生大量的红细胞。出生后宝宝建立了肺呼吸，血氧浓度迅速升高，新生儿不再需要那么多的红细胞，因此大量的红细胞被破坏，胆红素产生过多。另外，新生儿红细胞寿命短，为70～90天，而成人为120天；再加上新生儿肝脏功能发育不成熟，不能及时处理和排泄由于大量红细胞破坏而生成的胆红素，所以血液中胆红素浓度增高，造成新生儿在生后2～14天内出现新生儿生理性黄疸。其特点是无临床症状，肝功能正常，间接胆红素增加。足月儿胆红素不能超过220.6微摩尔/升（12.9毫克/分升），早产儿不能超过256.5微摩尔/升（15毫克/分升）。但是生理性黄疸不仅有个体差异，也因种族、地区、遗传、家族和喂养方式不同而异，东方人、印第安人生理性黄疸范围较白人广。大多数新生宝宝的黄疸都是生理性黄疸，这是新生儿正常发育过程中发生的一过性血胆红素增高现象，对于新生儿没有什么危害，也不需要治疗。

有生理性黄疸的新生宝宝在出生后2～3天出现皮肤黄染，4～5天达到高峰。轻者可见颜面部和颈部出现黄疸，重者躯干、四肢出现黄疸，大便色黄，尿不黄，一般没有什么症状，偶尔可有轻度嗜睡和食欲差。正常新生儿7～10天黄疸消退，早产儿可以延迟2～4周。

二、病理性黄疸

有少部分新生儿因为某些疾病出现了病理性黄疸，严重者可以危害宝宝的大脑（发生核黄疸，又称“新生儿胆红素脑病”），受累终身，甚至死亡。因此关键是需要分辨生理性和病理性黄疸，以免贻误或扩大诊断和治疗，预防核黄疸的发生，避免对新生儿造成不必要的伤害。如果宝宝出生后24小时内就出现黄疸超过85微摩尔/升（5毫克/分升），而且每天黄疸进行性加重，每天以85微摩尔/升（5毫克/分升）上升，全身皮肤重度黄染，呈橘皮色，或者皮肤黄色晦暗，大便色泽变浅、呈灰白色，尿色深黄，或者黄疸持续时间延长，超过2周，都可能是病理性黄疸，要及时就诊。

家长如何观察孩子呢？可以在自然光线下，如果仅仅是面部黄染则为轻度黄染；如果躯干部皮肤黄染，则为中度黄染；如果四肢和手足心也出现黄染，即为重度黄染。一般情况下，如果宝宝在黄疸发生后出现精神萎靡、嗜睡、吮奶无力、肌张力减低、呕吐、不吃奶等症状就可能是病理性黄疸，必须尽快送宝宝去医院接受专业治疗。

1.几种常见的病理性黄疸

（1）红细胞破坏过多

溶血性黄疸：主要是因为母婴血型不合，母亲的血型抗体通过胎盘引起胎儿和新生儿红细胞破坏。这类疾病仅发生在胎儿与早期新生儿，最常见的是ABO溶血性黄疸，极少数为Rh因子不合溶血性黄疸。ABO溶血性黄疸主要发生在孕妇O型血、胎儿是A型或B型，第一胎即可发病。Rh因子不合溶血性黄疸主要是胎儿红细胞的Rh血型与母亲不合，而胎儿红细胞所具有的抗原恰为母体所缺少，若胎儿红细胞通过胎盘进入母体循环，因抗原性不同，使母体产生相应的血型抗体，此抗体又经胎盘进入胎儿循环系统，作用于胎儿红细胞并导致溶血，发生黄疸，多数为第二胎发病。一般通过产前检查医生会做出相应的处理。

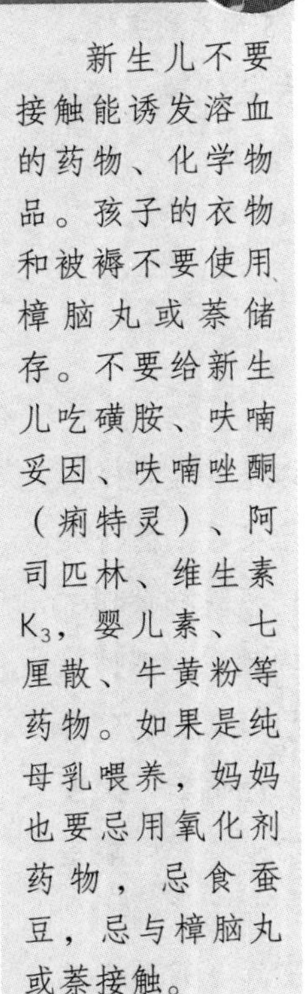

专家提示

新生儿不要接触能诱发溶血的药物、化学物品。孩子的衣物和被褥不要使用樟脑丸或萘储存。不要给新生儿吃磺胺、呋喃妥因、呋喃唑酮（痢特灵）、阿司匹林、维生素K_3，婴儿素、七厘散、牛黄粉等药物。如果是纯母乳喂养，妈妈也要忌用氧化剂药物，忌食蚕豆，忌与樟脑丸或萘接触。

近年来，因为我国婚姻登记取消了婚前检查，地中海贫血的患儿逐渐增加。这些患儿在新生儿期出现溶血，发生黄疸。地中海贫血是因基因变异而导致造血机能缺失的一种遗传疾病。如果父母双方是基因携带者，其后代发生疾病的概率为25%。婚前检查是最好的预防办法。

我国华南地区多见的**G-6-PD**缺陷病是一种红细胞酶缺陷的遗传病，可以引起新生儿出生后溶血，引发黄疸。感染、缺氧、大量出血和使用一些药物都可以诱发溶血而致黄疸。

（2）肝脏功能低下

新生儿感染、缺氧、窒息、低血糖、低体温、低蛋白血症以及一些药物，如磺胺、吲哚美辛（消炎痛）、水杨酸、维生素K_3都会抑制肝酶的活性，使肝细胞摄取和结合胆红素的能力降低，造成血中胆红素升高，引起黄疸。

（3）胆红素排泄异常

肝细胞排泄功能障碍或胆管受阻，可发生胆汁淤积性黄疸。如比较多见的由病毒感染引起的新生儿肝炎综合征、先天性胆道闭锁、胆汁黏稠综合征。

另外，先天性肠道闭锁、巨结肠、胎粪性肠梗阻、饥饿、喂养延迟、药物所致肠麻痹造成胎便排出延迟，增加了胆红素的回吸收，也是造成血中胆红素升高、引发黄疸的原因之一。

2.家长要做到的几点

（1）仔细观察黄疸变化

黄疸是从头开始黄，从脚开始退，而眼睛是最早黄、最晚退的。所以，可以先从宝宝的眼睛观察起。

（2）注意宝宝大便颜色

经过肝脏处理的胆红素会经由肠道排泄，大便因此才会带有颜色。如果是肝脏、胆道发生问题，如胆道闭锁，胆红素堆积在肝脏无法排出，大便会变白，但不是突然变白，而是越来越淡。与此同时，妈妈发现宝宝的皮肤也出现变黄的趋势，就必须立即带宝宝就医。在正常情况下，必须在宝宝2月龄内尽快治疗。

（3）保证宝宝充足光照

宝宝和妈妈一起出院回家后，白天应让宝宝裸露身体直接晒太阳。因为阳光中的蓝光能够让胆红素在光化反应下改变结构，便于被宝宝排出体外，尽快远离黄疸。同时可适当给宝宝补水，加速宝宝内循环。但需要注意用黑布保护宝宝的眼睛，因为蓝光照射可对视网膜造成光化学损害。夏天最好选择上午10点以前、下午4点以后阳光不强烈时。

（4）保证新生儿生后早开奶、吃得饱

孩子出生后半小时就要开奶，新妈妈一定要做到勤喂乳，在24小时内哺乳8～12次，或者更多。妈妈还要仔细观察宝宝是否确实有效地吸吮到乳汁，使宝宝充足地摄取乳汁。一天尿6次以上，大便每天1次以上，以及宝宝体重持续增加，就表示吃的奶量足够。如果因为某些原因确实母乳不够就需要添加配方奶。这样才能促进排便，减少胆红素的回吸收，有助黄疸消退。

严重的病理性黄疸可以引起神经系统的伤害而发生新生儿胆红素脑病，而预防新生儿胆红素脑病的关键是预防高胆红素血症的出现。因此需要监测血清胆红素浓度，一旦发现足月儿胆红素浓度超过15毫克/分升（256.5微摩尔/升）、早产儿胆红素浓度超过10毫克/分升（171.0微摩尔/升）就要及时处理，并密切注意神经系统症状的出现。

近年来，一些纯母乳喂养的新生儿发生的黄疸不随生理性黄疸的消失而消退，黄疸可延迟28天以上，黄疸程度以轻度至中度为主，宝宝一般情况良好，生长发育正常，肝脾不大，肝功能正常。这种黄疸我们称之为“母乳性黄疸”（具体详见下面问题）。

母乳性黄疸如何处理

爸爸妈妈@张思莱医师

宝宝出生已经25天，纯母乳喂养，可是黄疸至今还没有退，目前正在进行退黄治疗，我十分着急。有的医生建议停母乳3天，改成配方奶喂养，能这样吗？

表情　图片　视频　话题　长微博　发布

母乳性黄疸最早是从20世纪60年代开始报道，当时发病率为1%～2%。随着以后人们对母乳性黄疸的进一步认识，从20世纪80年代起文献报道的发生率就有逐年上升的趋势。据有关文献报道，现在正常母乳喂养的婴儿出生28天黄疸发生率大约为9.2%，实际上发生率要比报道的数量大得多。

母乳性黄疸主要特点是新生儿母乳喂养后血液中的未结合胆红素升高，表现出黄疸。母乳性黄疸可分为早发型和迟发型。早发型母乳性黄疸出现的时间是出生后3～4天，黄疸高峰时间是在出生后5～7天；迟发型母乳性黄疸出生后6～8天出现，黄疸高峰时间是在出生后2～3周，黄疸消退时间可达6～12周。

对于母乳性黄疸的病因及发病机制目前还未完全明确，现认为这是一种多种因素作用下导致新生儿胆红素代谢的肠—肝循环增加所致，下面从3个方面谈：

一、母乳性黄疸的发病机制

1.喂养方式

喂奶延迟、奶量不足或者喂养次数减少造成肠蠕动减慢，肠道正常菌群建立延迟等原因会造成肠道的未结合胆红素吸收增加，这是早发型母乳性黄疸发生的主要原因。

2.母乳原因

母乳性黄疸儿的母乳促进了胆红素的重吸收。母乳中某些特殊脂肪酸与胆固醇含量高，由于它们的作用，促进了未结合胆红素的重吸收，导致迟发型母乳性黄疸的发生。而牛奶和非母乳性黄疸婴儿的母乳可以抑制未结合胆红素的重吸收。通过研究专家发现，母乳中有一种因子在发生母乳性黄疸的母乳中活性强，其对影响婴儿胆红素代谢的肝功能成熟有一定的影响，因此母乳性黄疸的婴儿在消化母乳时可导致远期迟发型母乳性黄疸的发生。

3.肠道微生态原因

胎儿期间消化道内是没有细菌的，新生儿出生后，大量细菌从口腔、鼻、肛门以及皮肤迅速进入机体，其种类与数量迅速增加并于出生后第三天接近高峰，逐渐建立并维持着肠道的微生态平衡。这些细菌不但参与水解蛋白，分解碳水化合物，使脂肪皂化，溶解纤维素，而且还合成维生素K、B族维生素，同时肠道中某些细菌还有一个重要的作用——转化肠道内的胆红素，形成粪胆原排出体外，以减少未结合胆红素的重吸收。但是有的母乳喂养儿缺乏转化胆红素的菌群，也是造成少部分母乳性黄疸的原因之一。

大量研究表明，早产儿经母乳喂养者比足月儿更容易发生母乳性黄疸，尤其是出生时体重低于1.5千克的早产儿，主要是以迟发型母乳性黄疸为主。其原因可能是与早产儿的肠肝循环增加，以及母乳中某些因子含量高、活性更强有关。

母乳性黄疸足月儿多见，但是并不随着生理性黄疸的消失而消退，主要是轻、中度黄疸，重度少见。

二、母乳性黄疸的诊断与治疗

目前母乳性黄疸缺乏诊断手段，往往在排除了其他引起新生儿黄疸产生的病因后才能确诊。

本病确诊后不需要特殊治疗，预后良好。一般母乳性黄疸的孩子需要继续哺乳，而且勤喂母乳，保证每天8～12次奶，促进肠蠕动及大便排泄，有利于黄疸消退。如果总血清胆红素高于15毫克/分升（256.5微摩尔/升）可以暂停母乳3天，并配合光疗，改用配方奶喂养（最好使用小杯子喂奶，不要使用奶瓶、奶嘴，否则停母乳3天后孩子会拒绝妈妈亲自哺喂，不利于保证纯母乳喂养成功），黄疸可以消退50%，恢复母乳喂养后，黄疸虽有轻度上升，但随后逐渐降低直至完全消退。在此期间乳母需要按时挤出母乳，排空乳房，有利于孩子恢复母乳喂养后获得充足的奶量。对于血清胆红素在15毫克/分升～20毫克/分升（256.5微摩尔/升～342.0微摩尔/升）的患儿建议停母乳，改配方奶，进行光疗。早产儿的血清胆红素到10毫克/分升（171.0微摩尔/升）时即应警惕，及早干预。

一般认为母乳性黄疸预后良好，迄今为止很少有胆红素脑病的报告。因为最近有人报道，母乳性黄疸有导致轻微的中枢神经系统损害的可能，因此对于血清胆红素浓度较高的母乳性黄疸的患儿，尤其是早产儿应密切观察，给予适当的处理。

早开奶，勤吸奶，保证孩子的奶量，让孩子吃饱，以刺激肠蠕动，增加大便排出，仍是减少早发型母乳性黄疸发生的有效措施。

剖宫产儿出生1周内最容易出现哪些问题

爸爸妈妈@张思莱医师

我因为骨盆狭小准备剖宫产，但是我听说剖宫产儿出生1周内很容易出现一些问题，是这样吗？

表情　图片　视频　话题　长微博　发布

A 根据笔者多年的临床经验，剖宫产儿在出生1周内最容易出现以下几个问题：

一、哭闹问题

95%以上的剖宫产儿出生后很快就会出现不同程度的哭闹、多动、不喜欢被触摸、易惊、睡眠障碍，即使很小的声响也能引起过强的反应，而且多发生在晚上，常常莫名其妙地哭闹。这些孩子的哭闹很难安抚，甚至拒绝进食，引起父母紧张而焦虑不安，久而久之超出了父母忍耐的限度，引起反感而疏远孩子，不利于亲子依恋关系的建立。据研究认为，发生这种情况是因为胎儿在子宫内吞咽了大量羊水，由于实施了剖宫产，不能通过产道的挤压而排出来，大量的羊水潴留在新生儿消化道造成了危害，引起肠绞痛。也有的专家认为，剖宫产儿哭闹主要与感觉统合失调，即触觉防御性反应过度有关。

二、下奶晚及母乳不足引发的一系列疾病

剖宫产儿出生后，由于妈妈还在手术中或状态不佳，不能在生后半小时内进行早吸吮，不利于妈妈早期建立生乳反射和喷乳反射。另外，手术疼痛的打击，产妇精神紧张、焦虑、忧郁，止痛药或麻醉药在体内残留，均可抑制或影响乳汁的分泌；而且剖宫产会使5-羟色胺分泌增加，导致泌乳素和催产素分泌减少；再加上手术后医生需要观察产妇的肠功能是否受损，因此饮食受到限制，只能进流食或半流食，不能满足乳母对营养的需求，以上均可造成下奶晚或母乳分泌少，不利于母乳喂养成功。同时，剖宫产儿由于不能及时获得初乳中的一些免疫物质，其免疫功能差，易合并感染；下奶晚或母乳不足也容易发生新生儿低血

糖。人的大脑代谢主要依靠能量的来源——糖，低血糖对大脑造成的损伤往往是不可逆的。同时，由于喂养延迟或母乳不足，也造成剖宫产儿胎粪排出延迟，增加胆红素的回吸收而发生高胆红素血症；也有报道，因为产妇所用麻醉药物通过胎盘进入胎儿血循环中，致使红细胞通透性改变，存活期缩短而大量破坏致黄疸加重。

三、容易发生剖宫产儿综合征

剖宫产儿综合征主要是指剖宫产儿呼吸系统并发症，如窒息、湿肺、羊水吸入、肺不张和肺透明膜病等。剖宫产儿湿肺的发生率为8%，阴道产儿湿肺的发生率仅为1%。在孕期中，由于发育的需要，胎儿肺内存在一定量的肺液，但是出生的瞬间这些肺液必须迅速加以清除，为出生后气体顺利进入呼吸道减少阻力，保证肺能够马上进行气体交换，建立有效的自主呼吸。因此阴道产儿由于产道的挤压和儿茶酚胺的调节，使得胎儿呼吸道内的肺液1/3～2/3被挤出，剩余的肺液在出生后被进一步清除和吸收。但是剖宫产儿缺乏这一过程，肺液排出较少，肺内液体积聚过多，增加了呼吸道内的阻力，减少了肺泡内气体的容量，影响了通气和换气，导致不少的剖宫产儿，特别是择期剖宫产儿，出生后出现呼吸困难、发绀、呻吟、吐沫、反应差、不吃、不哭等症状，发生新生儿湿肺，严重者导致窒息、新生儿肺透明膜病、新生儿缺血缺氧性脑病的发生。另外，由于剖宫产儿没有经过产道挤压，无法更好地适应出生后血流动力学和血生化的瞬间改变，所以颅内出血也时有发生。

四、不利于建立早期依恋关系

心理学家指出，几乎所有的母亲对孩子的爱都是无限的，特别是当孩子娩出的那一刻，母爱达到顶点，不能忍受与宝宝片刻的分离，心理学家把这一阶段称为“母性的敏感期”。剖宫产儿由于妈妈还在继续手术或者因为妈妈的状态不佳，不能及时与母亲进行肌肤密切接触，虽然我国爱婴医院规定，孩子出生后半小时内必须和母亲进行皮肤接触，但是往往由于各种原因而做不到，因此造成了母婴最初的隔离。而刚出生的孩子是最需要母亲爱抚的，这会使宝宝亲近母亲的天性得不到自然发展，若不能获得安全感和满足感，对宝宝日后的健康成长是非常不利的。

近来有科学家认为，母子之间最早的皮肤接触，有助于建立早期的依恋关系，经过一段时间的相互作用才能形成牢固的依恋关系。母子间最初皮肤接触时间的早晚比早期接触的绝对时间长短更重要，这是因为产妇体内雌激素作用可能产生最强烈的感情，促使她去关心自己的孩子，有利于形成早期依恋。如果不利用，激素的作用就会消失。

近来研究表明，剖宫产儿对普通过敏原的过敏概率是阴道产儿的5倍。主要是因为剖宫产儿没有接触母体阴道和产道的菌群，无法建立起正常的菌群环境，免疫调节功能相对较弱。另外，剖宫产儿往往因为母乳下来得比较晚，最先接受的是配方奶，而母乳中含有很多免疫因子，能帮助新生儿建立正常的肠道菌群，有利于婴儿免疫系统正常发育。虽然过敏是很多因素导致的，但是还是尽量选择阴道产，选择母乳喂养。

所以为了妈妈和孩子的健康，除了具有医疗指征不适合阴道产外，孕妈妈都应该选择阴道产。

脐带脱落后肚脐有黄色异味分泌物怎么办

爸爸妈妈@张思莱医师

我的孩子已经1个月了，昨天脐带刚脱落。我发现他肚脐周围红肿，脐窝有异味，并有黄色的分泌物。这是怎么啦?

表情　图片　视频　话题　长微博　发布

A 正常的情况下，脐带一般在孩子出生后1～2周可以脱落。但是由于出生时脐带结扎得不太好或者其他原因脐带有可能晚脱落，因此应该及时到医院请医生来处理。

你的孩子可能因平时不洁护理造成脐部感染，所以脐部出现有异味的黄色分泌物，同时肚脐周围皮肤（脐轮）红肿。你孩子的这种情况可能是脐炎，因此必须请医生帮助处理，以避免由于脐炎感染扩散发展为蜂窝组织炎。但是也有的孩子脐带脱落后脐带根部形成脐茸。脐茸有可能是肉芽组织或者有1个或几个出血点，因此这样的脐部可能就会长期有分泌物，甚至还可能出现黄色、有异味的分泌物，这种情况也必须请医生及时处理。对于肉芽组织或者出血点，医生多采用硝酸银灼烧，使其逐渐痊愈。

新生儿锁骨骨折了怎么办

爸爸妈妈@张思莱医师

我的孩子是自然产儿，在接生的时候由于娩肩困难，发生锁骨骨折。医院小儿骨科会诊后，告诉我处理后对孩子的发育不会产生什么影响。但我还是不放心。请问骨科医生说得对吗？

表情 图片 视频 话题 长微博 发布

A 新生儿锁骨骨折是一种比较常见的骨折，正常胎位发生率大约是0.5%，胎位不正的新生儿发生率大约是16%。发生骨折多见于体重比较大的新生儿，或母亲骨盆比较小，或使用产钳助产的新生儿。锁骨骨折的孩子有的时候没有什么特殊表现，只是在活动患侧上肢时孩子哭闹或者锁骨局部有些凸起。因为新生儿锁骨骨折多为青枝骨折，而且新生儿骨膜肥厚、有弹性并强韧的组织支撑，骨折处稳定性比较好，所以骨折后外形变异的可能性不大。即使错位比较严重，在孩子生长过程中也会自行矫正。如果不伴有臂丛神经损伤，多数专家认为无须固定，在出生后3周内不要牵动患侧的上肢，不需要特殊治疗。也有专家建议使用十字绷带固定。锁骨骨折诊断依赖于X光检查。

新生儿单纯锁骨骨折的愈合能力很强，对弯曲变形的重塑拉直、拉长的能力很强，一般生后1周骨折处形成骨痂，两周后就会愈合。只要没有合并臂丛神经损伤，不会对孩子生长发育以及以后的活动产生不利影响，你尽管放心好了。

新生儿头皮下血肿怎么办

爸爸妈妈@张思莱医师

我的孩子是顺产儿，出生后发现头颅的顶部有一个凸起的硬包，轻轻压迫有波动感。现在孩子快满月了，这个硬包仍然没有消退，怎么办？

表情 图片 视频 话题 长微博 发布

A 孩子出生时，由于最先露出的是头顶的部分，由于产道对其压迫，造成皮下组织渗液；也有的是头皮下的血管破裂，出现头顶囊状包。前者称为“产瘤”，其特点是边缘不清楚、没有囊样感觉，肿胀的地方可见凹陷性水肿，一般几天后消失；后者为“头皮下血肿”，触摸有波动的囊样感。头皮下血肿因为很少合并感染，绝对禁止抽取积血（如果抽血反而有可能引起感染，造成感染扩散）。头颅血肿大多数6～10周吸收，个别的孩子血肿部位积血没有完全吸收，会钙化，形成了与颅骨连在一起的硬块，使头部局部凸起，除了影响美观外没有其他影响。但头皮下血肿如果积血过多，有可能使新生儿黄疸加重。

新生儿疾病筛查查什么

爸爸妈妈@张思莱医师

孩子出生后2天，医生给孩子取了足跟血，说要做新生儿疾病筛查，可是孩子出院后没有关于筛查的报告，不知道给孩子筛查什么病，为什么不通知我们筛查的结果？

表情　图片　视频　话题　长微博　发布

A 根据我国公布的《中华人民共和国母婴保护法》，新生儿出生喂奶后48～72小时，采集足跟血做新生儿疾病筛查，是通过血液检查对一些危害严重的先天性代谢疾病以及内分泌病进行筛查，从而达到早期治疗的目的，避免发生不可逆的生长发育以及智力发育上的落后。目前我国主要筛查苯丙酮尿症、先天性甲状腺功能减低症。

苯丙酮尿症是一种氨基酸代谢异常的先天性疾病，主要是缺乏苯丙酸羟化酶，使体内的苯丙氨酸不能经正常途径代谢。过多的苯丙氨酸及其代谢产物影响脑的正常发育。这样的孩子皮肤和毛发颜色发淡，吃奶困难，生长发育落后，头围小，牙釉质发育不良，尿液和皮肤有一股特殊的臭味（鼠尿味）。因此治疗必须使苯丙氨酸接近正常浓度，预防和减少对大脑的伤害。如果筛查出本病必须要食用低苯丙氨酸水解蛋白的食物、母乳或低苯丙氨酸水解蛋白奶粉。这样的孩子应该长期接受医生的营养指导。

先天性甲状腺功能减低症（又称“克汀病”“呆小病”）主要由于甲状腺异常引起甲状腺激素合成或代谢障碍。孩子出生后2～3个月，逐渐表现出痴呆、小鼻、低鼻梁、皮肤和毛发干燥、脐疝、腹胀、便秘、呼吸及进食困难、生理性黄疸持续时间延长、舌大而厚常常伸出口外、生长发育落后。及早发现问题，如果生后1个月开始治疗，给予甲状腺素钠或甲状腺片替代疗法，智商可以达到正常水平。治疗得越晚对智力的伤害越严重。先天性甲状腺功能减低症的孩子需要终身治疗。

医院经过筛查发现异常的孩子，医生必须在1个月内通知家长，请家长和患儿及时到医院进一步诊治。筛查正常的孩子大多数医院就不通知家长了。

新生儿腹胀、便血与喂奶有关系吗

爸爸妈妈@张思莱医师

我的孩子足月顺产，人工喂养。出生后不久，发现孩子腹胀、腹泻，1～2天后大便呈深棕色，化验大便潜血阳性。医生高度怀疑新生儿坏死性结肠炎，让住院治疗。孩子怎么得了这个病？医生说可能与冲调配方奶不对有关。

表情　图片　视频　话题　长微博　发布

A 根据你描述的情况，医生会做进一步检查确诊。新生儿坏死性结肠炎多发生在早产儿、有窒息生产史的孩子、有细菌感染的新生儿，尤其在新生儿腹泻流行的季节，也有因喂养不当造成的。此病多发生在孩子生后2～3周。

早产儿由于抵抗力弱，胃肠道发育不成熟，极易发生肠道感染，进而引起肠道损伤、缺血坏死；如果早产儿每次喂奶增加奶量过快、过多，造成肠腔内压力过高、膨胀，肠壁血流灌注少，也会发生肠壁缺血坏死；新生儿窒息缺氧，造成肠壁血流减少，肠壁因缺血而坏死。对于足月儿，如果有细菌感染，尤其是腹泻的孩子，肠壁也会因细菌感染而发生缺血坏死。一些人工喂养的孩子，如果不按配方奶的浓度配制，如奶液过浓，造成肠腔内高渗透压，促使肠壁血管内的大量液体转入肠腔，造成肠壁黏膜缺血损伤，进而发生坏死。

预防新生儿坏死性结肠炎的发生首先要预防早产。新生儿要注意科学喂养，主张生母母乳喂养，尤其对于早产儿更为重要。并且注意与有感染的患儿进行隔离。对于必须人工喂养的孩子，一定要按照配方奶说明书介绍的冲调方法和配置比例进行冲调、喂养。

呼吸系统和心血管系统疾病

为什么孩子感冒医生不建议使用抗生素

爸爸妈妈@张思莱医师

我1岁多的孩子感冒2天了，考虑到孩子可能有炎症，家里存有一些上次看病留下来的抗生素，准备给孩子吃，可是你在微博上答复我，不建议孩子使用抗生素，为什么？感冒的孩子究竟应该如何处理？

表情　图片　视频　话题　长微博　发布

A 人们俗称的“感冒”就是医生常说的“上呼吸道感染”，简称“上感”。上呼吸道感染是一组综合征，其病原体主要侵犯鼻、鼻咽部和咽喉。上呼吸道感染不是一种单独的疾病，而是包括急性鼻炎、咽炎、喉炎、急性扁桃体炎，统称为上呼吸道感染。因此感冒常常表现为发热、流鼻涕、打喷嚏、咽痛、咳嗽、食欲降低等症状，有的孩子可能耳后、颈部淋巴结肿大。上感90%以上是病毒感染，支原体和细菌感染比较少见。而且不同的季节、不同的地区、不同的情况下，引起上呼吸道感染的病毒也是不同的。所以针对病毒感染引起的上感使用抗生素基本无效，还可能引起体内菌群失调，所以要避免使用。即使上感合并细菌感染，上次使用的抗生素也不见得适用于这次细菌感染，因为感染的细菌可能不是同一类细菌。上感主要是通过呼吸道和接触感染。孩子发生感冒与孩子的体质、营养状况、生活不规律、缺乏锻炼、生活环境和大气污染以及被动吸烟有密切的关系。某些病原体可以寄生在正常小儿的鼻咽部，平时可能不会引起炎症，但是当孩子的机体抵抗力下降，如受寒、淋雨、护理不当、卫生条件差时就会诱导发病。据统计，每个婴幼儿每年发生上感4～6次，北方地区和秋末、冬季、春季发病较多。

病毒引起的感冒是一种自限性疾病，病程5～7天，大多数患儿可以自愈。

对于一般感冒没有什么特效的治疗，不建议使用镇咳药和感冒药，尤其对2岁以下的孩子，因为这些药物不能缓解孩子感冒的症状，几乎无效，只是家长的安慰剂。孩子患感冒时，屋内要保持一定的湿度，以缓解鼻腔内分泌物的阻塞而引起的不适。可以使用加湿器，但是一定要彻底清洗和晾干加湿器，以防加湿器被细菌和真菌污染。如果孩子鼻塞，可以使用吸鼻器在吃奶前或睡前每个鼻孔各滴1～2滴生理盐水，稀释鼻涕后用吸鼻器吸出或者用干净的细棉签轻轻擀几下。

预防感冒最好的办法就是远离感冒患者，少去公共场合。要给孩子勤洗手，家长外出回来除了洗手外，还要脱掉外面的衣服再抱孩子，因为上感病毒也可以通过被污染的衣物接触传染。已经上幼儿园的孩子，一旦发生上感，家长最好接回家进行护理，保证孩子充足的休息，同时避免感染别的孩子。另外，教会孩子咳嗽、打喷嚏时，使用纸巾或者手帕遮住口鼻，不要让孩子用手遮住口鼻，否则污染的手再去摸其他物品或者人，也会将病毒传播给别人。

孩子大哭后呼吸突然暂停怎么办

爸爸妈妈@张思莱医师

我的宝宝已经1岁了，从8个月开始，只要没有满足他的要求就大哭，而且不停地哭，随后就突然口唇发紫、呼吸暂停，吓得我们全家只能事事依着他。平常的时候，孩子的精神、食欲、活动一切都挺好的。现在他十分任性。这样长久下去，我觉得不利于他的性格培养，可是我又怕他真有什么毛病。请问，他是有什么毛病吗？我应该怎么做？

表情　图片　视频　话题　长微博　发布

A 你说的这种情况在医学上叫作“屏气发作”（又称“呼吸暂停症”），是婴幼儿时期比较多见的一种发作性神经官能症。孩子遇到发怒、恐惧、疼痛或者轻微的外伤，引起情绪上的急剧变化，进而引发呼吸暂停、口唇青紫甚至全身强直、意识丧失、抽搐，继而很快得以全面恢复。一般发作1分钟以内，严重者可长达3分钟。这种症状多见于6个月至2岁的孩子，4～5岁逐渐减轻，得以缓解。

其产生的原因：

◆ 家庭的不良教育：不和谐的家庭关系、家长的娇惯、过分宠爱或者家长生硬管教造成孩子紧张、焦虑等不愉快的情绪。

◆ 孩子的气质：有一些孩子是困难型气质，无论家长怎么做他都不痛快，因此造成家长养育十分困难而失去信心。

◆ 有一些报道认为，在缺铁性贫血的孩子中，本病发病率比较高。一般贫血纠正后，屏气发作可改善或消失。

本病一般不需要治疗，大多数孩子4～5岁发作自然停止，不会有后遗症。对于有缺铁性贫血的孩子一定要纠正贫血，同时服用维生素C。具体请遵医嘱。

同时，对于不同气质的孩子采取的教育方法是不同的。首先要给予孩子发自内心的关爱，对于孩子不正确的要求要采取迂回或者转移兴趣的方法，使孩子能够愉快地接受；其次，家庭和谐，家长教育孩子的口径要一致，这样才能使得孩子身心得到健康成长。

孩子为什么长期咳嗽不愈

爸爸妈妈@张思莱医师

我的孩子1个月前感冒、咳嗽、流涕、发热，经过治疗后退热，流涕消失，可是咳嗽仍然不好，每天夜间或清晨总是咳嗽不止，换了好几种消炎药和止咳药都不见好。怎么办？

表情　图片　视频　话题　长微博　发布

咳嗽连续4周以上又称为“慢性咳嗽”。

一、慢性咳嗽产生的原因

1.特异性咳嗽

能够发现特异性病因，如支气管炎、哮喘、先天性气道发育异常、肺炎、支气管扩张等。

2.非特异性咳嗽

咳嗽为唯一表现、胸片未见异常的慢性咳嗽。

（1）呼吸道感染与感染后咳嗽：近期有明确的呼吸道感染史，咳嗽呈刺激性干咳或伴少量白色黏痰，胸片无异常，肺通气功能正常，咳嗽通常具有自限性。

（2）咳嗽变异性哮喘：咳嗽持续4周以上，常在夜间或清晨发作，运动、遇冷空气后咳嗽加重，无感染表现，抗生素治疗无效，支气管扩张剂治疗使咳嗽明显缓解，有过敏史或过敏家族史。

（3）上气道咳嗽综合征：各种鼻炎、鼻窦炎、咽炎、腺样体肥大等上气道疾病引起的咳嗽。

（4）胃食管反流性咳嗽：咳嗽多在夜间或饮食后，伴有上腹部不适等症状。

（5）嗜酸粒细胞性支气管炎：慢性咳嗽，痰液中嗜酸粒细胞百分比高，激素治疗有效。

（6）心因性咳嗽：年长儿多见，以白天咳嗽为主，伴焦虑，不伴器质性疾病。

根据你说的情况，应该高度怀疑是不是过敏性咳嗽。有些孩子反复咳嗽或者咳嗽时间很长，每天咳嗽不断，痰并不多，也不发热，肺部的X光片也没有发现异常，经常发生在夜间或者凌晨，吃了很多抗生素（记住：是抗生素，不是消炎药）也不见效，孩子痛苦，家长着急。其实家长只要细心就不难发现，孩子的咳嗽与接触某些物质有关。例如，反复接触冷空气、花粉、尘螨、家中的地毯或用品、宠物的皮毛屑、海鲜等孩子才咳嗽的，远离这些物质可能咳嗽就减轻或消失。这是过敏性咳嗽，是一种不典型的哮喘，以咳嗽为本病的主要临床表现，所以用任何一种抗生素都不会起作用。任何年龄段的孩子都可以发病。因此对于长时间咳嗽不愈的孩子，需要家长细心观察，发现孩子咳嗽的规律，及时去医院做变应原实验。如果家族有过敏史，就更有助于此病的诊断了。确诊后脱离产生过敏的环境，给予一些平喘的药物治疗，这种咳嗽会逐渐得到缓解。

二、过敏性咳嗽如何预防

- 建议去医院变态反应科检查变应原，做好预防。
- 在季节交替、气温骤变时，家长应尽量为孩子做好防寒保暖，避免感冒。
- 避免食用会引起过敏症状的食物，如海产品、冷饮等。

小儿过敏性咳嗽的临床特点

◆咳嗽持续或反复发作≥1个月，常在夜间及清晨出现发作性咳嗽，运动后加剧。

◆临床无感染征象（如发热等），或长期服用抗生素（消炎药）无效。

◆用支气管扩张剂（氨茶碱等）可使咳嗽症状缓解。

◆有个人过敏史（婴儿湿疹、荨麻疹、对某些食物过敏）及家族过敏史（父母及亲戚有过敏性鼻炎等）。

◆免疫球蛋白E升高。

◆ 家里不要养宠物，不要养花，不要铺地毯，避免接触花粉、尘螨、油烟、油漆等。

◆ 不要让孩子抱着长绒毛玩具入睡。

◆ 在浴室和地下室，应使用除湿机和空气过滤器，并定期更换滤网。

孩子反复感冒怎么办

爸爸妈妈@张思莱医师

我的儿子快2岁了。体质很弱，因此我们把他照顾得十分周到。即使这样，孩子还是总生病，不是流涕，就是咳嗽，有的时候还伴有高热，平均下来几乎1个月就感冒1次，有的时候还患肺炎。去儿童医院看病，医生称我的孩子是“复感儿”。什么是“复感儿”？对于这样的孩子我们该怎样护理呀？

表情　图片　视频　话题　长微博　发布

A “复感儿”就是我们医学上称的“反复呼吸道感染的小儿”的简称。凡是2岁以内的小儿每年上呼吸道感染7次，下呼吸道感染2次；6～12岁的儿童每年上呼吸道感染5次，下呼吸道感染2次者，都可以诊断为“反复呼吸道感染”，其小儿就是“复感儿”。这样的孩子一年四季都可以发病，以冬春季发病为主。

一、小儿出现反复呼吸道感染的原因

◆ 婴幼儿呼吸系统的各个器官发育不成熟，呼吸道短小，黏膜柔弱、富有血管，容易引起感染且黏液分泌不足，纤毛运动能力差，免疫功能发育不成熟。另外，孩子的皮肤调节体温能力差，不能很好地适应外界不断变化的气温，所以小儿比成人更容易发生呼吸道感染。主要表现为流鼻涕、咳嗽、打喷嚏等上呼吸道感染的症状，如果处理不及时，感染不能被及时控制，很容易使感染下行，引发气管炎或肺炎，尤其对于小婴儿更是危险。

◆ 家长过度的保温使孩子的身体长期处在一个恒温的环境中，不能有效提高孩子皮肤调节体温的能力。而且这样的孩子往往由于家长过度照顾，缺乏户外体格锻炼，成为温室中的鲜花，经不起环境温度的变化，孩子的耐受力相当差，一有风吹草动，首先得病的就是他。

◆ 营养是孩子全面发育的物质基础，也是抵御疾病的内在因素。现在大多数孩子都是独生子女，往往因为家长不正确的喂养观和喂养行为，饮食搭配不科学，膳食结构不合理，造成孩子营养不良或营养过剩，使身体发育受损，免疫物质不能正常产生，抗病能力下降，自然容易引发上呼吸道感染。

◆ 每次发病治疗不当，也是造成反复感染的因素之一。孩子一生病，家长就十分着急。这种心情是可以理解的，但是有的家长自行用药，或者医生没有详细检查孩子致病的原因，一律采用抗生素治疗。小儿的上呼吸道感染80%～90%是病毒感染所致，滥用抗生素或不正确用药，造成孩子体内菌群紊乱，使得一些条件致病菌活跃起来，不仅孩子的原发疾病没有治疗好，还可能引发其他疾病，而且也容易使一些细菌产生抗药性，以致以后再发病，同样的药物不再有治疗作用。也有的家长当孩子的疾病刚有好转，就给孩子停药，造成原来疾病没有治疗彻底，暂时受抑制的致病菌潜伏下来成为慢性病灶，当孩子一旦受凉，或者作息不规律时，抵抗力下降，这些病灶就会发病。

◆ 不良的生活环境也会引发上呼吸道感染。有的孩子生活在有污染的环境中，如装修的污染、铅污染、吸烟等环境，都能够降低孩子的抵抗力，尤其是孩子长期生活在一个空气不新鲜的房间内，更容易成为致病菌的侵害目标。

◆ 个别的孩子是因为先天免疫缺陷，导致容易发生反复呼吸道感染或其他感染性疾病的发生。

什么是“三浴”训练

“三浴”训练是儿童保健的一项很重要的内容，对于提高孩子的抵抗力大有好处。

1.日光浴

太阳光中的紫外线不但有杀菌的作用，同时能够将皮肤内的一种胆固醇转化为维生素D，促进肠道钙和磷的吸收，可以预防维生素D缺乏引起的佝偻病；同时阳光的照射还能刺激人体新陈代谢活动，增强神经系统的机能，促进皮肤健康。具体做法：一般出了新生儿期的孩子就可以开始日光浴。具体操作需要循序渐进，开始时每天1次，每次1～2分钟，逐渐增加到每天15～30分钟。阳光主要照射背部和臀部，要注意遮挡孩子的眼睛，避免阳光刺激。夏天应该选择在阴凉处进行，如果孩子在日光浴中大量出汗或者睡眠不安就要及时停止。

2.空气浴

新鲜空气可以为孩子提供充足的氧气，还能因温度、湿度、风速和风向等因素刺激皮肤的神经末梢，调动体温中枢调节体温的功能，增强机体对外界环境变化的适应能力。具体做法：空气浴一般先从室内开始。先不要在寒冷的冬季进行，最好先从夏季开始，逐步养成开窗睡觉的习惯。进行一段时间，可以移至室外，选择阳光不易直接照射的地方。室外温度不要低于20℃，相对湿度在60%以下，风力3级以下。父母或者保教人员可以给小婴儿做被动操，1岁以后的孩子可以通过游戏和运动结合进行，目的是促使孩子身体发热。为了增强上呼吸道的抵抗力，空气浴时不建议给孩子戴口罩。

3.冷水浴

冷水浴可以刺激皮肤神经末梢感受器，刺激体温中枢调节体温变化以适应冷水的刺激，增强神经系统的机能，对呼吸系统和消化系统有良好的作用，同时可以清洁皮肤。冷水浴一般也建议从夏季开始，水温应该接近体温。可以先用冷水洗手、脸、脚，每次浸泡从3分钟开始逐渐延长，以后可以采用凉水擦浴。经过一段适应性训练后方可采取冷水淋浴，冷水温度不能低于25℃，淋浴时间30秒至1分钟，淋浴后用干毛巾包裹全身，揉擦至皮肤发红、发热为止。如果在淋浴时孩子出现了怕冷、面色苍白、全身起鸡皮疙瘩等现象就立即停止。

只要家长循序渐进、持之以恒地让孩子进行“三浴”训练，就能够提高孩子的抵抗力。

二、照顾复感儿的方法

◆ 创造一个空气新鲜、干净的生活环境。进行“三浴”（空气浴、冷水浴、日光浴）训练，适当进行寒冷训练，加强运动锻炼，增强孩子的体质。尽量少去或不去公共场合。

◆ 注意营养搭配，调整家长的喂养观念，让孩子从小养成良好的饮食习惯。尽量保证母乳喂养，按时添加换乳期食品。这样才能保证孩子的生长发育，提高孩子抵抗疾病的免疫力。

◆ 对于反复发生呼吸道感染的孩子，建议去医院检查免疫功能，及早发现有免疫缺陷的孩子，给予相应的治疗。

一般反复上呼吸道感染的孩子心理发育都比较脆弱，容易产生对家长的依赖性，对疾病的焦虑、恐惧感以及胆小、自卑或有攻击行为。家长要有耐心，对孩子多一分体贴，善于引导孩子独立完成自己能够做到的事情，善于拒绝孩子不合理的要求，鼓励孩子勇敢地面对医生的治疗。当然，要想克服孩子心理薄弱环节，最主要的是家长首先要正确对待孩子的疾病，因为孩子的一些心理问题全是从家长的脸上获得的。

患急性喉炎的孩子一定要接受激素治疗吗

爸爸妈妈@张思莱医师

我的孩子1岁6个月，因为咳嗽严重，而且呼吸急促，咳嗽时发出“吭吭”的声音，去医院急诊医生诊断为急性喉炎，给予3天激素+葡萄糖水输液治疗。考虑到激素的副作用，我该接受这种治疗吗？

表情　图片　视频　话题　长微博　发布

A 人的喉部是整个呼吸系统最狭窄的部位，也是呼吸道的门户，一旦孩子患急性喉炎，因软骨软弱，黏膜内血管和淋巴结丰富，黏膜下组织松弛，易引起喉部水肿。小儿咳嗽功能不强，分泌物排泄不出来，引起患儿吸气性困难，出现喉鸣，咳嗽时发出的声音类似犬吠声（这是喉炎最典型的咳嗽声）。患儿呼吸急促，鼻翼翕动，烦躁不安，面色苍白，甚至出现口唇青紫等缺氧表现，严重者吸气时胸骨上下、两侧锁骨上下部各肋间隙均凹陷（医生称为“三凹征”）。由于吸气性困难，孩子睡不实。此病发生迅速，喉部神经敏感，受刺激后容易引起喉痉挛，或因喉头水肿严重堵塞呼吸道而发生喉梗阻。

一般单纯急性喉炎多为病毒感染引起，少数可以合并细菌感染。治疗时首先需要保持呼吸道的通畅，避免因病情迅速发展出现喉头水肿而发生喉梗死。因此医生会立即给予激素治疗，以减轻喉头水肿、促进炎症吸收。如果同时合并有细菌感染，可以选择敏感的抗生素治疗。因此，医生短期（一般多用3天）使用激素治疗是完全可以的，而且不会产生副作用。同时可以采用雾化吸入治疗。为了防止患儿烦躁不安，可以使用镇静药，有助于减轻喉水肿（喉痉挛）。

孩子需要切除扁桃体吗

爸爸妈妈@张思莱医师

我的孩子已经3岁了。2岁以后经常扁桃体化脓，在这一年中已经因化脓性扁桃体炎生病6次了，每次都是使用抗生素治疗。我不愿意孩子长期使用抗生素，所以孩子烧退就停药了。目前扁桃体肥大已经Ⅲ度多，睡觉打呼噜比较严重，医生建议切除扁桃体。我听说扁桃体是人体防御疾病的第一道门岗，孩子需要切除扁桃体吗？

表情　图片　视频　话题　长微博　发布

A 扁桃体确实是一个免疫器官，也确实是人体防御疾病的第一道门岗，其免疫功能在孩子3～5岁时最活跃。如果经常扁桃体化脓，每次治疗又不彻底，形成了一个慢性感染灶，这样就很容易发展成全身性疾病，如风湿热、心肌炎、肾炎等。扁桃体肥大分为3度，Ⅰ度肥大：不超过腭舌弓和腭咽弓；Ⅱ度肥大：超出腭咽弓；Ⅲ度肥大：两侧扁桃体接近中线或互相接触。另外，因为扁桃体肥大已经达到Ⅲ度多，肥大的扁桃体可能已经堵塞后鼻孔，影响了呼吸，所以孩子夜间睡眠时才打鼾严重。这样很容易发生阻塞性睡眠呼吸暂停综合征，孩子长期夜间睡眠呼吸不畅，会影响其生长发育。我想医生可能是出于这样的考虑才动员你给孩子切除扁桃体的。一般医生多建议5岁以后再考虑切除手术。当然，如果已经严重地影响了孩子的呼吸也可以现在做手术。如果孩子扁桃体炎症还不消退，或者消退时间不长，暂不建议手术。请根据你孩子的具体情况咨询医生。

孩子咽部发炎为什么不用抗生素治疗

爸爸妈妈@张思莱医师

我的孩子已经1岁半了，这两天孩子高热，伴有咽痛，拒吃奶和饭。去医院诊治，化验血常规白细胞计数在正常范围内。医生检查说扁桃体红肿，咽部有溃疡，诊断为急性咽炎，建议多喝水，休息好，吃一些容易消化、温度不高的食物。既然扁桃体红肿，我要求医生使用抗生素，医生不同意，为什么？

表情　图片　视频　话题　长微博　发布

A 根据你叙述的情况和医生检查的情况，结合血常规检查医生诊断为急性咽炎是有道理的。急性咽炎多是由病毒感染引起的，其中也包括急性扁桃体炎。病毒感染的急性扁桃体炎在扁桃体表面也可以见到斑点状白色渗出物，咽部可以见到小的溃疡，有的孩子颊黏膜也会充血，伴有出血点。由链球菌感染的化脓性扁桃体炎多见于2岁以上的孩子，而且全身症状比较严重，高热，发冷，头痛，有的孩子还表现出腹痛、吞咽困难，其扁桃体呈弥漫性红肿并伴有脓性分泌物，血常规检查白细胞计数高于正常，同时细胞分类中性粒细胞百分比相对比较高。这是化脓性扁桃体炎，因此需要用抗生素进行治疗。你的孩子不属于化脓性扁桃体炎，因此医生没有给你的孩子使用抗生素。建议你配合医嘱，精心护理，轻症2～3天、比较严重5～7天就会痊愈。

先天性喉软骨发育不全什么时候能痊愈

爸爸妈妈@张思莱医师

我的孩子被确诊为喉软骨发育不全。医生告诉我这是轻症，不会影响孩子的发育，但我还是不放心，一听到他经常发出喘鸣的声音，我心里就很着急。虽然他除了有时睡眠少以外别的还正常。

表情　图片　视频　话题　长微博　发布

A 先天性喉软骨发育不全的孩子大多数在出生时无症状，多半在生后1周或者第一次感冒或腹泻时表现出来，主要是孩子吸气时喉部发出喘鸣声。

发病原因目前说法不一。轻者喘鸣表现为间歇性，时轻时重，安静和睡眠时症状很轻或者没有；严重时喘鸣为持续性，入睡或哭闹时症状更为明显，出现吸气性困难，孩子可以表现为口唇发绀。轻症不影响吃奶，对发育大多无影响；重症可影响孩子的发育，由于长期缺氧，可造成孩子胸廓畸形、肺气肿、心脏受累。

治疗：

◆ 加强护理，保证营养。因为这样的孩子容易呛奶，最好少量多餐，不要强行喂饭。

◆ 尽早给孩子及乳母足量的钙和维生素D治疗。多让孩子晒太阳，促使孩子皮下的一种胆固醇转化为维生素D，促进钙的吸收。

◆ 预防呼吸道感染。

◆ 对于严重吸气性困难的孩子必须尽早请医生治疗处理。

大多数患儿随着年龄增大，1岁半至2岁左右喉软骨发育变硬，症状逐渐缓解至消失。

感冒与流感是一回事吗

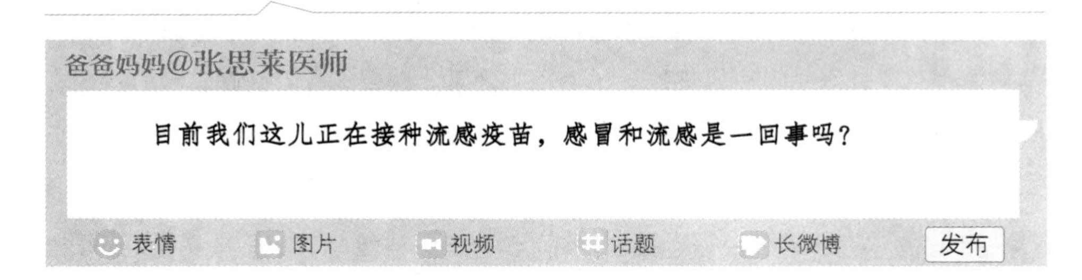

A 感冒是指普通感冒，是上呼吸道感染之一。上呼吸道感染还包括鼻、鼻咽和咽、喉急性炎症。上呼吸道感染90%由多种病毒引起，极少部分为细菌所致，包括普通感冒、急性咽—喉—气管炎、疱疹性咽喉炎、咽—结膜热及细菌性咽—扁桃体炎5种疾病，而上呼吸道感染（简称上感）是这些病的总称。感冒不引起流行。普通感冒起病较急，早期症状有咽部干痒或灼热感、喷嚏、鼻塞、流涕，开始为清水样鼻涕，2～3天后变稠；如果感染涉及鼻咽以及咽部，有咽痛、发热、扁桃体炎及咽后壁淋巴组织充血和增生，有时淋巴结肿大；一般无发热及全身症状，或仅有低热、头痛。一般经5～7天痊愈。个别孩子还可以表现出高热、呕吐、腹泻。

流感即流行性感冒，是由流感病毒引起的急性呼吸道传染病，通过飞沫传播。它传播迅速，往往造成暴发性流行或大流行，甚至世界范围内流行。一般3年1个流行高峰，发病人数多，全身症状重，严重影响健康和劳动力。除可引起发热、畏寒、肌痛、头痛、关节炎、无力咳嗽等症状外，更会增加细菌感染机会，导致咽喉炎、鼻窦炎、中耳炎、支气管炎、肺炎等并发症，甚至扩散至呼吸道以外，造成心肌炎等严重并发症，加重原有慢性病，包括心脏病、肺病、肾脏疾病和糖尿病等，导致相应器官的衰竭。

所以根据以上所说，感冒和流感不是一回事。

如何区别急性咽炎、扁桃体炎和疱疹性咽炎

爸爸妈妈@张思莱医师

我的儿子2岁，最近因咽痛、发热去医院，医生诊断为扁桃体炎，给予抗生素治疗。由于不退热，又去医院就诊，另一位医生认为是病毒感染引起的咽炎，不建议使用抗生素。记得去年夏天我儿子曾经患疱疹性咽炎。请问，急性咽炎、扁桃体炎和疱疹性咽炎有什么区别，为什么医生的诊断不一样？

表情　图片　视频　话题　长微博　发布

A 这3种病虽然病在咽部，但是病变在咽部的不同部位，而且感染的病原体也是不同的：

急性咽炎是由病毒感染引起的，发病比较缓慢，一年四季都可以发病。一般发热多在38℃～39℃，伴有咽痛，同时可能伴有鼻塞、结膜炎；不会呕吐；咽部发红，但是很少有出血斑；颈淋巴结肿大不明显，血常规化验，白细胞偏低或者在正常范围内。

扁桃体炎是由细菌感染引起的，多见于2岁以上的孩子，一年四季都可以发病。一般发病急，发热呈高热，体温多在39℃～40℃，咽痛剧烈，常常影响食欲或吞咽困难；没有鼻塞或结膜炎；孩子常常呕吐，腹痛；扁桃体伴有渗出物，甚至出现白色渗出物或脓栓；软腭常常有出血斑，同时颈淋巴结肿大。血常规化验，白细胞高于正常值。病程为5～7天，常常高热不退。因此扁桃体炎需要使用抗生素进行治疗，如果治疗不彻底，可能引起肾炎或者急性风湿热。

疱疹性咽炎是病毒感染的一种咽部病变，可以散发或者流行，多发生在夏秋季。发病急，突然高热，没有鼻塞或结膜炎；咽痛，甚至不敢吞咽和流涎；有呕吐，腹痛；咽部在扁桃体和软腭处可见疱疹样黏膜损害，周围红晕，直径1毫米～3毫米，进而发展为浅溃疡，一般2～5天逐步消退，病程1周左右。在临床上发热6～7天、10天痊愈的孩子也不少见。血常规化验，白细胞偏低或者在正常范围内。

为什么孩子张口呼吸、睡觉打呼噜

爸爸妈妈@张思莱医师

我的孩子已经2岁多了，可是近1年来发现他总是张口呼吸，睡觉时打呼噜，呼噜声很响，是不是有什么问题？

表情 图片 视频 话题 长微博 发布

A 如果发现孩子习惯性张口呼吸，就要小心孩子可能有儿童阻塞性睡眠呼吸暂停低通气综合征，英文简称QSAHS。此病患儿除有张嘴呼吸的表现外，还可能因为睡眠时气道阻力增强导致打呼噜、突然惊醒，由于缺氧引起的交感神经兴奋会使睡眠时流汗增加，还会因习惯性张口睡觉而流口水。大多数患儿是因为腺样体和扁桃体严重肥大、堵塞后鼻孔、影响呼吸而发生阻塞性睡眠呼吸暂停综合征。另外，60%的肥胖儿童因为舌头、气道里的脂肪细胞同样增大，都会存在不同程度的睡眠呼吸障碍。

儿童阻塞性睡眠呼吸暂停主要表现为夜间睡眠活动增多，白天张口呼吸，口干，同时有可能伴有语言缺陷、易激惹、食欲减低、吞咽困难和全身乏力。当然最显著的是打鼾严重。

如果QSAHS没有及时治疗，会带来以下4方面的问题：一是长期缺氧会使全身血管阻力增高，易引起心血管方面的疾病；二是由于睡眠质量受到影响，夜间生长激素分泌发生紊乱，影响儿童生长发育；三是因为大脑缺氧，儿童的学习、神经认知能力也可能出现缺陷；四是难治性哮喘也是QSAHS的并发症之一。

建议：如果QSAHS较轻，家长可以采取调整睡姿的方法，让孩子睡眠时用侧卧位和俯卧位，减轻呼吸阻力。如果QSAHS程度较重，即每天晚上都有

美国儿科学会建议下述情况可切除扁桃体和腺样体：

◆ 肿大的扁桃体或腺样体引起呼吸困难。

◆ 扁桃体过于肿大而导致孩子无法正常吞咽。

◆ 肿大的腺样体使孩子呼吸时非常不适，严重的时候改变说话方式，甚至有可能影响面部的正常发育。这种情况下接受仅切除腺样体手术。

◆ 孩子每年出现多次严重的咽喉疼痛。

◆ 下颌下（下巴下面的部位）淋巴结肿大、触痛至少持续6个月，抗生素治疗后效果不明显。

（以上摘自《美国儿科学会育儿百科》全新修订第五版）

打呼噜的现象，或者习惯性张口呼吸，应该立即到医院就诊。如果因为腺样体和扁桃体肥大造成QSAHS，就要切除或做其他手术。具体治疗应该由接诊医生定夺。

喘息性气管炎有可能发展成哮喘吗

爸爸妈妈@张思莱医师

我的孩子已经2岁，湿疹比较严重且发生喘息性气管炎已经2次了。由于他爸爸有哮喘发作的病史，我很担心孩子会不会也发展为哮喘。

表情　图片　视频　话题　长微博　发布

A 喘息性气管炎是具有喘息的婴幼儿急性气管炎。本病多见于1～3岁的孩子，多由病毒或者细菌感染引起，往往是由于上呼吸道感染继发喘息性气管炎。这些孩子自身是过敏体质，又有明显的过敏性鼻炎、哮喘、荨麻疹家族史，孩子会发生喘息性气管炎。一般临床症状并不重，可以听到孩子喘鸣音，医生听诊可以听到粗湿罗音。喘息性气管炎预后一般都很好，只有极少数孩子远期可以发展为哮喘。目前很多专家认为，喘息性气管炎与儿童哮喘可能是同一种病在两个年龄段的不同表现。因此建议你在孩子再次发生喘息性气管炎时进行嗜酸性粒细胞、血清IgE检查，如果是喘息性气管炎，根据你孩子的情况以及家族史建议尽早进行哮喘的防治。

婴幼儿哮喘诊断标准

1.年龄<3岁，喘息发作≥3次。

2.发作时双肺闻及呼吸相哮鸣音，呼气相延长。

3.具有特质性体质，如过敏性湿疹、过敏性鼻炎等。

4.父母有哮喘病或其他过敏史。

5.排除其他引起喘息的疾病。

凡具备以上1、2、5条症状即可诊断为哮喘。如喘息发作2次，并具有第2、5条症状，可以诊断为哮喘或喘息性支气管炎（<3岁）。如同时具有第3和（或）第4条症状时，可以考虑给予哮喘治疗性诊断。

为什么支原体肺炎有时候早期诊断比较困难

爸爸妈妈@张思莱医师

我的孩子已经3岁了，连续发热1周，同时伴有咳嗽，但是咳嗽并不严重，少痰。发热3天去医院，诊断为上呼吸道感染，一直在家护理。因为连续7天发热不退再次去医院就诊，结果确诊为支原体肺炎。为什么支原体肺炎不能早期诊断？

表情　图片　视频　话题　长微博　发布

A 支原体是一种介于细菌和病毒之间的微生物。支原体肺炎主要发生在学龄前儿童，但是近期也有少数3岁以下的孩子患病，其传染途径主要是呼吸道飞沫传播。支原体肺炎潜伏期为2～3周，大多数支原体感染者最初累及上呼吸道，早期症状并不严重，仅仅是发热、咳嗽、咽痛、胸痛。正因为肺部物理体征并不明显，孩子也没有呼吸困难的表现，往往医生会诊断为上呼吸道感染。由于发病早期没有得到良好的控制，最终发展为支原体肺炎。支原体肺炎确诊除了胸片，还要依靠血清学检查，如血凝抑制试验（2周以上升高4倍才有诊断意义）、特异性抗原抗体反应，但急性期具有诊断意义的IgM抗体变化快，容易出现假阴性的现象，此时需要临床医生结合患者临床症状及影像学表现作出正确的判断。目前支原体肺炎治疗主要使用大环内酯类药物，如罗红霉素、阿奇霉素等，连续服用2～3周，恢复期需要1～2周。本病预后良好，很少出现并发症，但是肺部阴影消退慢（延后2～3周），血凝抑制试验恢复正常也比较慢。痊愈后患儿仍有可能携带支原体，有可能复发。

由于本病可在小范围内流行，所以患儿需要很好地休息，并且不要再去幼儿园等公共场所，以免感染他人。同时每天定时开窗通风、保持屋内清洁很重要。

出生时心脏听诊有杂音是先天性心脏病吗

爸爸妈妈@张思莱医师

我的宝宝2个月零几天，出生时医生检查说孩子心脏有杂音，建议我观察，必要时做B超确诊。昨天去医院做B超检查，医生考虑是生理性杂音。我的孩子究竟是不是先天性心脏病？

表情　图片　视频　话题　长微博　发布

A 胎儿在母亲的子宫里营养和代谢产物的交换、氧与二氧化碳的交换是通过脐带在胎盘里进行的，这个血液循环途径我们叫“体循环”。此时胎儿的肺脏尚无功能，处于萎缩状态。当孩子出生后呼吸建立，并且结扎了脐带，肺脏开始进行氧气和二氧化碳气体交换，这就是维持人一生的肺循环。肺循环的建立以及动脉血氧含量增高，使得原来遵循体循环的血流方向发生了改变，促使原来体循环中的两个血流通道卵圆孔和动脉导管在功能上关闭。但是有的孩子在生后3～4个月动脉导管才在解剖上关闭，甚至有的孩子6～7个月才关闭。卵圆孔在生后1～4个月在解剖上开始关闭，最晚的1岁时才关闭。如果在这个时候进行心脏听诊，可能听到轻柔的杂音，这不意味着孩子是先天性心脏病，需要继续观察（你的孩子可能就是这种情况）。所以一般医生在新生儿或小婴儿期间心脏听诊听到轻柔的杂音，往往不能诊断为先天性心脏病，都嘱咐家长3个月或者半年来复查。某些健康的孩子进行心脏听诊时也会有杂音，这种杂音是不稳定的，其性质柔和，有的时候随着体位变化，发热、运动和情绪激动时暂时增强或减弱，3～8岁多见，青春期后消失。但是有的新生儿或小婴儿由于严重的肺部感染等多种原因，造成肺动脉压以及肺血管阻力升高，导致动脉导管和卵圆孔重新开放，引起孩子皮肤青紫，发生持续胎儿循环，这时进行心脏听诊可能由原来没有杂音发展到发现杂音，这就需要进行治疗了。

消化系统疾病

这是肠绞痛吗

爸爸妈妈@张思莱医师

我的孩子出生不久，每天晚上都会哭闹不止，常常表现得很痛苦，两腿伸直，脸色涨红，有时还放屁，安抚不了。一般折腾2个小时后，孩子哭累了就入睡了。其他时间孩子表现得很好。请问，孩子这是怎么啦？

表情 图片 视频 话题 长微博 发布

A 根据你描述的情况，孩子可能是肠绞痛，又称“肠痉挛”。肠绞痛多发生在晚上，孩子哭闹不止，无法安慰，搞得家长也十分烦恼和狼狈。在孩子出生后2～4周最常见，一般生后6周达到高峰，可以哭闹3小时，3～4月龄发作时间有所缩短，逐渐缓解。发作时就像你描述你孩子的表现一样，有的孩子发作时腹部胀气。肠绞痛多在晚上发作或者加重。有的时候看着孩子的小嘴似乎在寻找妈妈的乳头，十分饥饿的样子，给他吃奶他却拒绝。肠绞痛发生的原因不是特别清楚，一部分专家认为是孩子的神经系统发育不成熟，对刺激过度敏感所致；也有可能是（母乳喂养儿）对妈妈吃的食物敏感，或者喝配方奶对牛奶蛋白过敏所致，或者确实为疾病所致。

因此建议家长这样处理：

◆ 对于母乳喂养儿，母亲可以避免进食一些有刺激性的食物，如咖啡、茶、洋葱、卷心菜等；如果是人工喂养儿，要注意是不是对牛奶蛋白过敏，建议改换水解奶粉尝试喂养。如果这样处理后肠绞痛缓解，说明以上的判断正确，乳母就要注意不要吃一些容易引起孩子敏感的食物，人工喂养儿就要喂水解奶粉。

◆ 不要让孩子吃得过饱、过凉或者吃进气体过多，以免激惹肠道，引起肠绞痛。

◆ 一旦发生肠绞痛，家长可以抱起孩子，搂住孩子轻轻摇动，四处走动可以缓解肠绞痛；也可以顺时针按摩孩子的腹部，或者用温毛巾热敷腹部，有可能缓解；也可以让孩子俯卧在大人的膝部，家长轻轻按摩孩子背部有助于缓解肠绞痛。

◆ 如果孩子哭闹不止，同时伴有呕吐、面色不好、腹部比较紧张、有肠形或者摸着有包块、长时间不解大便或者大便呈果酱样，就要及时去医院就诊，以免贻误治疗。

孩子便秘怎么办

爸爸妈妈@张思莱医师

我的女儿刚满1岁，但是从8个月以来就2～3天大便1次，严重时大便呈球状，且最近有肛裂现象。是什么原因导致以上情况的？有无良策？

表情 图片 视频 话题 长微博 发布

便秘主要指大便干硬，2天以上没有大便，有时排便困难。

一、造成孩子便秘的原因

1.膳食搭配不合理

进食太少，消化后液体被吸收，食物残渣少，大便减少变稠；或者奶中糖量不足时，肠蠕动弱，造成大便干燥。

过早食用鲜牛奶或者在每日常规进食配方奶的基础上再补充蛋白粉、牛初乳等，造成蛋白质含量过高而碳水化合物不足，肠道菌群对肠内容物发酵作用少，大便呈碱性，容易便秘。

过量补充钙剂造成高钙血症，或者因孩子拒绝口服钙剂而放在配方奶中喂食，使得钙与配方奶中酪蛋白结合，产生大量不能溶解的钙皂，造成奶和钙剂都不被消化道吸收，大量排出引起便秘。

添加辅食后偏食肉类，少吃或者不吃蔬菜，或者用水果代替蔬菜；也有的食物过于精细，食物中膳食纤维过少而引起便秘。

不按产品说明冲调配方奶，擅自提高配方奶的浓度，又不及时补充水分，也是造成便秘的一个原因。

2.不良排便习惯

从小没有养成定时大便的习惯，没有形成正常排便的条件反射而导致便秘；或者孩子贪玩憋住大便，直肠黏膜不断吸收大便中的水分，也是造成便秘的一个原因。

3.疾病和发育异常

发热造成大量失水，消化酶及消化液分泌受到抑制，消化系统动力也受到抑制，所以引起便秘；腹腔疾病、营养不良、佝偻病等致使肠壁肌肉乏力、造成功能失调而引起便秘；中枢神经系统、内分泌和代谢系统一些病变、铅中毒等都可能引起便秘。

4.药物原因

使用抗组织胺药物或抗胆碱药物、抗惊厥药、利尿剂，经常使用泻药，造成泻药依赖而排便困难。

5.精神因素

孩子突然受到精神刺激，环境或生活规律的改变，产生紧张焦虑的情绪等心理刺激也能造成便秘。

二、预防和治疗措施

如果是疾病或用药不当引起，应该首先治疗原发病及合理用药。对于单纯性便秘，可以采用以下措施预防和治疗：

让孩子养成定时大便的习惯。可以定时把孩子大便，或孩子会坐后可以在早晨定时让孩子练习坐盆。

严格按照产品说明冲调配方奶粉。两次奶中间需要喂水，每天保证足量饮水（最好是白开水），1～3岁每天额外饮水600毫升～1000毫升。不要过多饮用含糖和碳酸的饮料。

当孩子已经开始添加辅食时，按时添加含铁米粉、菜水（泥）、果汁（泥）、鱼泥、虾泥、禽肉泥、畜肉泥、米粥、烂面、碎菜等较大颗粒的食物，逐渐转为以进食固体食物为主的膳食。1岁以上的孩子可以适当添加粗粮，如玉米粉、小米、燕麦片、红薯等富含膳食纤维的食物。1～3岁的幼儿在保证每天摄入的奶量（母乳和配方奶）外，不建议直接喂给普通鲜牛奶，以免造成幼儿肾脏和肠道较大的负担。每日的膳食需要选择营养丰富、易消化的食物，力求食品多样化。

三、便秘的处理

◆ 大便前围绕肚脐顺时针按摩孩子的腹部，刺激肠蠕动。

◆ 用消毒好的棉签蘸着消毒好的植物油轻轻刺激肛门，或用肥皂条、开塞露塞肛。不过此法不能常用，以免形成依赖性。

◆ 每天可以用萝卜1/2个、梨（带核）1个煮水给孩子喝，一般2~3天大便恢复正常。

◆ 因为便秘形成的肛裂，轻症可以加上黄连素温水坐浴，坐浴后肛门涂上少量金霉素软膏，保持局部清洁；重症需要请医生处理。

大便过后肛门向外翻着红肉怎么办

爸爸妈妈@张思莱医师

我的孩子6个月了。腹泻3天，每天6~7次大便，为鸡蛋花样的稀水便，并有腥臭味。去医院看病，医生说我的孩子是秋季腹泻，给予药物治疗。可是今天我发现孩子大便过后肛门向外翻着红肉，我们可以用手推上去，可是下次大便时它又翻出来。请问：这是什么东西？从前孩子没有这种情况。

表情 图片 视频 话题 长微博 发布

A 根据你说的情况，你的孩子可能是脱肛，又叫“直肠脱垂”，指的是肛管、直肠外翻而脱垂至肛门外。这是因为婴幼儿骶骨的弯曲没有形成，直肠成垂直状，当婴幼儿因为腹泻长期频繁的大便，使腹内压长时间增高，直肠无骶骨的支持，容易向下滑动；而且婴幼儿的肛提肌以及骨盆里的肌肉支持力弱，直肠的黏膜黏附在肌层也较疏松，这些因素均可造成直肠脱垂。脱肛可以分为完全性和不完全性两种：仅有直肠黏膜脱垂的叫作“不完全性脱肛”；如果直肠各层全部脱垂，为完全脱垂。初期，小儿排便因为黏膜脱垂，可以自行缩回，反复发作后需要用手托回。但是如果完全脱垂长久不能复位，就会发生局部充血、水肿、溃疡甚至嵌顿坏死。同样，便秘、长时间剧烈咳嗽、包茎都能够引起脱肛。

治疗：

◆ 积极治疗引起脱肛的原发病，养成良好的生活习惯，加强营养，做到定时大便。

◆ 出现脱肛的患儿尽量避免蹲位排便，最好是坐高盆排便。小婴儿采取直着大腿把便，不要弯曲髋关节；或采取卧位或仰位大便，这样直肠不容易脱垂。一般坚持1～2周可以痊愈。

◆ 如果已经脱肛，及时采取手法复位。如果复位后反复脱垂，可以用厚的纱布垫压住肛门，用胶布在臀部粘牢，并让孩子卧床1～2周，坚持卧床排便，一般1～2个月可痊愈。

◆ 如果这样处理孩子脱肛仍复发，就需要去医院请医生进行处理。

排便时哭闹、大便有血是怎么回事

爸爸妈妈@张思莱医师

我的孩子11个月，近来因为大便干燥，害怕大便，每次大便时总是哭闹，而且这两次大便还外挂少许鲜血。究竟是怎么回事？小屁屁也因为使用尿布不当，造成了红肿，有些糜烂。

表情 图片 视频 话题 长微博 发布

A 一般来说，孩子大便时不应该哭闹，而且大便后由于直肠已经排空，应该有舒适的表现。可是你的孩子大便时哭闹，而且大便后还哭闹，大便干燥，外挂鲜血，又因为大便干燥进一步发展成肛裂；同时伴有尿布疹，造成臀部糜烂。

人的直肠肛门部的黏膜有凸起的6～10条纵行的黏膜皱襞，称“直肠柱”。各柱的下端有半月形小皱襞，与直肠柱下端共同连成锯齿状的齿状线。齿状线以下的直肠内面应该是光滑的，但是由于便秘，造成齿状线以下的皮肤全层裂开，形成肛裂。而且由于直肠柱的黏膜下有丰富的静脉丛，粗糙的大便和肛裂造成小静脉破裂，引起出血，所以大便外挂鲜血。一般来说，肛裂多发生在肛门后正中，也有的发生在肛门的任何一点。浅肛裂表现为肛门有一纵行红色裂隙，可有少量分泌物；深肛裂可有慢性炎症，这是因为伤处继发感染而形成一个慢性溃疡面。由于感染造成肛门括约肌痉挛、引流不畅以及干燥大便的机械刺激，使得创面长时间不愈合，因此必须积极治疗。

◆ 避免大便干燥。不要用泻剂或机械刺激肛门（如用开塞露等），以免使肛裂加重。

◆ 保持排便通畅，1天1～2次，每次排便后要清洗肛门。最好在清洗的水中加上黄连素0.3克，将孩子的小屁屁放在水里坐浴，坐浴后肛门涂上少量的金霉素软膏。一般浅肛裂经过这样处理都可以痊愈。

◆ 深肛裂需要到医院处理。可以用10%～20%的硝酸银涂灼裂口，然后用生理盐水冲洗，并用黄连素溶液坐浴。

肛周脓肿为什么总是反复

爸爸妈妈@张思莱医师

我的孩子快2个月了，新生儿阶段由于护理不当出现臀红，接着肛门局部出现红肿、破溃流脓，医生诊断为肛门脓肿，给予治疗，经治疗基本痊愈。可是近来肛门局部再次流脓。这是怎么回事？我该如何处理？

表情 图片 视频 话题 长微博 发布

A 肛门脓肿主要是因为臀部护理不当发生臀红、疖肿，或者在给孩子擦拭肛门的时候擦伤肛门周围的皮肤和黏膜，继而感染，形成肛门周围脓肿。此病多发生在新生儿或2月龄内的小婴儿。脓肿破溃流脓，如果治疗不彻底很容易形成肛瘘，反复发作。但是也需要警惕孩子因免疫缺陷而引起肛周脓肿反复发作，迁延不愈。你的孩子属于哪一种情况需要去医院做进一步检查。如果是因为免疫缺陷引起的肛周脓肿反复发生，不能接种减毒活疫苗，如卡介苗、口服脊髓灰质炎疫苗、轮状病毒减毒活疫苗等。

单纯肛门周围脓肿需要全身使用抗生素控制感染，每次大小便后一定要清洗小屁屁，尤其是肛门处，局部热敷或者理疗后外敷抗生素药膏。已经化脓应该切开引流。如果已经形成肛瘘，就需要手术治疗。建议你带孩子去医院肛肠科就诊。

孩子发热、不爱吃饭怎么办

爸爸妈妈@张思莱医师

我的孩子已经2岁多了，这两天不爱吃饭。我觉得孩子发热会消耗大量体能，因此想给孩子做一些好吃的食物，包括孩子平常爱吃的酱肉，可是孩子不吃。我十分着急！

表情　图片　视频　话题　长微博　发布

A 孩子发热后会消耗大量体能，因为发热使得各种营养素的代谢增加，体温增高1℃，基础代谢率增高13%，因此需要给孩子补充各种营养素。但是由于发热造成唾液和消化道分泌液减少，消化酶活力降低，胃肠活动缓慢，孩子会出现食欲不振、腹胀甚至便秘等症状。同时也由于发热加速了氧的消耗，促使血液加快流动，心脏搏动加快，加重了心脏的负担。因此孩子生病时食欲不好是很正常的，尤其是出现发热症状，这是因为人的机体都有自我保护机制，为了被动地保护自己，减轻消化道的负担，表现为食欲差。因此，要给予易消化的、清淡的、低脂肪的流质或半流饮食，如米汤、稀饭、蛋汤、面片汤之类。不要过分勉强孩子吃饭，尤其是不要给孩子喂食高脂肪、高蛋白的食物，以免引起消化不良。对于小婴儿，可以继续原来的配方奶喂养，但是不要添加新的辅食，这样有利于消化道的吸收，补充身体所需要的能量。只要给予孩子足够的水分，一两天不吃饭不会影响孩子的健康。待疾病痊愈后，食欲自然会恢复。

小婴儿腹胀如鼓是消化不良吗

爸爸妈妈@张思莱医师

我的宝宝2个月，人工喂养，平时看见他的肚子很胀，经常放屁，有时可以听见肚子里发出“咕噜、咕噜”的声音，大便是糊状，1天2次，孩子精神很好。这种情况是不是消化不良呀？需要换其他品牌的配方奶粉吗？

表情　图片　视频　话题　长微博　发布

A 因为小婴儿多是腹式呼吸，随着呼吸，腹部会一起一落。小儿的肠管相对比成人长，新生儿肠管总长约为身长的8倍，婴幼儿为6倍，成人为4.5倍。

小儿胃生理容量

胃生理容量可以随年龄增长，出生时不足10毫升，4天为40毫升～50毫升，10天为80毫升，以后每月增长25毫升。1岁末为250毫升～300毫升，3岁为400毫升～600毫升，4岁以后增长缓慢。

——摘自《诸福棠实用儿科学》第七版

小婴儿肠管正常情况下含有气体，吃奶时可能吃进很多的空气，因此肠管呈膨胀状态，但是新生儿和小婴儿腹肌薄弱无力，受肠管胀气影响，正常情况下多表现腹部饱满，有时可看到肠型，这不是病态。食物通过十二指肠小肠后形成食糜被吸收，一部分未吸收的食糜通过蠕动的小肠推送到结肠，结肠内继续酵解未被消化的糖类也可以产生一些气体，肠管内的气体、含有液体的食糜、肠管的蠕动皆可出现肠鸣音或者排气，几乎所有健康的宝宝都会排气（放屁）。只要宝宝排便正常，大便潜血试验阴性，腹壁皮肤无水肿且柔软、无明显压痛，这是正常的生理现象，就不是消化不良，无须换奶粉。另外喂奶时，请将奶瓶倒置让奶嘴充满奶液，以防宝宝吸入过多空气；喂完奶后竖着抱起孩子，让孩子头靠在你的肩上，用手拍后背5～10分钟，让孩子通过打嗝排气。如果感觉到孩子腹胀的比较严重，可以用消毒好的棉签，沾着消毒好的植物油，轻轻刺激孩子的肛门，通过排便来排气，则可减轻腹胀。如果通过上述处理，腹胀仍不能缓解，而且影响呼吸、伴有呕吐等其他症状就需要马上去医院不能耽误。

婴幼儿腹泻的原因有哪些

爸爸妈妈@张思莱医师

我的孩子已经2岁了，近来腹泻，一天大便十余次。邻居家的孩子也腹泻了，但是医生给予的治疗却不一样，医生说这两个孩子腹泻的病因不同，所以用药也不同。请问，婴幼儿腹泻都是由什么原因引起的？

表情 图片 视频 话题 长微博 发布

A 3岁以下的婴幼儿非常容易腹泻，因为他们的消化系统发育不成熟，消化酶和消化液分泌较少，消化酶活力较差，不能适应所进食物的质和量的变化。而且婴幼儿期也是人的一生中生长发育最快的时期，需要大量的营养物质，消化道处于高负荷状态，很容易引起消化功能紊乱。而且婴儿胃酸酸度低，排空快，因此不能有效地阻止进入胃中的病原体。婴幼儿免疫机制不健全，胃肠道的分泌型免疫球蛋白A水平低，肠道的正常菌群未建立，家长滥用抗生素造成肠道菌群紊乱，在护理孩子的过程中不注意卫生，因此很容易引起肠道感染而致腹泻。

腹泻分为感染性和非感染性两大类。感染性腹泻可以通过发病季节、接触史、喂养史以及化验室的检查很快查明，遵照医嘱进行治疗就可以了。但是非感染性腹泻发生的原因就比较复杂：因为喂养不当和过早添加辅食引起的食饵性腹泻，对牛奶蛋白或某些食物过敏或不耐受，或者气温变化受凉所致，小婴儿频繁调换不同品牌奶粉喂养，其他疾病并发的症状性腹泻，环境改变搅乱了原来的生活规律造成腹泻，等等。

一、食饵性腹泻

世界卫生组织建议婴儿6个月以后再添加辅食，因为人类的肠黏膜屏障包括它的物理性保护机制（胃酸、黏液、蛋白水解酶、肠蠕动和黏膜表皮）以及肠淋巴组织、分泌性免疫球蛋白A、细胞免疫的免疫性保护机制要到婴儿6个月时才能发育完善；婴儿的消化酶系统也发育不成熟。过早添加辅食，孩子不能很好地消化，而且添加的食物的性状也不适应该年龄段的孩子食用。在短时期内频繁、大量添加新的食品，可加重消化系统的负担，引起胃肠道功能紊乱，造成孩子腹泻；过食生冷、食物杂乱、进食无规律也是造成腹泻的原因。1岁以内的婴儿，引起腹泻还有一个重要的原因，就是家长频繁地调换不同品牌的配方奶粉喂养宝宝。国家规定了配方奶粉中必须强化的营养素品种，但在每种营养素的添加量上只规定了一个允许值范围，因此每个配方奶粉生产厂家根据国家的规定，结合自己的生产工艺、成本和市场的需求制定了自己的产品配方。同时有的厂家以母乳为蓝本，经过研发也添加了一些国家还没有规定、但母乳中存在的、对婴幼儿生长发育非常有益的营养物质。并且每个厂家根据婴幼儿不同发育阶段的特点，研制和生产了一系列的配方奶粉。因此说，每个厂家生产的配方奶粉与其他厂家是有区别的，频繁调换不同品种的配方奶粉很容易造成孩子消化道不适应，引起胃肠功能紊乱而发生腹泻。尤其现在配方奶粉市场竞争十分激烈，一些人出于某种目的在网络等媒体上散布一些不负责任的言论，误导一些不明真相的家长，也不顾婴儿换奶粉需要循序渐进、逐渐替换的原则，马上给自己的孩子换另一种品牌的奶粉，结果造成孩子胃肠道不适应而引起腹泻。

二、气候变化

天气突然变冷，腹部受凉，肠蠕动加快；暑天气温高，湿度大，可影响胃肠功能，消化液分泌减少，消化酶活力降低，也会引起腹泻。

三、症状性腹泻

小儿患上呼吸道感染、肺炎、中耳炎等肠道外感染时，因发热及毒素作用而使消化功能紊乱，导致腹泻。

四、过敏性腹泻

婴儿在出生后的头几个月中，肠道的通透性较大，一直持续到3～4个月时。加上消化蛋白质的酶系统也发育不成熟，造成进入体内的蛋白质未充分分解即吸收入血，引起胃肠道过敏反应。小婴儿又缺乏分布于肠黏膜表面的保护性抗体——分泌性免疫球蛋白A，缺乏此类抗体可使肠道细菌在黏膜表面造成炎症，这样便加速了肠黏膜对异种蛋白的吸收，诱发胃肠道过敏反应，造成腹泻。一小口食品中的抗原量可能是母乳中同种抗原的1000倍，过早添加辅食或者进食配方奶粉都有可能发生过敏反应。食物过敏反应可分为速发型和迟发型两种。速发型通常发生在进食含有过敏原的食物之后2小时内，症状一般较重；迟发型一般发生在进食后数小时或者数天后，症状相对较轻。牛奶蛋白过敏者除了出现腹泻、腹痛、皮肤瘙痒、荨麻疹、湿疹外，还可以引起呼吸困难、血压下降等严重危及生命的症状。对牛奶过敏的人还可能引起交叉性过敏反应：对羊奶、动物皮毛、肉、豆类与蛋类也可能过敏。因此，建议家长带孩子去医院诊断清楚，根据医生的意见再决定选用何种基质的配方奶粉。牛奶过敏有一定的遗传倾向，尤其对于有过敏倾向家族史的孩子。

有的妈妈可能不解，说：“我的孩子曾经吃过××奶粉不过敏，怎么这次吃别的奶粉却过敏了？”其实，恰恰因为第一次吃了××以牛奶为基质的配方奶粉，其中的牛奶蛋白作为过敏源和机体接触过一定时间后，产生相对应的抗体IgE，机体处于致敏状态。致敏期的时间可长可短，这段时间内没有临床症状。当机体再次接触过敏源（即牛奶蛋白）后，方可发生过敏反应。所以说，往往第一次接触到的物质不会过敏，反复接触后可出现过敏性症状，而且症状一般会逐渐加重。牛奶中含有多种蛋白质，其中5种具有过敏原性，以酪蛋白和β-乳球蛋白过敏原性最强。所以有的配方奶粉生产企业在配方奶粉中现已增加了α-乳清蛋白的含量（达到18%。母乳中含有29%，一般配方奶粉为6%，牛奶为3%），降低了β-乳球蛋白的含量（母乳中没有β-乳球蛋白），这样可减少过敏的风险。

专家提示

引起腹泻的原因不同，采取的治疗措施也会不同。

五、糖原性腹泻

有少数孩子由于小肠黏膜缺乏特异性双糖酶，使得食物中双糖不能充分被水解为单糖而影响其吸收，在肠内形成高渗物质，引起渗透性腹泻。多见的是乳糖酶缺乏而引起的腹泻。乳糖酶缺乏包括原发性乳糖缺乏和继发性乳糖缺乏。原发性乳糖缺乏除了先天性乳糖酶缺失外，还包括由于生理性缺乏引起的发育性乳糖缺乏和迟发性乳糖不耐受。发育性乳糖不耐受是因为胎儿乳糖酶在足月时才发育充足，所以早产儿因为乳糖酶缺乏且乳糖酶活力低下，吃进去的乳糖不能被消化而发生腹泻。迟发性乳糖酶缺乏，一般婴儿哺乳期小肠黏膜上的乳糖酶充足，3～5岁逐渐下降，部分儿童可引起乳糖酶缺乏或乳糖酶不耐受，东方人发病率高。继发性乳糖缺乏引起的腹泻多是因为急性肠炎小肠黏膜受损，存在于小肠黏膜顶端的乳糖酶最易受累，且恢复得慢，当进食含有乳糖的配方奶、母乳或者食物时出现不耐受，多表现为水样便腹泻，粪便含有泡沫，具有酸臭味，腹泻严重可以引起脱水酸中毒。一般急性肠炎在急性期有60%～70%会产生乳糖酶缺乏，痊愈后2～3周乳糖酶功能才逐步恢复。

腹泻的孩子可以口服庆大霉素吗

爸爸妈妈@张思莱医师

我孩子已经20天了，最近出现了腹泻，我想孩子可能是肠炎。家里有庆大霉素，可以给孩子口服庆大霉素吗？

表情 图片 视频 话题 长微博 发布

A 出生二十多天的孩子有腹泻现象首先要分析产生腹泻的原因：

◆ 一般母乳喂养的孩子大便的颜色为金黄色，糊状，呈酸性，每日排便2～5次。有的孩子每日排便可多至7～8次，大便性状变稀，但是体重增长如常，精神、食欲正常，我们称为“生理性腹泻”，是正常情况，无须治疗。

◆ 有的孩子大便稀或呈水样状喷出，精神状态也不好，要去医院就诊，查清是细菌感染、病毒感染还是喂养不当引起的消化不良。

无论何种原因引起的腹泻都应该遵照医嘱，而不是自己随便用药。即使孩子患的是细菌性肠炎或痢疾，也应该使用抗生素进行治疗，而不能使用庆大霉素，尤其是新生儿更不应该用。庆大霉素为氨基甙类抗生素，其副作用会造成内耳前庭感觉器和耳蜗听觉感受器（螺旋器）直接受损，因此药物副作用引起的药物中毒性耳聋和聋哑症在临床中并不少见。3岁以下的婴幼儿使用庆大霉素，尤其是新生儿阶段引起药毒性耳聋的可能性更大。同时因为婴幼儿肾脏的排泄功能尚未发育完善，应用耳毒性抗生素剂量越大、时间越长，越容易导致药物毒性积蓄而发生听神经中毒。如果有家族遗传性和个体易感性，即使是小剂量服用也可引起药毒性耳聋。所以，我建议你带着孩子刚拉出的新鲜大便去医院化验，根据化验的结果请医生诊治。

腹泻时能喝这些饮料吗

爸爸妈妈@张思莱医师

我的宝宝1岁多了。这两天腹泻严重，每天7～8次稀水便，我怕孩子腹泻脱水，让他多喝水，可是他就是愿意喝可口可乐、果汁、糖水饮料或运动饮料，可以吗？

表情 图片 视频 话题 长微博 发布

A 食用饮料，如可口可乐、果汁、糖水饮料和运动饮料等是不能治疗腹泻的，而且有可能危及生命。因为这些饮料含有太多的糖分和一些矿物质。使得这些饮料浓度很高，呈高渗状态，进入消化道促使身体必须排出更多的水分到肠道中来稀释这些饮料，使得身体更加脱水，更何况饮料中含有的矿物质不是目前机体所需要的，其中钠和钾含量可能不够，无法补充腹泻时所流失的矿物质。更何况可口可乐以及运动饮料也不适合婴幼儿饮用。单纯喝水也不行，因为水中所含有的矿物质远远不能补充因为腹泻过程中丢失的电解质，达不到纠正脱水的目的。在小儿发生急性腹泻时，最好的治疗方法是：不用禁食，可以进食平时习惯的饮食，给宝宝口服补液盐，或者在米汤中加上少许的盐，比例是500毫升米汤中加入1.75克的盐,这些特殊溶液含有适当的糖（葡萄糖）和电解质（钠和钾等矿物质），可补充因腹泻造成电解质和水的流失，改善脱水现象并且补充适当的热量，满足孩子每天基本的需要。腹泻严重者必须及时送到医院，请医生进行诊治。

怎样预防轮状病毒肠炎

爸爸妈妈@张思莱医师

我的孩子不到1岁，前几天去老家探亲，回来后开始咳嗽、流涕，紧接着就开始腹泻，大便呈稀水样，一天腹泻十余次，眼看着孩子消瘦了。去医院就诊，经过大便常规化验和体检，诊断为轮状病毒肠炎。请问，我的孩子怎么会得这个病？如何预防轮状病毒肠炎？

表情 图片 视频 话题 长微博 发布

A 对于婴幼儿来说，轮状病毒肠炎是每年秋季的好发病，因此从前也俗称为“秋季腹泻”病。

轮状病毒肠炎多见于6月龄至2岁的婴幼儿，4岁以后很少发病。主要发生在秋末冬初，多发生在10月、11月、12月、1月秋冬寒冷季节。潜伏期1～3天，发病急，伴有发热，也可表现为上呼吸道感染等症状，伴有呕吐、大便水样或蛋花汤样，无臭味，每日大便5～10次或10次以上。轮状病毒肠炎一般预后良好，但是严重者可出现脱水酸中毒，发生病毒性心肌炎、肺炎、脑炎、感染性休克等并发症，甚至导致死亡。发病后没有特效药物，只能对症治疗。自然病程一般

7～10天，如果治疗合理病程大约5天。大便化验可见脂肪滴，一般没有红白细胞和脓球。

一、孩子易患轮状病毒肠炎的原因

新生儿和婴幼儿之所以容易发生轮状病毒肠炎主要有两方面原因：

首先，小婴儿消化系统未发育成熟，是其容易发生感染性腹泻的内因。婴幼儿肠管为身长的6倍（成人为4.5倍），肠壁薄，小肠黏膜富含血管，小肠吸收力强、通透性高，因此容易使细菌和病毒等一些有害物质或微生物从肠道直接进入到血液中，同时也使得肠道一些微生物滞留或排泄延迟。另外，小肠壁绒毛短小，阻止细菌、病毒等致病微生物侵入功能差。虽然孩子出生不久肠道菌群即可建立起微生态平衡，保护肠道的健康，但是菌群也受食物成分影响。母乳中因为含有双歧因子，能够促进双歧杆菌形成，所以母乳喂养的宝宝肠道双歧杆菌占优势，可抑制大肠杆菌生长，同时母乳中含有大量的分泌型免疫球蛋白A抗体；人工喂养的宝宝不但缺乏母乳中的双歧因子，同时也缺乏提高肠道抵抗力的分泌型免疫球蛋白A抗体，因此人工喂养的宝宝轮状病毒肠炎较之母乳喂养的宝宝发病率高。

其二，轮状病毒广泛存在于自然界，传染性很强。病人和隐性带菌者为传染源，可以引起散发或暴发流行。轮状病毒肠炎主要是通过消化道、密切接触和呼吸道3种方式传播，是婴幼儿易患肠道病毒感染的外因。因为婴幼儿需要抚养人贴身照顾，几乎所有的人都感染过轮状病毒，但是因为成人已经产生了抗体，以一些成年人感染后并不发病，但他可能是一名带毒者，通过不清洁的护理，如给孩子冲奶时不洗手，外出回来不换外衣直接给孩子喂奶，孩子所用饮食餐具没有很好地进行消毒，都可能引发轮状病毒肠炎。另外，喜欢带孩子去公共场所玩，也是造成孩子容易感染的原因。

二、预防轮状病毒肠炎的方法

◆ 提倡母乳喂养。

◆ 做到科学护理，孩子的所有进嘴的玩具、食具都要消毒。

◆ 讲究个人卫生，包括护理人员和婴幼儿，做到配奶前、饭前、便后要洗手，外出归来请将外衣脱去、洗干净手再护理孩子。

重温世界卫生组织《腹泻治疗方案》

世界卫生组织已经对有关腹泻病治疗的内容进行了4次修订，从中我们可以看出，医学是一门不断前进、不断修正的科学，同时也说明医学还有很多我们不了解、不确定、未知的东西。作为患者和医者都应该清醒地认识这一点。

腹泻病是发展中国家儿童患病和死亡的一个主要的病种，也是造成孩子营养不良的原因之一。因此有必要再重温一些世界卫生组织有关腹泻的治疗方案，有助于医生和家长提高对腹泻病的认识。

◆ 不要带孩子去公共场合，减少感染机会。

目前，可以通过接种轮状病毒减毒活疫苗进行预防，其保护率能够达到73.72%，对重症腹泻的保护率达90%以上，保护时间为1年。疫苗直接喂给婴幼儿，用量为每人一次口服3毫升。切勿用热水送服，以免影响效果。此疫苗需要保存于2℃～8℃的暗处，运输应在冷藏条件下进行。轮状病毒疫苗属于计划外疫苗，需要每年接种1针。

一、腹泻定义

腹泻是指粪便水分及大便次数异常增加，通常24小时之内3次以上。大便的性状比次数更重要，多次排出成型大便不是腹泻。纯母乳喂养的婴儿的大便比较稀，不定型，但不是腹泻。

二、腹泻分类

◆ 急性水样腹泻（包括霍乱）：持续几小时或几天，脱水是主要危险，如果不继续喂养，还可发生体重减轻。

◆ 急性出血性腹泻：也称“痢疾”，主要危险是肠黏膜损害、脓毒症和营养不良，也可发生包括脱水在内的其他并发症。

◆ 迁延性腹泻：腹泻持续14天或以上，主要危险是营养不良和严重的非肠道感染，也会发生脱水。

◆ 伴有严重营养不良的腹泻（marasmus或kwashiorkor）：主要危险是严重的全身感染、脱水、心衰和维生素及无机盐缺乏。

三、脱水分级

根据反映液体丢失的体征和症状，可将脱水程度分级：

◆ 脱水早期，没有体征或症状。

◆ 脱水加重，逐渐出现体征和症状。最初表现为口渴、烦躁或易激惹、皮肤弹性下降、眼窝凹陷和前囟凹陷（婴儿）。

◆ 重度脱水，以上体征和症状加重，患儿可能出现低血容量性休克的表现——意识丧失、排尿量不足、肢体远端潮冷、脉速而弱（桡动脉可能不被触知）、血压低或无法测量和周围性发绀。如果不及时补液会很快死亡。

四、腹泻的治疗

1.有关低渗口服补液盐

世界卫生组织在《腹泻治疗方案》引言中谈道："很多腹泻病人的死亡是脱水引起的。仅仅通过简单的口服补液的方法就能够安全和有效地治疗90%以上各种病因和各年龄患者的急性腹泻。"

这次修订的《腹泻治疗方案》重点介绍了改良的口服补液盐（即低渗透压的ORS液）。口服补液盐是葡萄糖和多种矿物质的混合物，在排便量很大的时期，ORS液也可以在小肠被吸收，补充经粪便丢失的水分和电解质。也可以在家庭中使用ORS液和其他液体来预防脱水。在《腹泻治疗方案》中谈道："通过20年来的研究，改良了ORS液的配方，称为'低渗透压ORS液'。与以往WHO的标准ORS液相比，初期补液之后，新配方的ORS液能够减少33%的静脉补液治疗。新配方的ORS液还能减少30%的呕吐次数和20%的排便量。WHO和UNICEF正式推荐含有75mEq/l钠和75毫摩尔/升葡萄糖的低渗透压ORS液。"

（1）适宜家庭的液体

含盐液体，诸如ORS液、含盐饮料（如含盐米汤或含盐酸奶）、加盐的菜汤或鸡汤。

（2）补液量

一般原则是：患儿愿意喝多少就给多少，直到腹泻停止。作为参考，每次稀便后应给予：

◆ 2岁以下儿童：50毫升～100毫升（1/4～1/2大杯）液体；

◆ 2～10岁儿童：100毫升～200毫升（1/2杯到1大杯）液体；

◆ 更大年龄的儿童和成人：满足他们想得到的量。

对小婴儿，可以使用点滴器或没有针头的注射器，每次少量地将溶液送入其口中。2岁以下的儿童应每1～2分钟给予一茶匙溶液；较大儿童（和成人）可以直接从杯中少量多次地喝。治疗期开始后的1或2小时经常发生呕吐，尤其在患儿口服补液太快时。但是因为绝大多数补液被吸收了，这种情况的发生很少能影响口服补液的成功。过了此时期呕吐通常会停止。如果患儿呕吐，等5～10分钟再给予ORS液，但注意要更慢（例如，每2～3分钟一茶匙）。

（3）不适宜给孩子喝的液体

应该避免给腹泻患儿服用具有潜在危险性的液体。特别值得注意，一些含糖饮料能够引起渗透性腹泻和高钠血症，比如市售含二氧化碳的饮料、市售果汁、甜茶。还应该避免服用那些刺激性、有利尿作用或有通便效果的液体，如咖啡和某些药茶或冲剂。

2.有关营养补充问题

在《腹泻治疗方案》中还谈到腹泻期间如果处理不当会造成孩子营养不良。方案中提道："腹泻既是水分和电解质丢失，也是营养性疾病。即使有良好的脱水管理，死于腹泻的患儿常常营养不良，而且时常程度较重。腹泻期间，食物摄入减少、营养素吸收减少和营养需求增加经常共同导致体重减轻和生长停滞：儿童营养状况下降和原有营养不良加重；另一方面，营养不良又加重腹泻、延长病程，使营养不良患儿的腹泻次数可能更频繁。"

腹泻期间和之后继续给予婴儿常吃的食物，绝对不可以减少食物，而且患儿常吃的食物绝对不可以被稀释。应该继续母乳喂养，这样做的目的是给予患儿能够接受的营养丰富的食物。大部分腹泻稀便的儿童补液后恢复食欲，而出血性腹泻患儿痊愈期胃口不好，应该鼓励这些患儿正常饮食。进食后，儿童吸收充足的营养，可以继续发育和增加体重。继续喂养也能加速正常肠功能，包括消化和吸收多种营养素能力的恢复；相反，限制饮食或稀释饮食的儿童体重会减轻，腹泻病程加长，并且肠功能恢复较缓慢。

◆ 母乳喂养婴儿，不论月龄多大，都应该按需哺乳。鼓励母亲增加哺乳次数和时间。

◆ 非母乳喂养的婴儿应该至少每3小时喂1次奶（或婴儿配方奶粉）。应尽可能用杯子喂奶。

◆ 混合喂养的6月龄以下婴儿应该加强母乳喂养。随着患儿病情的好转和母乳喂养的增加，应该减少其他食物（给予母乳以外的其他液体，应该使用杯子而不是奶瓶）。这种情况通常持续1周左右。婴儿可能转为纯母乳喂养。

当喂奶迅速引起大量腹泻，而且脱水体征再次出现或者恶化，牛奶不耐受才具有重要临床意义。

如果儿童小于6月龄或能够吃比较软的食物，除牛奶以外，应该给予谷物、蔬菜和其他食物。如果儿童大于6月龄并且还没有被给予这样的食物，应在腹泻停止后尽快提供。这些食物应该被精心烹调、捣碎或磨碎，以使它们容易被消化；发酵食物也容易被消化。奶应该同谷类食品混合。如果可能，应给每份食品加进5毫升～10毫升植物油。如能得到肉、鱼或蛋，应给予儿童。患儿每3或4小时进食1次（1天6次）。患儿对少量多次喂养比大量少次喂养的耐受性更佳。

腹泻停止后继续给予营养丰富的食物，并且每天进食次数应该比平常多，至少持续两周。如果患儿营养不良，在患儿身高别体重恢复正常前，应一直给予额外的进餐次数。

3.有关补充锌的问题

方案还提到锌的补充问题："锌缺乏在发展中国家儿童中普遍存在，拉丁美洲、非洲、中东和南亚的大部分地区存在。锌在金属酶、多核糖体、细胞膜和细胞功能中有至关重要的作用，因此认为锌在细胞生长和免疫系统功能方面起到核心作用。"大量试验现已证实补锌（10毫克/天～20毫克/天，直到腹泻停止）能显著地减少5岁以下儿童腹泻的严重性和病程。其他研究表明短期补锌（10毫克/天～20毫克/天，10～14天）能够在2～3个月内减少腹泻的发病率。基于以上研究，目前推荐对所有腹泻患儿补锌10～14天（10毫克/天～20毫克/天）。

一发生腹泻就补锌，可以降低腹泻的病程和严重程度，以及脱水的危险。连续补锌10～14天，可以完全补足腹泻期间丢失的锌，而且降低在2～3个月内儿童再次腹泻的危险。

4.有关使用抗生素的问题

方案同时认为：腹泻"不应该常规使用抗生素。这是因为临床上不可能按是否对抗生素有所反应区分腹泻，比如产毒大肠杆菌引起的腹泻和轮状病毒、隐孢子虫属引起的腹泻。而且，甚至可能对抗生素有反应的腹泻感染，通常缺乏选择有效抗生素所需的药物敏感性的知识和信息。另外，使用抗生素增加治疗费用、增加药物不良反应的危险并增加细菌抗药性”。

抗生素仅对出血性腹泻的患儿有效（很可能是志贺氏细菌性痢疾），重度脱水疑似霍乱、严重非肠道感染如肺炎极少使用抗原虫药。

5.有关止泻药物和止吐药物

方案还谈到止泻药物和止吐剂对急性或迁延性腹泻患儿没有任何实际益处，它们无助于预防脱水或改善营养状况等主要治疗目的。有些药物有危险的，有时甚至是致命的副作用，这些药绝不能用于5岁以下儿童。

菌痢大便正常后马上停抗生素不对吗

爸爸妈妈@张思莱医师

我的孩子2岁了，可能是因为吃街上小饭铺买的食物，孩子腹泻了，大便为脓血便。医生诊断为细菌性痢疾，给予抗生素治疗。前天大便正常了，我不愿意孩子长期使用抗生素，就给停药了，结果孩子今天又开始腹泻了，医生说我不该马上停抗生素。这是为什么？

表情 图片 视频 话题 长微博 发布

A 根据医生的诊断，你的孩子患细菌性痢疾，所以必须要使用对其敏感的抗生素进行治疗。一定剂量的抗生素在血液和其他体液组织中达到杀灭和抑制细菌生长的浓度时称为“有效的血药浓度”，这个剂量就是孩子应该使用的剂量。如果低于这个剂量，就达不到杀灭和抑制细菌的作用了，但是高于这个剂量有可能会出现一些毒副作用。抗生素起效有赖于血药浓度，如达不到有效的血药浓度，不但不能彻底杀灭细菌，反而容易使细菌产生耐药性。很多家长在患儿病情较重时尚能按时按量服药，一旦病情缓解，服药便随心所欲。因此，家长要严格地遵医嘱，必须用够剂量、用够疗程，不能随意加减或停药。对于细菌性痢疾一般用药5～7天，最好大便细菌培养阴性再停药，否则身体潜在的一些没有完全灭活或抑制的细菌又会活跃起来，孩子就有可能形成迁延性或者慢性痢疾，而且细菌会对这种抗生素产生耐药性，到时治疗起来就更加棘手了。你没有遵守医嘱、随意给孩子停药是不对的，建议你赶快带孩子去医院请医生处理。

腹泻长期不愈怎么办

爸爸妈妈@张思莱医师

我的孩子已经8个月了，混合喂养。3周前因为肠炎一直腹泻不止，虽然经过治疗，现在每天仍然排稀水便6次以上。本来孩子发育就不达标，现在更瘦了，我非常着急！医生说我的孩子是迁延性腹泻，是什么原因引起孩子迁延性腹泻呢？

表情 图片 视频 话题 长微博 发布

A 根据你描述的情况：8个月的孩子原来发育就不达标，存在着营养不良的状况，且腹泻病程已经超过2周，医生诊断为迁延性腹泻是没有疑义的。

迁延性腹泻主要发生在1岁以内的婴儿，尤其是营养不良的孩子。由于其免疫力低下，人工喂养儿缺乏母乳中的抗感染的保护因子，尤其缺乏分泌性免疫球蛋白A抗体。如果盲目使用抗生素，腹泻容易造成肠道菌群失衡，不能有效地制约致病菌的侵入，不合理使用抗生素更加剧了微生态失衡；腹泻往往使肠黏膜受到伤害，小肠绒毛萎缩或者坏死，分布在小肠绒毛顶端的双糖酶（主要是乳糖酶）大量丢失，使得母乳或配方奶中的乳糖不能消化，婴儿出现继发性乳糖不耐受。综上所述，婴儿腹泻长期不愈形成了迁延性腹泻。

针对这种情况建议：

◆ 积极纠正脱水，继续口服低渗ORS液。

◆ 营养治疗。调整饮食，如果有条件尽早恢复母乳喂养，吃一些好消化的食物，不要添加新的食品，保证每天婴儿所需要的热量。

◆ 继续用肠黏膜保护剂，如思密达（十六角蒙脱石）。

◆ 使用微生态制剂，恢复肠道微生态平衡。

◆ 对于继发性乳糖不耐受的患儿，如果是母乳喂养，可在吃母乳前10分钟口服乳糖酶制剂，然后再吃母乳；如果是人工喂养的婴儿，建议改吃免乳糖的配方奶，大便正常后继续吃免乳糖配方奶粉2～3周，再逐渐换回原来的配方奶粉。

◆ 如果是细菌感染的肠炎，合理使用抗生素，同时一定要用够剂量、用够疗程，不要随便减药和停药。

◆ 给予锌剂治疗。

急性肠系膜淋巴结炎是怎么回事

爸爸妈妈@张思莱医师

我的孩子2岁，3天前开始咳嗽、流涕，昨天开始腹痛、呕吐伴有腹泻。去医院就诊，医生说孩子患的是急性肠系膜淋巴结炎。我从来没有听说过这种病，真是着急，您能解释一下吗？

表情 图片 视频 话题 长微博 发布

A 急性肠系膜淋巴结炎好发于冬、春季，多见于7岁以下的孩子。多发生在上呼吸道感染时，孩子出现腹痛、呕吐、腹泻或者便秘，腹痛主要表现在右下腹。其病原以病毒感染多见，主要与小儿肠系膜淋巴结的生理特点有关。小儿肠系膜淋巴结十分丰富，主要沿着肠系膜动脉以及分支分布，尤以回肠和回盲部为多，小肠的内容物在此处停留，其肠内细菌或病毒产物就会在该处被吸收而进入此处的淋巴结，引起急性肠系膜淋巴结炎。此病常常被误诊为急性阑尾炎，但是病情较轻，没有急腹症的一些体征，如反跳痛或肌紧张。一般经过进食、输液治疗，如果是细菌感染可以使用抗生素治疗，经过治疗可明显好转。

泌尿生殖系统疾病

孩子是尿血吗

爸爸妈妈@张思莱医师

我的孩子刚2个月，今天早晨发现他的尿布沾染上红色。孩子是不是尿血呀？我很担心！

表情　图片　视频　话题　长微博　发布

A 有的孩子在排尿时尿液呈红色，或者家长发现尿布沾染了红色，因此很多家长很着急，以为孩子尿血了。是不是血尿需要仔细分析：如果孩子精神好，没有其他不适，有可能是因为白细胞分解较多，使尿酸盐排泄增多以及尿少的缘故，对孩子的健康丝毫没有影响，家长完全不用着急；也有的女孩刚出生不久，因为胎儿期阴道上皮及子宫内膜受母体激素的影响，与女性排卵前相仿，孩子出生后雌激素中断，造成类似月经般出血，有可能染红尿布或者阴道有血性分泌物，俗称“假月经”，无须处理，几天以后就会消失了；也有的孩子因为喝了或者吃了一些含有色素的食物或者药物也会出现类似血尿的现象，停止吃这些食物或者药物这种情况就会消失；但是如果孩子伴有发热，同时尿痛、尿的次数增加，就要警惕尿路感染；如果孩子出现水肿，主要是颜面部水肿，贫血、头晕，伴有尿色发红就要警惕肾脏疾患，应及时去医院请医生诊治。

尿路结石是如何发生的

爸爸妈妈@张思莱医师

在三氯氰胺事件中，我朋友的孩子当时已经1岁半了，发现了肾结石。朋友一直认为与吃的配方奶粉（不是三鹿奶粉）有关。该不该停掉原来的配方奶粉？孩子为什么会发生尿路结石？

表情 图片 视频 话题 长微博 发布

A 人们说的“尿路”是指整个泌尿系统，尿路结石包括肾结石、输尿管结石、膀胱结石和尿道结石，一般结石在肾脏和膀胱内形成。结石是因为尿液中所含有的晶体与胶体沉积、积聚而成。形成结石的原因是综合性的，有些与外界环境有关，有些与患儿的内在因素有关，如营养不良、维生素A缺乏、地理环境、饮食习惯、遗传倾向、代谢改变、尿路局部改变等。

根据结石的化学成分具体分析：

◆ 钙性结石：主要是草酸钙结石，多见于高钙血症、高维生素D血症。主要是过量补充钙剂、过量补充维生素D、过食含草酸盐的食品、甲亢、长期卧床不起等原因造成。

◆ 胱氨酸结石：多与遗传有关。

◆ 感染性结石：尿道感染造成尿液碱化及产生过多的氨，导致积坠成磷酸钙胺和磷酸钙，形成结石。

◆ 尿酸结石：高尿酸、尿量少和持久性酸性尿等原因造成，主要与代谢异常、肿瘤或骨髓疾病等有关。

尿路结石的症状主要是血尿（显微镜下看）。婴幼儿因为不会表述，发作时表现为哭闹、呕吐、出冷汗、面色苍白。还有的孩子因低热、食欲不振、消瘦、生长发育迟缓、伴有尿路感染症状而就诊时发现此病。其中肾结石主要以无尿为首发症状，输尿管结石表现为尿频、尿急、尿痛，膀胱结石主要表现为排尿困难、排尿时疼痛，有时尿有中断现象，可有慢性尿潴留。

对于目前三聚氰胺形成的结石，发病机理不是特别清楚，胆石专家们多认为是三氯氰胺在胃的强酸性环境中水解，先生成三聚氰酸二酰胺，并进一步水解生成三聚氰酸，三聚氰酸在肠道内被吸收，从而进入血液，达到一定浓度后会对机体产生影响。虽然三聚氰胺毒性较低，但三聚氰胺摄入达到特定量后仍会对人体产生影响，主要表现为导致膀胱炎、泌尿系统结石，此次重大食品安全事故中以泌尿系统结石为主。

超声检查是目前筛查结石患儿的主要手段。超声检查完全可以了解结石的大小、位置、是否导致尿路梗阻等情况，为临床诊断、治疗选择提供充分的信息。三聚氰胺所致结石绝大多数细小，较为松散，多呈泥沙样，易于自行通过泌尿系统排出体外。个别患儿结石可增大至1厘米左右。从目前临床观察来看，即使该结石达到7毫米左右，仍有可能变成多个小结石并最终排出，专家们认为这与结石较为松软、易于排出的特性有关。极个别严重的患儿，结石可能同时堵塞双侧输尿管，导致尿闭，患儿无尿，初时哭吵，后精神差、胃纳差、水肿，2～3天后造成急性肾衰竭。如果结石堵塞尿道，导致排尿困难，甚至完全不能排尿，患儿表现为排尿时哭吵、尿线无力、持续哭吵、下腹部涨大（膀胱涨大）。

位于膀胱的结石常无临床表现。绝大多数患儿结石细小，即使有血尿等症状，在停用问题奶粉后多饮水可自行排出结石。

治疗主要是大量饮水，促进引流。绝大多数患有三氯氰胺结石的孩子会痊愈，不留后遗症。

手术指征：结石过大、伴有肾积水、大量血尿、尿路梗阻无尿或者非手术治疗无效者。

专家提示

现在的家长往往会给孩子食用大量牛奶、巧克力等食物。此外，相对高温环境，小孩活动减少以及饮水减少也是泌尿系结石形成的相关因素。

家长此时要有清醒的头脑，只要自己孩子吃的是政府公布的没有问题的配方奶粉，就可以继续吃下去。即使一些有问题的配方奶粉，也要看看问题奶粉出在哪个批次，是不是自己孩子吃的那个批次的产品。只要不是有问题的批次就不要有顾虑，可以继续吃下去。国务院已经颁发《乳品质量安全监督管理条例》《中华人民共和国食品安全法》，要相信政府会很好地处理这些问题，保证食品安全。

如果家长确实要换奶粉，也要采取逐渐替代的方法，否则1岁之内的婴儿很容易引起消化不良性腹泻。

如果要想确诊是因为吃某种配方奶粉引起的结石，其前提必须是只吃这个品牌的配方奶粉，没有添加任何其他的食品或者过量的钙、维生素D等，且要排除孩子泌尿系统先天的问题。另外，也可以通过检查排出的结石化学成分进行确诊。对于你朋友的孩子，因为已经1岁半了，而且吃过的食物种类繁多，就需要医生仔细分析了，而不能一概认为是配方奶粉引起的。

另外也要请家长注意：

◆ 当过量的钙剂和含草酸盐、磷酸盐较多的食物，如番茄、菠菜、芹菜、草莓、甜菜、巧克力、豆制品等一起进入人体时，会导致尿中碱性磷酸盐等增多，增加了出现结石的风险。

◆ 饮食中高蛋白、高热量、低纤维素能促使上尿路结石的形成。

小儿尿路感染有何症状

爸爸妈妈@张思莱医师

我的宝宝6个月，近来不明原因发热、呕吐，去医院就诊，经过尿液化验检查，医生诊断为尿路感染。可是为什么宝宝没有表现出尿频、尿急、尿痛的症状呢？

表情 图片 视频 话题 长微博 发布

A 尿路感染是小儿时期的常见病，是因为细菌直接侵犯尿路而引起的炎症。婴儿期发病率最高，女孩多见（因为尿道短，易被污染）。不同年龄阶段的孩子会表现出不同的症状：

◆ 新生儿时期多以全身症状为主，可见发热、吃奶差、苍白、呕吐、腹泻、腹胀等非特异性表现，还可以有生长发育停滞、体重增长缓慢，甚至抽风、嗜睡、黄疸等表现。

◆ 婴幼儿期还是以全身症状为主，如发热、反复腹泻等。尿频、尿急、尿痛等尿路症状随着年龄的增长才逐渐明显。所以当婴幼儿排尿时哭闹、尿频，或有顽固性尿布疹、不明原因的发热或者发热缠绵不退应想到本病。去医院取中段尿做尿常规、尿培养等检查即可确诊。

一般治疗急性期需要卧床休息。多饮水，勤排尿，减少细菌在膀胱中停留的时间。注意勤换尿布，保持会阴部位清洁、干爽。每次大便后擦大便时应由前向后，并且用温水清洗小屁股。另外，积极配合医生的治疗方案进行治疗，合理使用抗生素。急性疗程结束后，应每月复查1次，共3次，无复发者才视为治愈。反复发作者，每3～6月复查1次，共2年或更长。

如何取尿标本

爸爸妈妈@张思莱医师

我的孩子因为尿时哭闹伴有发热，需要采集尿标本做化验。但是我不知道如何给孩子取尿？

表情　图片　视频　话题　长微博　发布

A 给婴幼儿正确采集尿标本确实很重要，因为采集不对，很容易污染标本，影响化验数据，不利于疾病的诊断。

采集尿标本所用的容器要干燥、清洁，可以将尿的标本随时留取在清洁的容器中。采集时首先要清洗婴幼儿的外阴，一般收集清晨第一次中段尿，除非医生有特殊要求（如随意尿、清晨空腹尿、餐后尿、定时尿、特殊体位尿、24小时尿……）。因为小婴儿不会主动配合，因此清洗、消毒外阴后，可以使用塑料袋黏附在尿道口外收集尿标本。注意不要让尿遗漏或者让大便污染标本。在采集尿标本后应该立即送检，并在1小时内完成检测，因为光照或者时间长都可以导致细菌污染或者尿中有效成分被破坏。如果要做细菌培养就要进行导尿，这需要由医务人员进行操作。

先天性包茎需要手术吗

爸爸妈妈@张思莱医师

我的孩子已经2岁5个月了，近来小便时尿液呈细线，龟头完全无法露出；小便后小鸡鸡头肿胀、疼痛。医生说，孩子的包茎比较严重，必须尽早手术。我听别人说麻醉是很危险的，很害怕！必须给孩子的小鸡鸡做手术吗？

表情　图片　视频　话题　长微博　发布

A 你的孩子包皮过长且尿道口非常小，龟头不能露出，是先天性包茎。大部分婴幼儿都有先天性包茎，主要是包皮和阴茎头有粘连。随着发育，这种粘连逐渐被吸收，包皮与阴茎头分离，可以活动向后退缩。一般2年之内可以露出阴茎头，这种先天性包茎都会自然消失。但也有的幼儿，包皮口细小，不能露出阴茎头，排尿困难，尿时包皮膨胀且疼痛，逆行的压力容易造成上尿路的严重损害。尿垢滞留在包皮内，长时间地刺激包皮和阴茎头，可以引起局部溃疡或结石的产生，或者反复发生炎症，造成包皮口瘢痕挛缩，使尿道口更加狭窄，这是不能治愈的，时间长了会影响阴茎和阴茎头的发育。你的孩子已经2岁了，医生会根据你孩子的情况决定是否手术或者手法扩大包皮口。一般专业医院小儿的手术麻醉都很安全的，这一点你不用担心。

孩子的睾丸怎么不见了

爸爸妈妈@张思莱医师

我的孩子已经1岁3个月了，有的时候双侧或单侧的睾丸不见了，尤其是天冷时表现更明显。我家邻居2岁的孩子，因为一侧的睾丸摸不着，医生考虑是隐睾，建议及早手术。请问，隐睾是怎么回事？我的宝宝是隐睾吗？

表情　图片　视频　话题　长微博　发布

A 大约有97%的男胎儿在孕7～9个月时，睾丸降入到阴囊中，也有的孩子在出生后短期内降入到阴囊中。但是也有的胎儿一侧或双侧的睾丸却停留在腹膜后腹股沟管或阴囊入口处，停止继续下降，形成隐睾。新生儿隐睾的发生率是很高的，早产儿隐睾发生率就更高。所以有的男孩直到出生后3个月甚至更长时间睾丸才完全降落，这都是正常的。引起隐睾的原因很多：睾丸先天发育不良，母亲在怀孕期间缺乏足量的促性腺激素，睾丸异位，精索过短，提睾肌发育不良，腹股沟环过紧，有纤维带阻止睾丸下降，等等。隐睾可能影响男孩日后精子的生成和生育能力。一般新生儿隐睾不需要治疗，绝大多数在1岁内下降。如果2岁以后仍不下降就需要手术治疗，最迟不超过10岁。

你的孩子只是有时候摸不到睾丸，不属于隐睾。因为睾丸是受提睾肌制约的，有的男孩提睾反射亢进，极其轻微的刺激，包括你说的寒冷、恐惧的刺激都能引起睾丸的上升，甚至可以上升到腹腔，所以你就摸不到睾丸了。也有的是因为孩子发育的问题，使得睾丸的引带不能与阴囊附着，造成睾丸上移。这些情况我们又叫“游走睾丸”。但是如果孩子的睾丸总是这么游走，对于孩子日后的精子生成或生育能力也是有影响的。所以建议你带孩子去儿童医院的泌尿外科请医生检查治疗。

小便时尿液为什么不能远射

爸爸妈妈@张思莱医师

我的宝宝已经3个月了，近来开始把尿才发现孩子的小鸡鸡不能挺立，向下弯曲呈弓形，而且小便时尿液不能远射。这种情况是什么原因造成的？

表情 图片 视频 话题 长微博 发布

A 男婴出生后，不论是医生还是家长，都应该检查孩子的小鸡鸡的发育情况。正常情况下，尿道口应该开口在龟头部，孩子尿时阴茎勃起，尿液远射。但是如果尿道口开口不是在龟头部，而是在阴茎的腹侧某个部位，而且孩子小便时小鸡鸡不能挺直，而是向下弯曲，就是一种先天性畸形，医学上称之为“尿道下裂”。尿道下裂的孩子排尿时尿液流出不是直着向前尿，只能像女孩子那样蹲着，还常常尿湿裤子。

尿道下裂是泌尿系统最常见的先天性畸形。孩子发生这种畸形主要是因为胎儿在发育的第七周，尿道沟在阴茎腹侧从后向前闭合过程中发生障碍，尿道沟闭合不全而形成尿道下裂。这个过程的完成有赖于雄性激素和胚胎尿道沟即皱襞对睾酮的反应。目前认为，尿道下裂的发生可能因环境中人工合成的化学污染物（一些塑料制品）具有雌激素样或抗雄激素生物效应，干扰了人体正常的内分泌功能，改变机体泌尿生殖系统发育所致。

尿道下裂分为4型：

◆ 阴茎头（也称“冠状沟型”）型比较多见：阴茎较扁平，包皮在腹侧裂开，一般无症状，也不影响生理功能。

◆ 阴茎体型：尿道口开口越向后，畸形越明显。这是因为尿道口远端尿道海绵体发育不良，以及阴茎腹侧的筋膜挛缩造成阴茎向下弯曲，严重地影响孩子排尿和生理功能。

◆ 阴茎阴囊型和会阴型：除了上述畸形，阴囊从中间分为两半，外形像女性的阴唇。有的海绵体发育不全，有的阴茎像阴蒂，有的后尿道发育不良，使得整个外阴与女性外阴非常相似，往往不能正确鉴定性别。

父母在给孩子洗澡时应该仔细检查孩子的阴茎是否过短、有没有弯曲、睾丸在不在正常位置上，特别要留意他站立排尿时会不会经常尿湿裤子。如果有以上情况就要高度警惕是不是有尿道下裂，应及时去医院就诊。

阴茎头型可以不进行治疗，但是后3种尿道下裂，因为影响排尿或成人后的性交，而且会对孩子造成心理压力，建议尽早手术。国外可以在新生儿时期进行手术，我国建议6~18月龄是手术最佳时机。如果在这段时间手术，基本不会影响生殖器的正常发育，同时也不会影响孩子的心理健康。最迟应该在学龄前完成手术。

你的孩子究竟是不是这个问题，还需要去医院确诊。

孩子是遗尿吗

爸爸妈妈@张思莱医师

我的孩子已经3岁了，可是到现在孩子仍然有时白天尿裤子，不能很好地控制小便，夜间更是经常尿床。从前我没有注意孩子不会控制小便，因为孩子一直使用纸尿裤，现在要去幼儿园了，才停止使用纸尿裤。我母亲说孩子可能患有遗尿症，让我带他去医院看病。请问，我的孩子是患有遗尿症吗？遗尿症容易治疗吗？

表情　图片　视频　话题　长微博　发布

A 遗尿症也称为“功能性遗尿”，是指在本应建立膀胱控制能力的年龄之后出现的与任何可知的结构问题不相关（如中枢神经系统和泌尿生殖系统形态正常）的尿液非自主排出。一般是指熟睡以后出现的尿液溢出的现象，没有器质性原因的遗尿。根据遗尿症状出现的时间将遗尿分为原发性遗尿和继发性遗尿。

幼儿在2岁至2岁半时虽然白天可以控制排尿，但是夜间仍可能有无意识的排尿，这是一种正常的生理现象，不需要治疗，随着孩子长大就能够主动控制夜间排尿。

3岁以后有的孩子白天不能控制排尿或不能从睡眠中醒来而自觉排尿，

除先天性或后天性疾病引起的尿失禁以外，称为“原发性遗尿”。遗尿症中70%～90%是原发性遗尿。这类孩子往往是从小没有训练好控制排尿的习惯。你的孩子就是这种情况，目前很少采取治疗手段，自愈的可能性很大。

如果孩子2～3岁时已经能够控制排尿，但是在4～5岁时夜间又出现遗尿，每周至少出现2次，并连续3个月以上，临床上称为“继发性遗尿症”（又称为“晚发性遗尿”）。此病男孩比女孩多见。孩子这种异常行为一方面是由某些疾病引起，如泌尿系统疾病或全身疾病引起全身虚弱，造成功能失调。当原发病好转，全身情况改善，遗尿也会消失。另一种情况是长期精神刺激或突发事件造成孩子出现紧张、焦虑、惶恐不安等心理因素而导致改变排尿习惯而遗尿。孩子遗尿不仅需要生理上的治疗，更需要心理上的辅导，否则孩子会产生其他的心理和行为上的异常，如孤独、羞愧、胆怯、焦虑、叛逆或自卑、注意力不集中、害怕社交活动，甚至不敢参加在外过夜的活动，造成孩子性格上的缺陷以及智商的降低或智力水平提高减慢。因此，除了给孩子进行治疗外，家长要理解孩子遗尿不是一种故意的行为，而是疾病所致。教育孩子要适度，既不能置之不理，也不能过度刺激孩子，否则会强化孩子遗尿的行为；同时需要保护孩子的自尊心，让孩子充满信心战胜疾病。晚餐后不要让孩子喝过多的水，更不能喝利尿的饮料；禁止让孩子穿纸尿裤；做好尿床的预防措施；提前叫醒孩子起床小便，养成良好的条件反射。如果以上办法不能取得很好的效果，就需要请医生使用药物来治疗了。

孩子排泄乳白色的尿正常吗

爸爸妈妈@张思莱医师

现在天气逐渐变冷了。每次清晨起床，发现孩子夜间的尿变成乳白色混浊的液体。孩子近来也没有发现有什么不适，小便时也没有表现出异常。出现这样的尿让我很着急。请问，孩子排泄乳白色的尿是有病吗？

表情　图片　视频　话题　长微博　发布

A　在春初、秋末或是冬天，宝宝有时尿色为乳白色或者尿时清亮但是待一会儿就会发现尿液变成乳白色混浊液体。虽然宝宝没有什么不适，但是家长看到这样的尿，往往非常着急，认为孩子可能有病，急于求诊。其实这是一种正常的现象。因为婴幼儿新陈代谢旺盛，天气寒冷出汗少，吃了某些含有磷酸盐、碳酸盐、草酸盐的蔬菜、水果等食品，加上婴幼儿的肾脏功能又不健全，这些含有磷酸盐、草酸盐和碳酸盐的尿液遇到寒冷时往往出现结晶沉淀，形成乳白色混浊的尿。但是将这种尿经过加热或加酸后，结晶消失，尿液仍呈现为清亮。一般孩子在尿量多时或者天气温暖时，这些尿酸盐溶解，尿的颜色是正常的。因此只要多喝水，减少含有磷酸盐、碳酸盐、草酸盐的食品摄入，就不会出现乳白色的混浊尿了。如果经过加热或加酸后，尿液仍不能变清亮，而且伴有其他不适，如腿肿胀，则有可能是患了丝虫病或胸导管内有炎症，这种尿被称为“乳糜尿”。如果宝宝尿色发白，伴有尿频、尿急、尿痛，多是泌尿系统发生了感染（尿道感染、肾脓肿或肾盂肾炎），尿中有很多的脓细胞所致。

根据你描述的情况，你的孩子应该没有问题，你不用着急！

为什么女孩也会患疝气

爸爸妈妈@张思莱医师

我的宝宝是个女孩，才40天，人工喂养。她的脾气很大，经常哭闹，严重时一次哭了十几分钟。后来洗澡时发现在右侧的腹股沟有一个鼓包。去医院检查，大夫说是疝气。一般患疝气是男孩子，为什么女孩子也患这种病呢？需要手术吗？平时需要注意什么？

表情 图片 视频 话题 长微博 发布

A 不管是男孩还是女孩都可能患疝气。

产生原因：在胚胎发育的过程中，男孩的睾丸随着腹膜鞘状突下降到阴囊内。在正常发育的情况下，孩子出生不久，腹膜鞘状突逐渐萎缩闭锁。如果腹膜鞘状突不闭锁而继续开放，肠管可以沿着腹膜鞘状突直至阴囊，形成腹股沟斜疝，俗称“疝气”。同样，女孩子的子宫圆韧带、卵巢和输卵管沿着腹膜鞘状突下降，一般孩子出生前即鞘状突萎缩闭锁，如继续开放就形成女孩腹股沟斜疝。不管是男孩还是女孩，腹膜鞘状突的闭锁过程在孩子出生6个月内还可以继续，一般并不都形成疝，只有婴儿腹壁肌肉不够坚强，常因用力哭闹、咳嗽、便秘造成孩子的腹压增高，才可能形成疝。因此已经形成疝的孩子就要避免哭闹、便秘或者咳嗽，以防因为腹压增高造成疝嵌顿、疝内容物坏死。发生疝嵌顿应该让孩子躺下，安静下来，抬高臀部和下肢，有助于复位。但是家长不能掉以轻心，应该及早带孩子去医院。一般医生多采用手法复位，但是孩子痛苦且有一定风险。对于疝气，国外医生认为一旦确诊就应该尽早手术，以防疝嵌顿、疝内容物坏死，尤其是女孩影响以后的生育问题。我国医生也建议及早手术，多建议1岁左右进行手术，因为1岁左右还没有自愈的话可能会很难自愈了，而且由于孩子学会走路后，活动量增加，肠管下坠，造成腹腔压力增大，更容易发生疝嵌顿。目前一些医院已经开展微创手术，手术创面更小，愈合更好。

两侧阴囊不一样大怎么办

爸爸妈妈@张思莱医师

我的宝宝刚出生10天。孩子出生后发现双侧阴囊不一样大小，医院大夫告诉我们说是鞘膜积液，让我们进行观察。我们不知道这是怎么回事。

表情　图片　视频　话题　长微博　发布

A 鞘膜积液是因为胚胎期胎儿的睾丸下降时附着在睾丸的腹膜也随之下降到阴囊，形成腹膜鞘状突，孩子出生后即萎缩闭锁，如果闭锁不全就形成不同类型的鞘膜积液。睾丸鞘膜积液，积液量不多时阴囊表现中等度肿大，质软，有囊性波动感；积液量大时，阴囊表面张力较紧张，触不到睾丸，用手电筒照射阴囊时可以有光投射，肿大的阴囊红、亮。2岁时绝大多数鞘膜积液可以自行消失，不用治疗。个别的长时间存在，需要手术治疗。

孩子怎么会有这种奇怪的动作

爸爸妈妈@张思莱医师

我女儿1岁1个月，近来骑在大人的腿上或其他的物体上的时候，两条腿有时不停地在物体上摩擦，两眼发直，这种现象持续4～5分钟。这两天睡醒了，也是这种表现。孩子是不是抽风？可是叫她，她也答应。为此，我十分着急！请您帮助我！

表情　图片　视频　话题　长微博　发布

A 你说的这种现象，医学上叫作“习惯性阴部摩擦”，也叫“习惯性擦腿动作”或“情感性交叉动作”，一般发生在1岁左右或更大的孩子。主要是因为局部的刺激，如湿疹、包茎、蛲虫、局部炎症以及穿过紧的裤子，引起发痒而产生摩擦，久之形成习惯。发作时孩子神志清醒，双下肢伸直，交叉摩擦，面色潮红，双眼凝视或出现不自然的现象。也有的孩子由于精神过分紧张，缺乏大人的关爱，或者大人过分溺爱，造成孩子情绪不佳，引起心理异常而产生这种现象。当我们发现孩子出现这种动作时，提请家长注意：

◆ 及时检查孩子是不是局部有不适的地方，祛除病因，进行对症治疗。

◆ 注意阴部的清洁，给孩子穿宽大的衣裤，尽早给孩子穿合裆裤。

◆ 给予孩子更多的关爱，既不要斥责孩子，也不要过分溺爱孩子。

◆ 多让孩子做一些有益的游戏，让孩子的注意力转移到更感兴趣的地方去。

◆ 睡前可以给孩子读书，睡醒后马上让孩子起床。

孩子是性早熟吗

爸爸妈妈@张思莱医师

前天上午带孩子到医院体检。因为孩子左侧乳房里面长了1个硬块，大夫说可能是性早熟！1岁多的孩子是性早熟吗？

表情 图片 视频 话题 长微博 发布

A 胎儿在母体中的雌激素水平是非常高的。个别新生儿在出生后7～10天会出现一些看似异常、实际正常的现象，如乳腺肿大，可见灰白色的黏液分泌物从阴道中流出，甚至出现假月经，这是因为母体雌激素对胎儿影响中断所致。脐带被剪断后，婴儿体内很快会建立起下丘脑—垂体—性腺的轴系，这是调节体内内分泌的重要轴系之一。孩子出生的时候，这个轴系还不太稳定，体内的这些激素就会升高。促性腺激素以及男孩子的雄性激素、女孩子的雌性激素都可以有一个明显的升高，而出现类似进入青春期的一些现象，医学上叫作“微小青春期”。一般男孩在6月龄内，女孩在1岁以内，个别可能到2岁，以后激素分泌水平逐渐平稳而正常。在临床上经常会见到1岁以内的孩子乳房变大并内有乳核，但随着生长发育逐渐可恢复正常。

性早熟是指女孩在8岁以前、男孩在9岁以前出现第二性征，或女孩在10岁以前出现月经初潮。性早熟可分为真性、假性和不完全性3类。

◆ 真性性早熟：发生机理与孩子正常发育情况相同，伴有第二性征出现，骨骼闭合提前，生长早期停止。

专家提示

对性早熟患儿应仔细查找病因，通过拍腕骨平片、做B超、进行内分泌功能测定等才能明确诊断。

◆ 假性性早熟：是由于体内外有异常过多的性激素来源造成的，或者内分泌腺、性腺或肾上腺皮质病变所致。一般多为误用含性激素的药物、过度进补营养品、使用含有性激素的化妆品、母亲孕期或哺乳期服用含有性腺激素的药物所致。

◆ 不完全性性早熟：这种性早熟只有乳房或阴毛发育，而不伴其他特征。

一些滋补品中存在类似性激素的物质，长期服用不仅会使乳房过早发育，甚至还会产生促使性腺发育的作用。这种患儿常常是在服用营养品2～3个月时发生乳房增大，可呈进行性或波动性，但如能及时发现停止服用，一般可于半年左右恢复。

因此，家长首先要安排好孩子一日三餐的均衡饮食，合理搭配，不过食高糖、高脂、高蛋白等高热量的食品；其次，要尽量避免长期服用营养滋补品，特别是含有花粉、蜂王浆、人参等成分的滋补品，也不应给小孩吃毛蛋、蚕蛹等含激素的食品。

根据你说的情况，孩子是不是处于微小青春期，应该再请内分泌科大夫仔细检查，做出诊断。

小阴唇粘连应该怎么办

爸爸妈妈@张思莱医师

我的女儿已经7个月了，在5个月时由于小阴唇粘连去医院用药，分开后停药，近来又发现她的小阴唇发生粘连，这是为什么？应该如何处理？

表情 图片 视频 话题 长微博 发布

A 小阴唇粘连多发生在出生几个月的女婴中，这是因为女婴的皮肤黏膜都很娇嫩，由于家长换尿布不及时，孩子的小阴唇被大小便污染，小阴唇经常受到污染的刺激而发生渗出，家长清洗时又没有清洗干净或者擦拭不干净，久之就造成小阴唇粘连。也有的孩子由于穿开裆裤，外阴暴露，不注意清洁卫生，又不注意清洗，引起外阴炎，造成小阴唇粘连。另外，一些刺激性很强的洗浴液或者化纤衣物都可能刺激外阴而引起小阴唇黏膜发生渗出而发生粘连。

小阴唇有可能完全粘连堵塞住阴道口，也有部分粘连。小阴唇粘连有可能造成排尿不畅，引起尿道感染或者阴道分泌物很难排出来。一般小阴唇粘连不严重时，医生可以用手指通过轻柔的按压和分离动作将其分开；如果粘连比较紧，通过上述方式不能分开，可以用雌激素药膏或者金霉素药膏，每日3～4次涂抹在小阴唇粘连处，家长用手指轻轻帮助小阴唇向两侧分开。注意动作要轻柔，经过这样几次就会分离开来。随后家长每天继续给孩子涂抹上述药膏，直至小阴唇粘连处完全长好。但是，也有的孩子因为粘连的组织比较厚，可能就需要手术处理了。个别孩子可能停止涂抹药物后会出现第二次粘连，以后随着孩子逐渐长大，这种情况就会消失了。你的孩子出现第二次粘连可能就是当时分开小阴唇后没有继续用药，也没有格外精心护理。建议去医院就诊，根据孩子粘连的情况进行处理。

为了预防小阴唇粘连发生，孩子每次大小便后要及时更换尿布或者纸尿裤，并且认真清洗小屁屁；孩子的外阴不要涂撒爽身粉（减少因爽身粉刺激小阴唇黏膜出现渗出而发生粘连）；同时注意孩子大便后擦拭外阴时要从前向后擦拭；不要给孩子穿开裆裤和化纤衣物，以免引起小阴唇粘连。

血液系统疾病

如何看小儿血常规化验单

爸爸妈妈@张思莱医师

每次去医院儿科看病，医生给孩子化验血常规，其报告单有几项箭头向下表示“异常”，医生考虑是细菌感染给开了抗生素。可是您检查过孩子，看过化验单后却说是正常的，不建议用抗生素，这是怎么回事？

表情 图片 视频 话题 长微博 发布

A 目前各医院包括儿童医院化验单上均以成人正常值为标准，不少儿科医生以此标准值去判断不同年龄的患儿，往往做出错误判断。因为小儿，尤其是6岁之内的孩子其血常规有明显的年龄特点。以红细胞数、血红蛋白（血色素）和白细胞以及分类较为显著。以下就此进行分析：

红细胞数：出生时可以高达（5～7）$\times 10^{12}$/升，血红蛋白170克/升；出生以后建立肺循环，血红蛋白合成减少，到3～7周红细胞数下降至3×10^{12}/升，血红蛋白70克/升～90克/升；6个月～6岁红细胞数4×10^{12}/升，血红蛋白105克/升～140克/升，6～12岁红细胞数和血红蛋白才达到成人水平。

白细胞数：出生时白细胞数可达20×10^{9}/升；2周后12×10^{9}/升，3个月（6～18）$\times 10^{9}$/升，6个月至6岁（6～15）$\times 10^{9}$/升。白细胞的分类中以粒细胞和淋巴细胞的变化比较突出：生后4～6天至4～6岁期间以淋巴细胞为优势，约占60%，中性粒细胞约为30%；而在出生后4～6天前和4～6岁后直至成人，则以中性粒细胞为优势，约占65%。具体如下：出生时中性粒细胞占40%～80%，生后2周40%，3个月30%，6个月至6岁45%；淋巴细胞出生时31%，2周48%，3个月63%，6个月至6岁48%。

根据白细胞和分类值常反映感染性炎症，也常作为鉴别细菌性或非细菌性感染的指标：细菌性感染常表现为白细胞总数和中性粒细胞绝对值和百分数升高；病毒感染时通常白细胞正常或减少，分类中淋巴细胞比例增加，但某些特殊病毒或病毒感染综合征时白细胞总数和中性粒细胞可增高。因此需要临床医生根据孩子的病情、体检情况做出正确的判断，以免发生滥用药物，主要是滥用抗生素问题。

为什么同是贫血，治疗方案不一样呢

爸爸妈妈@张思莱医师

我的宝宝8个月了，母乳喂养，考虑到母乳营养丰富，没有添加辅食。近来体检发现贫血，医生说补充铁剂和维生素C进行治疗。我老乡7个月的孩子是鲜羊奶喂养，还没有添加辅食。她的孩子也患贫血，医生说需要补充叶酸、维生素 B_{12} 治疗，还说与我老乡吃素食有关。为什么同样是贫血而治疗方案却不一样？

表情 图片 视频 话题 长微博 发布

A 这两个孩子虽然都是奶类食品喂养，但一个是母乳，一个是鲜羊奶，这两种奶类的营养成分是不一样的。你们都没有及时给孩子添加辅食，所以孩子发生了贫血，但是造成两个孩子贫血的原因不同，治疗方案自然也就不同。

你的孩子患的是缺铁性贫血，这种疾病主要发生在6个月至3岁的婴幼儿。在生长发育最旺盛的婴儿时期，你的孩子是纯母乳喂养，虽然母乳中的铁吸收率较高，在缺铁时吸收率可达50%，但是母乳含铁量很低，一般母乳含铁1.5毫克/升，如果母亲又不注意含铁食品的摄入，母乳中铁的含量会更低。当婴儿4～6月龄时体内储存的铁被用尽而又没有及时添加辅食，就会发生缺铁性贫血。所以医生让你的孩子补充铁剂，同时补充维生素C，是为了促进铁的吸收。

你老乡的孩子患的是巨幼红细胞性贫血（又叫大细胞贫血），主要是因为长期进食鲜羊奶的缘故。鲜羊奶中叶酸含量极低，维生素 B_{12} 也很少。叶酸和维生素 B_{12} 是造血的原料。由于母亲是素食者，而维生素 B_{12} 主要存在于动物食品中，因此妊娠期孕母本身就缺乏维生素 B_{12}，造成胎儿宫内维生素 B_{12} 也储存不足。生后羊奶喂养，又没有及时添加辅食，就会造成因为叶酸和维生素 B_{12} 缺乏而导致的营养不良性巨幼红细胞性贫血，所以医生用叶酸和维生素 B_{12} 给予治疗。你们两个人应该及时给孩子添加辅食，保证食品多样化，注意动物蛋白的摄入，多吃一些含有铁、叶酸的食物，只要认真治疗，孩子贫血一定会得到纠正的。

缺铁性贫血应该如何治疗

爸爸妈妈@张思莱医师

我的孩子8个月了，在儿保科检查发现贫血，血色素9克/分升。医生说我的孩子是营养不良缺铁性贫血，医生开了铁剂和维生素C进行治疗，并且建议同时进行食补。请问，孩子的贫血严重吗？我该如何食补？

表情　图片　视频　话题　长微博　发布

A 缺铁性贫血多发生在生长发育最旺盛的婴幼儿时期，多见于6个月至3岁的小儿。其发生的主要原因：母乳喂养儿6月龄以后没有及时添加辅食，体内储存的铁已逐步耗竭，又没有补充铁剂；人工喂养儿没有进食强化铁剂的配方奶粉，如鲜牛奶喂养；已经添加辅食的孩子食品中缺乏铁元素或者小儿长期偏食挑食，都会造成孩子缺铁性贫血；早产儿或者孕母严重贫血也会造成早产儿体内铁的储备减少，生后又没有及时补充铁剂，都会造成早产儿缺铁性贫血；另外，一些慢性失血的孩子也会造成缺铁性贫血，例如钩虫病、肛裂、直肠息肉、经常鼻出血的孩子。

一、缺铁性贫血的表现

缺铁性贫血的孩子多表现为精神不振或者烦躁不安，皮肤黏膜变得苍白（主要表现为眼睑、口唇以及甲床失去正常血色），食欲减退，乏力，异食癖，注意力不集中，理解力差；长期缺铁还会导致智力下降，同时缺铁性贫血的孩子免疫力也会下降，孩子容易生病；严重贫血的孩子还会出现呼吸暂停现象。

6月龄至6岁小儿贫血程度判断：

轻度为血色素（Hb）90克/升～109克/升，红细胞（3～4）$\times 10^{12}$/升

中度为血色素（Hb）60克/升～89克/升，红细胞（2～3）$\times 10^{12}$/升

重度为血色素（Hb）30克/升～59克/升，红细胞（1～2）$\times 10^{12}$/升

极重度为血色素（Hb）<30克/升，<红细胞1$\times 10^{12}$/升

二、缺铁性贫血的治疗

摘自原卫生部在2012年4月颁发的《儿童营养性疾病管理技术规范》。

1.铁剂治疗

（1）剂量

贫血儿童可通过口服补充铁剂进行治疗。按元素铁计算补铁剂量，即每日补充元素铁1毫克/千克～2毫克/千克，餐间服用，分2～3次口服，每日总剂量不超过30毫克。可同时口服维生素C以促进铁吸收。常用铁剂及其含铁量，即每1毫克元素铁相当于：硫酸亚铁5毫克、葡萄糖酸亚铁8毫克、乳酸亚铁5毫克、枸橼酸铁铵5毫克或富马酸亚铁3毫克。口服铁剂可能出现恶心、呕吐、胃疼、便秘、大便颜色变黑、腹泻等副作用。当出现上述情况时，可改用间歇性补铁的方法［补充元素铁1毫克/（千克·次）～2毫克/（千克·次），每周1～2次或每日1次］，待副作用减轻后，再逐步加至常用量。餐间服用铁剂，可缓解胃肠道副作用。

（2）疗程

应在Hb值正常后继续补充铁剂2个月，以恢复机体铁储存水平。

（3）疗效标准

补充铁剂2周后Hb值开始上升，4周后Hb值应上升10克/升～20克/升及以上。

2.其他治疗

（1）一般治疗

合理喂养，给予含铁丰富的食物；也可补充叶酸、维生素B_{12}等微量营养素；预防感染性疾病。

（2）病因治疗

根据可能的病因和基础疾病采取相应的措施。

缺铁性贫血经过铁剂和饮食改善后预后良好，很少复发。当然，对于出血引起的缺铁性贫血，治疗原发病的同时给予铁剂和饮食营养的改进，同样会收到好的治疗效果。

三、缺铁性贫血的预防

为了预防缺铁性贫血发生，原卫生部在2012年4月颁发的《儿童营养性疾病管理技术规范》中明确提到：

◆ 孕妇：应加强营养，摄入富含铁的食物。从妊娠第三个月开始，按元素铁60毫克/日口服补铁，必要时可延续至产后；同时补充小剂量叶酸（400毫克/日）及其他维生素和矿物质。分娩时延迟脐带结扎2～3分钟，可增加婴儿铁储备。

◆ 婴儿：早产/低出生体重儿应从4周龄开始补铁，剂量为每日2毫克/千克元素铁，直至1周岁。纯母乳喂养或以母乳喂养为主的足月儿从4月龄开始补铁，剂量为每日1毫克/千克元素铁；人工喂养婴儿应采用铁强化配方奶。

◆ 幼儿：注意食物的均衡和营养，多提供富含铁的食物，鼓励进食蔬菜和水果，促进肠道铁吸收，纠正儿童厌食和偏食等不良习惯。

◆ 寄生虫感染防治：在寄生虫感染的高发地区，应在防治贫血的同时进行驱虫治疗。

美国儿科学会也建议：如果孩子在4月龄之后仍然只接受母乳喂养，建议再给他服用一些铁剂。然而，如果加入一些含铁量低的辅食的话，反而有可能减少孩子能够从母乳中吸收的铁元素（以上摘自《美国儿科学会育儿百科》全新修订第五版）。

孩子将来会不会患地中海贫血

爸爸妈妈@张思莱医师

张大夫，我原籍是四川，大学毕业后去深圳发展，在那里认识了我的先生，去年举行了婚礼。今年2月我生了一个宝宝，孩子现在很好。但是我在怀孕做检查时，发现我是地中海贫血病的携带者。我的先生是广州人，还没有进行这方面的检查。我不知道我的情况对孩子是不是有影响，我很担心！我的孩子会不会患地中海贫血？

表情　图片　视频　话题　长微博　发布

A 地中海贫血（又称“海洋性贫血”“珠蛋白生长障碍贫血”）是一种因基因变异而导致造血机能缺失的常染色体不完全显性遗传疾病，包括几种不同的类型，但共同的特点是：由于珠蛋白基因缺失或缺陷使血红蛋白中的珠蛋白的合成受到抑制，导致血红蛋白组成成分的改变，引起慢性溶血性贫血。从地中海沿岸的意大利、希腊、马耳他、塞浦路斯到东南亚各国是本病的高发区。我国多见于南方的广东、广西、福建以及西南的四川等，在全国其他省市也有病例报道。此病的重症患儿由于没有造血功能，必须定期输血以维持生命，因为这是唯一有效的办法，治愈的可能性极微。

如果父母一方是基因携带者，后代发生概率为：50%是基因携带者，50%是健康人。但如果父母双方都是基因携带者，那么后代发生概率则为：25%是健康人，50%是基因携带者，25%是患者。轻型贫血不明显，仅有红细胞和血红蛋白成分改变；重症患儿以慢性贫血、肝脾肿大为特征，患者头颅大，颧骨突出，鼻梁塌陷，表情痴呆。重症患儿一般出生6个月后开始发病，也有的胎死宫内或者出生后全身水肿，由于多脏器功能缺陷而死亡。轻症与常人外表一样，许多人往往不知道自己有此病。

如果你的先生经检查是健康人，那么你的孩子是健康人或地中海贫血基因携带者的可能性各占50%；如果你的先生也是一个地中海贫血基因携带者，那么孩子就有以上3种可能。其实本病是可以预防的：就是做婚前检查；对本病的高危患儿终止妊娠，避免出生。

孩子的贫血需要治疗吗

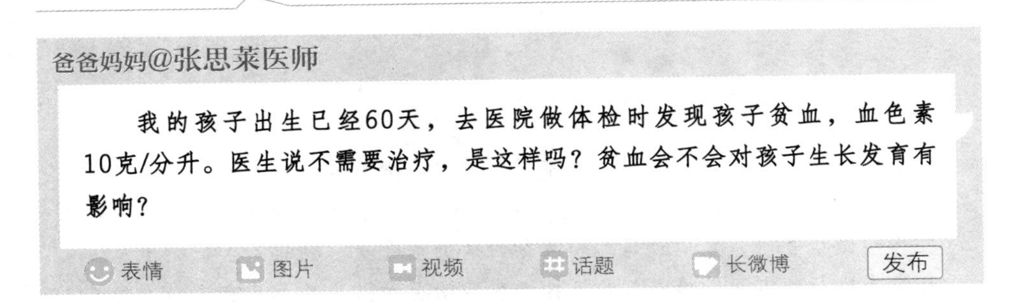

A 正常的新生儿出生后1周血红蛋白逐渐下降，直到8周后停止。这是由于孩子从一个低氧的环境到建立肺呼吸后的大气环境中，其血液中的血氧饱和度由宫内的45%迅速上升到95%以上，造成红细胞系统生成减少；而胎儿红细胞生存期短，生后逐渐被破坏；加上生后3个月内是孩子体重快速增长阶段，血容量扩充很多，红细胞被稀释，造成血红蛋白相对降低。这时出现贫血，我们叫作“生理性贫血”，一般多出现在孩子出生4周至3个月间。当血色素降到9克/分升～11克/分升时，骨髓造红细胞的功能开始活跃。生理性贫血是在小婴儿生长发育过程中出现的一种现象，无须治疗。不过需要补充造血的物质，如铁、维生素E和叶酸等，孩子的贫血就能自行纠正了。

孩子患的是血小板减少性紫癜吗

爸爸妈妈@张思莱医师

我的孩子已经2岁了，近来发现孩子经常夜间流鼻血。十多天前孩子患感冒，今天发现双下肢出现很多针尖大小的出血点。去医院就诊，经过化验后确诊为血小板减少性紫癜。我不清楚孩子怎么患了这种病。

表情 图片 视频 话题 长微博 发布

A 血小板减少性紫癜是因为血小板减少引起的出血疾患，主要表现为皮肤、黏膜出血，以四肢较多，轻者为瘀点、瘀斑，重者血肿，鼻和牙龈出血，或者伴有消化道出血和尿血，严重者可以造成颅内出血而引起死亡。本病多因有感染病史而诱发。你的孩子有上呼吸道感染史，平时有鼻出血，这次双下肢出现大量出血点，压之不褪色，血小板低于正常值，符合血小板减少性紫癜的诊断。

本病分为原发性血小板减少性紫癜和继发性血小板减少性紫癜。不管是原发性还是继发性血小板减少性紫癜，化验室检查其血小板，计数减少为其主要特点，同时伴有出血时间延长，凝血时间正常。

依照病情分为：

轻度：50×10^9/升＜血小板计数＜100×10^9/升，只有外伤出血；

中度：25×10^9/升＜血小板计数≤50×10^9/升，尚无广泛出血；

重度：10×10^9/升＜血小板计数≤25×10^9/升，广泛出血，外伤处出血不止；

极重度：血小板计数＜10×10^9/升，自发性出血不止，危及生命。

治疗：控制感染。大量出血的患儿需要输全血或者血小板、肾上腺皮质激素治疗，是否需要免疫抑制剂以及其他治疗需要遵医嘱。

神经系统疾病

如何早期发现小儿脑瘫

爸爸妈妈@张思莱医师

我的孩子出生时因脐带绕颈窒息了3分钟，出生后5分钟阿氏评分5分，当时检查有轻度颅内出血，诊断为缺血缺氧性脑病合并颅内出血。医生让我出院后注意孩子各方面的发展，高度警惕脑性瘫痪的发生，如果有问题应及早干预。我很担心孩子会不会落下残疾。我该怎么办？

表情 图片 视频 话题 长微博 发布

A 这位医生说得非常对。脑性瘫痪简称为“脑瘫”，是指由于出生前后、出生时，婴儿早期的某些原因，损害了大脑中枢神经系统而导致的非进行性中枢性运动功能障碍。主要表现为中枢性运动功能障碍和姿势异常，症状在婴儿期内出现，除瘫痪外，常伴有智力缺陷、癫痫、行为异常、精神障碍及中枢性视听觉、语言障碍等症状。

一、脑瘫发生的原因

脑瘫发病的原因比较复杂，大体可以从3个方面分析：

1.产前因素

母亲怀孕时受到感染，如病毒感染，包括流感病毒、风疹、巨细胞病毒、弓形体、带状疱疹等感染，影响胎儿大脑的发育；母亲和胎儿血型不合（Rh因子不合）；母亲患糖尿病、妊娠毒血症、遗传病。

2.产时因素

主要是难产造成的产伤，胎头吸引、胎位不正、脐带绕颈、臀位、产程过长等引起新生儿脑缺氧所致。

3.出生后因素

各种感染、高热、核黄疸、新生儿重症肺炎、头部外伤、颅内出血等。

你的孩子因为出生时窒息3分钟，出生后5分钟阿氏评分5分。阿氏评分是根据下表列出的项目进行评定的：

体征＼评分	0分	1分	2分
心跳数/分钟	无	<100	>100
呼吸情况	无	浅、哭声小	佳、哭声响
肌肉张力	完全松弛	四肢略微屈曲	四肢活动有力
弹足底或导管插鼻反应	无	稍有活动	哭、咳嗽、喷嚏
肤色	全身青紫或苍白	躯干红、四肢青紫	红润

0～3分为重度窒息，4～7分为轻度窒息，7分以上不用处理。

出生后需要在1分钟、5分钟、10分钟各评1次。

窒息使体内血液不能及时与外界交换气体，造成体内各组织供氧供血不足，尤其是大脑对缺氧缺血最为敏感。由于缺氧缺血，造成脑水肿，神经细胞肿胀，继而坏死、液化。另外，缺氧缺血使得微血管通透性增加，造成颅内出血，而颅内出血又压迫了脑细胞，所以脑细胞受到伤害。

根据你叙述的情况，你的孩子是一个轻度窒息儿，符合新生儿缺氧缺血性脑病的诊断。这样的孩子具备发生脑性瘫痪的高危因素。虽然经过抢救治疗，但是脑组织的损伤程度、损伤的部位，以及以后恢复得如何，是是否发生脑性瘫痪的关键。因此，早期诊断、早期干预就具有特别重要的意义。但脑瘫的早期诊断是比较困难的，目前医学界认为，脑瘫早期诊断一般是指对出生0～6个月或0～9个月间的脑瘫的诊断，其中0～3个月间的诊断又称“超早期诊断”。早期诊断的意义在于可以使患儿得到早期治疗。这是因为人类神经系统早期具有可塑性，也就是说具有可变性和代偿性。可变性就是指大脑内的某些神经细胞的特殊功能可以变动；代偿性就是指一些神经细胞能代替另一些神经细胞的功能；在神经细胞损伤或破坏以后可以得到功能的恢复。人的年龄越小，受伤的大脑代偿能力越强。

如果对于可能发生脑瘫的高危儿进行早期诊断、早期干预，对促进恢复、防止脑瘫发生或减轻发生的程度可以达到最佳效果。发现较晚，失去了干预和治疗的最佳时机，一旦脑组织成熟，再进行治疗收效就微乎其微了。

二、如何发现孩子的异常

如果孩子出生前后具有发生脑瘫的高危因素，参考北京协和医院鲍秀兰教授的建议，应从以下几方面观察：

◆ 2月龄不会和妈妈对视，逗引不会笑。

◆ 3月龄不会发声，仰卧位头眼不能水平追视移动玩具转动180°，俯卧位抬头不能达45°，下肢僵硬，换尿布困难，肌张力低下，身体发软，自发运动减少，单侧肢体活动比对侧减少。

◆ 4月龄坐位时头向后仰，不会转头向声源，手紧握拳不松开，俯卧位不能抬头，下肢屈曲，臀高于头。

◆ 5月龄不会翻身，不会用手将物品放进嘴里。

◆ 6月龄不会扶坐，不会主动拿物体，不会笑出声，发音少，对照顾他的人漠不关心。

◆ 6～7月龄迈剪刀步（迈步时两腿交叉）。

◆ 8月龄不会独坐，不会双手传递玩具，不会区分生人和熟人，听到声音无应答。

◆ 10～12月龄不会爬，不会扶站和扶走，不会用拇指、食指对捏抓小物品，不会听语言用动作表示（如用摆手表示再见、用拍手表示欢迎），不能有意或无意地发“妈妈”和“爸爸”音。

◆ 18月龄不会独走，不会有意识地叫“爸爸”和“妈妈”，不会按要求指人或物，不能讲5个单词，不会模仿动作或发音。

◆ 2岁不会扶栏上楼梯（台阶），不会跑，不会使用2个词的句子，无有意义的语言，不会用勺吃饭。

◆ 2岁半走路经常跌倒，兴趣单一、刻板，不会说2～3个字的短语，不会示意大小便。

你如果发现以上情况，及早找有经验的专业医生进行检查，给予正确的评价和指导。

为什么剖宫产儿容易发生感觉统合失调

爸爸妈妈@张思莱医师

我特别想让孩子在9月1日出生，同时对自己生产感到十分恐惧，就想采取择期剖宫手术生产，可是医生告诉我剖宫产儿容易发生感觉统合失调，是这样吗？

表情 图片 视频 话题 长微博 发布

A 近年来，一些剖宫产儿的家长发现自己的孩子似乎比别的孩子更加“活泼好动”，动作不协调；做任何事情没有长性，爱哭闹，情绪不稳定，爱招惹人，不合群；食纳差，饮食起居也没有规律。去医院检查，也没有发现什么健康问题。因此，家长认为是孩子的天性调皮任性而没有在意，直到孩子上学后出现学习困难，表现出一些异常行为，才引起家长足够的重视。专业医生检查认为：以上问题主要是因为感觉统合失调造成的。虽然进行了治疗，但是由于这些孩子失去了早期及时对他们进行恢复治疗的机会，发展到出现严重异常的行为问题，给孩子、家庭和社会带来沉重的负担。

什么叫“感觉统合”？是指人的大脑将从各种感觉器官传来的感觉信息进行多次分析、加工、整合并作出正确的应答，使个体在外界环境的刺激中和谐有效地运作。若人的大脑不能将外界传来的各种感觉信息进行分析和整合，使机体的反应与外界环境不相适应，就会出现感觉统合失调。

据不完全统计，目前，3~13岁的孩子有10%~30%不同程度患有此症，其中剖宫产儿占很大的一部分，因而不得不再一次重新认识剖宫产。

在阴道分娩的过程中，在限定时间内胎儿的肌肤、胸腹、关节、头部均受到宫缩有节奏的、逐渐加强的挤压刺激，产道适度的物理张力的刺激，胎儿必须主动通过狭窄而屈曲的产道。这些刺激信息通过胎儿外周的感觉神经传入中枢神经系统，大脑对这些信息进行分析、加工、整合后发出指令，令胎儿整个身体形成一个圆柱体才能以最佳的姿势、最短的径线、最小的阻力适应产道各个平面的不同形态，顺应产轴曲线而下，最终娩出。在分娩过程中，胎儿接受了人类最早的，也是最重要的、强有力的、大约2个小时的触觉、本体觉和前庭觉的体验和学习的过程。尤其对胎儿头颅的挤压，激活了大脑的神经细胞，这也是胎儿第一次主动参与的感觉统合训练，即触觉和运动觉的统合。

剖宫产属于一种干预性的分娩，胎儿没有主动参与，完全是被动地在短时间内被迅速娩出。剖宫产儿没有分娩过程中被挤压的经历，没有感受这些必要的感觉的刺激，大脑与胎儿的机体所发生的各种动作也没有机会进行整合和反馈，因此失去了人生中最早的感觉学习和第一次感觉统合训练，皮肤的触觉没有被唤醒。因此，剖宫产儿生下来在感觉学习和感觉统合训练方面就存在着先天不足。

剖宫产儿多是独生子女，如果家长娇生惯养，且缺乏科学育儿的知识，没有采取科学的方法进行养育，在抚养过程中存在着过度保护的情况，在孩子各种动作发育的过程中，翻身、摸爬滚打、蹦跳被家长人为剥夺了：该练习翻身的时候不训练孩子；该学习爬的时候没有让孩子学习爬行，却早早地使用上了学步车，缺少了对前庭平衡觉的刺激，日后可能出现动作协调性、平衡感差。语言本来是人类心理交流的重要工具和手段，却因为家长过度满足孩子的需求，孩子缺乏选择性模仿和自发言语实践活动的机会，造成孩子说话晚，以后语言的表达能力也差。家长唯恐自己的孩子在与小朋友玩耍中吃亏、受欺负，将孩子圈在家中与自己一起玩，要知道孩子与人交往的知识和本领是在与小伙伴交往的过程中获得的，这是家庭和父母教育所不能替代的，因此，孩子没有学会与人交往的技巧，造成日后与人沟通能力差，社会适应能力也差。因此说，先天的不足和后天缺乏科学的养育是剖宫产儿容易发生感觉统合失调的主要原因。

我希望你遵从瓜熟蒂落的原则，让胎儿按照自己的成熟时间娩出。至于生产方式还是听从医生的建议选择自然产，承担做母亲该承担的痛苦。

感觉统合失调包括哪些内容

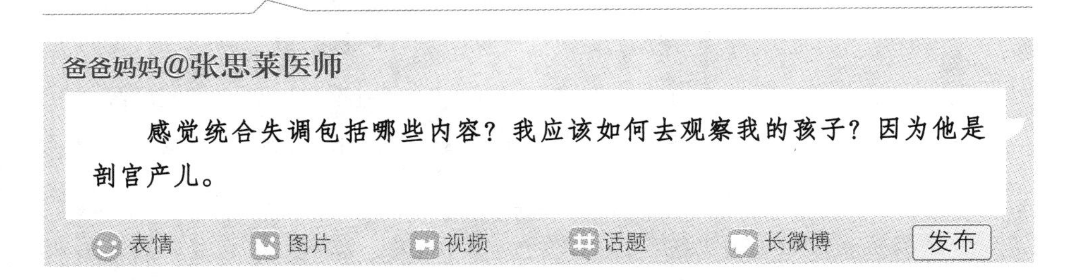

A 感觉统合失调包括听觉统合失调、视觉统合失调、触觉统合失调、平衡觉统合失调和本体觉统合失调等。我通过例子来说明。

一、听觉统合失调

案例：××，幼儿园大班的男孩。老师反映：当老师或小朋友叫他时，他好像没有听见一样；老师讲课时他注意力不集中，记忆力很差，经常忘记家长或老师交代的事，而且丢三落四，让人很操心！很少说话，口齿不清，不会用言语表达自己的想法；不合群，别的小朋友也不喜欢与他玩，经常自己在一旁玩；做任何事总比别的孩子反应慢。

二、视觉统合失调

案例：×××，女孩，小学一年级学生。家长说，孩子入学快1年了，上课注意力不集中，考试成绩总是在60分左右，原因是太马虎：常抄错题、抄漏题，计算粗心；写字时偏旁部首颠倒；常出现看书跳行跳页、漏字或多字少字，平时读课文也是结结巴巴；写字出格，写字过大或过小，落笔过重或过轻；学过的字，学了就忘；从小生活毫无规律，十分难带。

三、触觉统合失调

1.触觉需求过度

案例：李××，男孩，5岁。必须抱着自己的毛巾被、吃着左手中指或食指睡觉，左手食指和中指的指甲已经完全变形；喜欢揪衣服上的毛毛；特别喜欢抚摸、拥抱和亲吻别的小朋友，尤其是女孩，常常被女孩子的家长告状；喜欢黏靠在他人身上；活动量大，似乎有用不完的精力；经常打人、推人；喜欢不停地触摸、玩耍身旁的各种物品，因此他毁坏幼儿园的物品也多；情绪不稳定，容易兴奋也容易暴躁发火。李××在出生不久父母便离婚，后被送往农村的奶奶家，奶奶因年老多病，体力不支从来没有抱过他。

2.触觉迟钝

案例：戴××，消瘦的男孩，3岁。每天送到幼儿园时都比别的孩子衣服穿得多，甚至衣服袖子都要比手长一截。妈妈说戴××出生后由外婆带着。由于孩子从小多病，几乎1个月就生病1次，不是发热咳嗽就是感冒流涕，因此外婆唯恐孩子着凉，很少让孩子到外面玩。戴××在2岁时才学会独立走路，但是走得不稳，经常跌倒或碰撞到墙上。因为拿东西不稳，经常打碎物品。因此外出时，由于担心孩子摔倒，都是由保姆抱着。但是妈妈说，戴××很“勇敢”，吃药打针都不怕，即使碰破头流血也不哭，也不喊疼。戴××自己不喜欢外出，更不喜欢与人接触，所以在幼儿园总是自己玩。

3.触觉过分敏感

案例：黄×，男孩，4岁。上幼儿园半年来，每天早晨来时都哭哭啼啼，妈妈离开时则大哭大闹，不让离开，特别依恋爸爸妈妈。妈妈走后不停地吸吮手指、咬指甲，还喜欢偷偷地玩小鸡鸡；黄×脾气暴躁，性格孤僻，经常招惹别人，也不合群，被他招惹的小朋友不断向老师告状，一些家长也三天两头向黄×妈妈表示不满。对喜欢吃的饭菜吃起来好像没有饱的时候，对不喜欢的饭菜一口也不吃。对幼儿园的老师不信任，不让老师拉手和拥抱，不让洗脸、洗澡或理发，拒绝去陌生的地方，常常表现出紧张不安的情绪。

四、平衡觉统合失调

1.前庭过度敏感

案例：林×，女孩，8岁。自述：我从心里厌烦上学。平时上课总感到要有什么事情发生似的，于是心情特别紧张，注意力不集中，因此课堂的内容基本上学不进去，学习成绩很糟。体育课不愿参加爬高、跳跃、旋转等活动，因为害怕这些活动，常常坚持以自己认为最安全的方式来从事活动，凡是认为自己绝对办不到的事情就会拒绝与同学合作，因此同学都不愿意与我分在一组，我感到很孤单。学校离家远，需要乘公共汽车，但是我晕车，每次到学校后全身很难受，再加上学习成绩不好，父母天天训斥我，我真是不愿意上学！

2.前庭平衡功能失常

案例：××，男孩，4岁。家长讲述：“这个孩子在幼儿园特别好动，不安分，喜欢捉弄小朋友，常常给我惹事。集体游戏时不听老师讲课，经常自己转圈跑。喜欢爬高，因此常常磕碰跌伤。自己还喜欢原地打转。到现在还分不清左右，因此衣服、鞋子常常穿反。这个孩子脾气非常坏，特别自私，凡是自己喜欢吃的食品和玩具从来不会分给别人。在家里挑食拣饭，不对心思就大哭大闹，很难伺候，有时我真的好烦。他从小由外婆照顾，因为外婆家狭小没让他学爬，从6个月就开始用学步车。”

五、本体觉统合失调

案例：××，男孩，7岁。家长反映孩子非常聪明，2岁时家长开始教他认字、数数，3岁时已认识100多个字，还会背诵20首唐诗。由于他的父母都是博士生，认为遗传基因好，孩子的智力应该早期开发，因此每天总要教孩子学习很多东西，基本上没有玩耍的时间。但是上学后由于手脚笨拙，动作极不协调，不会拍球，不会跳绳……同学都不愿意与他玩。上体育课或者课间活动中，只要玩“捉迷藏”，蒙上眼睛他就摔跤，因此常常引起同学哄堂大笑。老师也经常批评他“站无站相、坐无坐相”。更糟糕的是，至今他还经常迷路回不了家，同学们的嘲笑使他更加自卑，从来不愿意参加任何集体活动。

皮肤科疾病

孩子身上哪些常见皮疹需要注意

爸爸妈妈@张思莱医师

最近网上论坛里的妈妈都在问孩子出皮疹的事情，您能不能给我们简单叙述一下我们该如何初步地掌握一些皮疹的鉴别，也好根据轻重缓急及时去医院，不耽误病情？

表情　图片　视频　话题　长微博　发布

皮疹是儿科疾病最常见的一种体征，因皮疹的形态、分布以及出疹前后机体的不同表现，可以对皮疹进行鉴别诊断。虽然家长不是医生，但是根据以下一些症状，还是可以掌握一二，根据轻重缓急及时请医生进行诊治是有必要的。

一、发热的皮疹

1.幼儿急疹

幼儿急疹是婴幼儿常见的发疹性疾病，可能是病毒感染引起的传染病。患儿主要以6个月至2岁的婴幼儿为主，6个月至1岁最为多见。此病一年四季都可发病，以冬、春季为多。一般感染1次，感染2次少见。潜伏期8～14天，为散发病例，不具有流行性。

临床表现：

◆ 发热，可以高热达39℃～41℃，一般持续3～5天，个别的孩子可能高热惊厥。

◆ 热退疹出是本病的特点。皮疹多为不规则的斑点状或斑丘疹，用手按压皮疹可以褪色。全身均可以见皮疹，多是从颈部和躯干向四肢发展，前臂、小腿和手足极少见皮疹。一般1～2天消退，不留痕迹。

◆ 同时有的孩子还伴有呼吸道和消化道的症状。颈部的淋巴结可能肿大，尤其是耳后或枕后淋巴结增大更为明显。

实验室检查：血常规中白细胞正常或偏低，分类中淋巴细胞增高。

治疗：

◆ 多喝水，休息好，饮食注意营养搭配，屋内每天通风换气2次以上。

◆ 如果孩子发热可以采用物理降温，体温达到38.5℃可以用退热药，如果达到39℃建议去医院就诊，如果出现烦躁或者惊厥可以用镇静药。

幼儿急疹在发病初期（皮疹没有出来前），医生往往不能做出诊断，只有皮疹出现医生才能明确诊断，一旦皮疹出来疾病也就要痊愈了。此病愈后良好，家长不必担心。

2.风疹

风疹是因风疹病毒感染所致、儿童期常见的急性流行性传染病。风疹通过呼吸道飞沫或接触传播，传染源可能是已经感染的病人，也可以是没有发病但已是病毒携带者和胎内感染的新生儿。多在冬、春季发病，可以在集体中流行。一般潜伏期是10～21天，其传染期从发病前几天开始至发疹后5～7天结束。

临床表现：

◆ 发热：多为中等热度，少见有高热，持续1～2天，发热3天的少见。有的孩子同时伴有咳嗽、咽痛、流涕、头痛、呕吐、结膜炎。

◆ 发热1～2天面部出现皮疹，之后出疹迅速遍及全身，包括手足心均可见。皮疹色淡，略高于皮肤。皮疹一般早则在出疹后2～3天消退，多则4～5天。以面部皮疹先消退，个别病人在疹退后遗留色素斑。

◆ 耳后、颈部及枕后淋巴结肿大，出疹前即有肿大者对早期诊断有帮助。随着病情好转，淋巴结逐渐消退。

本病可以并发中耳炎、支气管炎、脑炎、肾炎以及血小板减少性紫癜。

血常规检查：白细胞正常或者偏低，分类中淋巴细胞早期减少，晚期增加。

治疗：

◆ 发热时可以多喝水，吃清热解毒的中药。如果体温高于38.5℃可以用退热药。

◆ 其余对症处理。

◆ 屋内要做好通风换气，注意卧床休息，进食一些好消化的食物。

目前我国1岁的孩子已经接种风疹疫苗（或者麻风腮三联疫苗），保护率达95%，效果可持续7年以上。疫苗接种后6～8周保护抗体达到高峰，6～7岁、12～13岁、18～19岁各加强1针。

本病隔离从发疹至出疹5日后。发病1周左右可检测到抗风疹病毒IgM抗体。预后良好。

注意患儿不能接触孕早期妇女，一旦妊娠3个月内的准妈妈感染，其对胎儿的严重危害往往是不可逆的，容易引起胎儿畸形、白内障、青光眼、先天性心脏病、耳聋、严重智力障碍以及其他一些中枢神经系统损伤。

3.麻疹（参看后文“为什么2个月的孩子出了麻疹”）

麻疹是婴幼儿常见的呼吸道急性传染病，传染性极强。病原体为麻疹病毒。患过麻疹的孩子可以获得终身免疫。麻疹患儿是唯一的传染源，主要通过呼吸道飞沫传染或者通过第三者作为媒介进行传染。一年四季都可以发病，晚春最多。潜伏期6～18天。

临床表现：

◆ 发疹前3～4天，可见高热、流涕、结膜炎、流泪、轻咳，口腔内可见口腔麻疹黏膜斑，这一表现最具有早期诊断价值。

◆ 发热第四天，出现皮疹，先见于耳后，继而从头往下逐渐出现皮疹：发际、颈部、脸，然后遍及全身，最后达四肢。皮疹大小不等，呈暗红色。疹出2～5天后皮疹按出疹顺序从上向下逐渐消退。

◆ 如果发疹不透，或者高热不退，容易出现并发症，如喉炎、肺炎、脑炎、中耳炎、心肌炎等。

血常规检查白细胞总数稍增高，淋巴细胞减少，中性粒细胞增高。

治疗：

◆ 在家卧床休息，室内空气新鲜，吃好消化的食物，不要直接吹风。

◆ 做好眼、鼻、口腔护理，不能急于降温，最好采取物理降温。

◆ 可以在医生指导下用透疹的中药。

◆ 病情有变化及时去医院就诊。

目前我国规定在孩子8月龄的时候可以接种麻疹疫苗，或者18月龄接种麻风腮三联疫苗。

4.猩红热

猩红热是一种急性呼吸道传染病，以发热、咽炎及皮疹为特征。多发生在温带，热带极少见。一般在冬、春季较多，经过飞沫传播，也可以通过玩具和一些物品间接传播。6月龄以内的婴儿很少患此病，此病好发于2～10岁的孩子。潜伏期1～7天，一般为2～5天。

本病重在控制感染的扩散，所以患儿应隔离至咽部炎症消退，一般为7天。密切接触者一般不需要隔离，但是要密切观察，发生感染立刻隔离，并且口服消炎药。

临床表现：

◆ 发热：轻症为低热，1～2天降至正常；重症体温可达40℃以上，1周内退热。

◆ 体征：一般在发病1～2天出现皮疹，出皮疹的顺序：耳后及颈部→躯干→四肢→全身。皮疹略突出皮肤，为弥漫性针尖大小，压之褪色，去掉压力皮肤很快恢复原样，摸起来很像摸砂纸一样的感觉，在腋下、肘部、腹股沟以及臀部可见横线状疹。1周后皮疹脱屑，轻症皮疹不典型。初期舌苔为灰白色，舌体边缘充血水肿，发疹后3～4天舌苔脱落，舌体呈成熟的草莓状。

血常规化验：白细胞总数及中性粒细胞增高。

治疗：

◆ 卧床休息，防止继发感染。可以进食流食或半流食，每天用淡盐水含漱数次。脱屑时如果皮肤瘙痒，可以外用炉甘石洗剂。

◆ 青霉素或阿莫西林是首选治疗药物。如果对青霉素过敏，可以口服红霉素。疗程7～10天（中途停药很可能复发）。

病后3周应该经常检查尿和心电图，及早发现并发症，如肾炎或心肌炎。

皮疹呈水疱疹或转为水疱疹。

5.水痘

水痘是常见的、较轻的、通过接触或飞沫传染的急性病毒性传染病。初次感染是水痘，再次感染可出现带状疱疹。多见于6月龄以后的各个年龄段，孕晚期也可以通过胎盘传给胎儿，造成新生儿期出水痘。冬、春季发病多见，为高传染性疾病（从发病前1～2天，可持续到所有水痘干瘪结痂都具有传染性）。一般1次发病终身免疫。潜伏期11～24天。

临床表现：

◆ 发热一般在39℃以下。

◆ 发热当天即可出皮疹，为水疱样皮疹；也有的在发热1～2天后出现，以躯干、头皮多见，进而发展到面部、四肢。一般丘疹、疱疹、结痂的疹子同时存在。有的孩子口腔、咽部和结膜也可以见红丘疹。

本病偶见脑炎、多发性神经根炎、肺炎、败血症。

血常规检查白细胞正常，分类也没有变化。

治疗：

◆ 发热应多喝水，可以吃退热药，如泰诺林（记住：不要给孩子吃阿司匹林或含水杨酸成分的药物，这些药物容易增加瑞氏综合征的风险）；吃易消化的食物；保持皮肤清洁，可以洗澡，勤换衣服，以预防继发细菌感染。不要抓破水疱，以防感染。只要水疱不破，一般痊愈后不留疤痕；如果抓破水疱，容易感染皮肤，可能留下小的疤痕。

◆ 可以吃抗病毒药物，如阿昔洛韦，或者注射维生素B_{12}。

目前可以使用水痘疫苗预防。此疫苗为减毒活疫苗，免疫系统功能比较弱或者有免疫缺陷的孩子不要接种此疫苗。12～15个月时接种第一针，然后4～5岁加强1针。目前水痘疫苗已进入我国扩大免疫疫苗接种程序。

6.手足口综合征（请看本书第116页“如何护理、治疗与预防手足口病”有关内容）

7.单纯疱疹

单纯疱疹是由单纯疱疹病毒，通过人们聚集、密切接触和皮肤黏膜创伤传播，成人是通过性接触感染引起的，主要累及皮肤、黏膜、眼睛和中枢神经系统。小婴儿或有免疫缺陷的病人，一旦感染可发生严重的全身疾患，甚至危及生命。而且有的人感染单纯病毒不见得马上发病或者没有治疗彻底，其病毒在身体中潜伏下来，一旦遇到内外环境的改变，病毒就会被激活而发病或再次发病。

临床上主要表现在小儿皮肤、黏膜可见聚集几个薄壁的水疱，7～10天破溃、生痂、愈合。可以发生急性疱疹性口腔炎、复发口腔炎和唇疱疹、疱疹样湿疹、眼部感染、生殖器疱疹，中枢神经系统感染而引起脑膜脑炎，新生儿往往从产道（产妇有生殖器疱疹史）获得感染。一些免疫缺陷患儿感染可扩散，危及生命。

目前主要是进行抗病毒治疗，具体治疗方案要遵医嘱。其预防措施主要是避免皮肤与黏膜创面暴露。

8.川崎病（黏膜淋巴结综合征）

这是一组以全身血管炎为主要病变的急性发热出疹性小儿疾病。目前发病原因并不明确，近年来发病率有增高的趋势。

本病主要侵犯5岁以内的小儿，多见于6月龄至1岁半的孩子。主要表现为持续发热7～14天或更久，体温常在39℃以上；双侧眼结膜充血，口唇潮红并有皲裂或出血，杨梅样舌，口腔及咽部黏膜弥漫性充血；手足呈硬性水肿，手掌和足底出现潮红。发热2～3天皮肤出现弥漫性充血性斑丘疹或多形红斑样或猩红热皮疹，10天后出现具有特征性指（趾）端大片状脱皮，同时出现急性非化脓性颈淋巴结肿大。此病使用抗生素治疗无效。

本病分为3期，第一期为急性发热期，病程2周内；第二期为亚急性期，一般病程为3～4周，多数体温下降，症状缓解，指（趾）端出现大片状脱皮且血小板增多；第三期为恢复期，5周以后至数年。

绝大多数川崎病预后良好，经过正规、适当、系统的治疗，2～3个月可逐渐康复，只有极少数患儿可发生冠状动脉瘤。

本病治疗主要是阿司匹林、大剂量的丙种球蛋白和皮质激素类药物。

二、不发热的皮疹

◆ 痱子（请看《张思莱育儿微访谈：爸爸妈妈最想知道的事（养育分册）》有关章节）。

◆ 丘疹性皮疹（请看本书第120页“玩水和沙土会引起皮疹吗”）。

◆ 湿疹、荨麻疹（请看本书第179页有关内容）。

◆ 出血性皮疹：包括过敏性紫癜、血小板减少性紫癜、白血病。

1.过敏性紫癜

过敏性紫癜是以毛细血管和小动静脉为主的变态反应性疾病，主要以皮肤紫癜、胃肠道症状、关节肿胀以及肾脏损伤为临床表现。

孩子在发病前1～2周有上呼吸道感染的病史。皮肤紫癜躲在四肢伸侧、关节周围，下肢以臀部多见，一般两侧对称。皮疹初为淡红色，以后转为紫色或棕色，同时可能还伴有荨麻疹等关节肿胀疼痛；常常伴有腹痛、呕吐，出现血便或者大便潜血阳性。化验室检查血小板正常，出血时间、凝血时间均正常；出血严重者有可能贫血；可见蛋白尿或血尿。血沉增快、C反应蛋白阳性、血浆IgA增高。

治疗：避免接触过敏源；如果因链球菌感染引起上呼吸道感染需要抗生素治疗，同时采用肾上腺皮质激素治疗。具体应咨询诊治医生。

2.血小板减少性紫癜

见本书第101页“孩子患的是血小板减少性紫癜吗”。

如何护理、治疗与预防手足口病

爸爸妈妈@张思莱医师

我的宝宝2岁9个月，已上幼儿园。和他密切接触的一个小朋友这两天有些发热，并且发现口腔内和手上有疱疹，医生诊断为手足口病。我家宝宝该如何预防？如何密切观察？

表情 图片 视频 话题 长微博 发布

A 手足口病已经被卫生部列入丙种传染病。病原体主要是20多种肠道病毒，其特点是传染性强、隐性感染比例大、传播途径复杂、传播速度快，在短时间内可造成较大范围的流行，疫情控制难度大。其中肠道病毒EV71型感染引起的手足口病潜伏期短，发生重症的比例比较大。2008年的安徽阜阳手足口病疫情主要就是这种病毒。

手足口病的传染源是病人或健康的带病毒者，一般经过粪便或者呼吸道飞沫传播，也可经过接触病人皮肤、黏膜疱疹液而感染，病人粪便、疱疹液和呼吸道分泌物及其被污染的手、毛巾、手绢、牙杯、玩具、食具、奶具、床上用品、内衣以及医疗器械等均可造成本病的传播。发病后1周内传染力最强。患者在发病1～2周自咽部排出病毒，3～5周从粪便中排出病毒。疱疹液中含大量病毒，疱疹破溃时病毒即溢出，是造成流行的重要原因。人对肠道病毒普遍易感，显性感染或隐性感染后均可获得特异性免疫力，持续时间目前尚不明确。病毒的各型之间无交叉免疫。

一、手足口病发病时的表现

◆ 发病初期，主要症状是发热，体温一般在38℃～39℃之间，伴有嘴角痛、咽喉痛、流口水、不爱吃东西等症状，与上呼吸道感染很像。

◆ 1～2天后，孩子的手上、脚上、臀部和口腔内颊部、舌、口唇内侧等处可出现红色斑点，斑点逐渐发展成为疱疹，疱疹破溃后形成溃疡，疼痛异常。因此，患手足口病的孩子常因嘴痛而影响吃奶、吃饭、哭闹不安。

◆ 绝大多数患儿的疱疹在3～4天后可自行消退，不留痂也不脱屑，无并发症者1周左右即可治愈，预后良好。

◆ 极少数患儿出现呼吸系统、中枢神经系统损害，引起心肌炎、肺水肿、肺缓性麻痹、病毒性脑炎、病毒性脑脊髓膜炎等。个别重症患儿病情进展快，导致死亡。

二、手足口病的治疗

目前对手足口病尚无特异的治疗方法，临床主要是对症治疗：

◆ 服用抗病毒的药物或清热解毒的中成药。保证患儿有足够的休息。

◆ 若有发热要多喝水，体温高于38.5℃也可口服退热药。

◆ 保持局部清洁，避免细菌的继发感染；破溃处可用金霉素鱼肝油，以减轻疼痛及促使糜烂面早日愈合。

◆ 因口腔有糜烂，小儿吃东西困难，可以给易于消化的清淡的流食或半流食，避免引起疼痛而拒食。定时让患儿用温水冲漱口腔。

预防措施：

做好儿童及家庭的卫生、隔离病儿是减少感染和预防本病的关键，对幼托机构来讲更是特别重要。

◆ 教育孩子养成良好的卫生习惯和饮食习惯，饭前便后、外出后要用肥皂或洗手液给孩子洗手。不要让儿童喝生水，吃生冷食物，剩饭、剩菜要完全加热后才能食用。

◆ 家长应做好室内外的清洁卫生，家庭成员的衣服和被褥要在阳光下暴晒，房间每天最好通风换气2次，每次30分钟。尽量少带孩子去公共场合，特别是避免与其他有发热、出疹性疾病的儿童接触，减少被感染的机会。

◆ 看护人在接触儿童前、替孩子更换尿布时和处理粪便后均要洗手，并妥善处理污物。婴幼儿使用的奶瓶和奶嘴使用前后要充分清洗，进行消毒。

◆ 哺乳母亲要勤洗澡、勤换衣服，喂奶前要清洗奶头。

◆ 注意合理搭配孩子的营养，还要让孩子休息好，适当晒晒太阳，增强自身的免疫力。

◆ 孩子出现相关症状要及时到医疗机构就诊。在家中治疗服药的孩子不要接触其他儿童，父母要及时对患儿的衣物进行晾晒或消毒，对患儿粪便及时进行消毒处理。轻症患儿不必住院，宜居家治疗、休息，以减少交叉感染。

◆ 托幼机构、小学等集体生活学习的场所要做好晨间体检，发现有发热、皮疹的孩子应立即要求家长去医院就诊，同时报告相关部门。患儿应在家中休息，不宜再继续上学。要立即对玩具、被褥、桌椅进行消毒，同时做好食堂、卫生间、教室等的消毒处理，保持教室和寝室等活动场所通风换气。

为什么2个月的孩子会出麻疹

爸爸妈妈@张思莱医师

我的孩子刚2个月，是纯母乳喂养。可是1周前，孩子开始发热，流涕，流眼泪，眼睛发红，眼屎多，3天后全身出现红色皮疹。去医院看病，医生说孩子是出麻疹。很多医学刊物上都说8个月以内的孩子因为从母体中获得抗体，不会感染麻疹，而且从母乳中还能够获得免疫物质，为什么我的孩子会出麻疹呢？

表情　图片　视频　话题　长微博　发布

A 一般来说，胎儿从母体获得的麻疹抗体到出生后8个月才消耗完，所以在8个月以前可以保护婴儿不患麻疹。但是由于有的妈妈没有患过麻疹，而且也没有接种过麻疹疫苗，或者接种了麻疹疫苗但没有按规定加强接种，因此母亲体内可能没有麻疹抗体或者麻疹抗体效价已经消失或降低，所以孩子没有从母体中获得麻疹抗体，又由于还没有到麻疹的接种日期，所以一旦接触到传染性极强的麻疹病毒很难抗拒。一般这样的孩子（易感儿）接触了麻疹病毒后90%以上都会发病，甚至新生儿也会因为妈妈没有患过麻疹，未从母体获得麻疹抗体而感染麻疹。

麻疹一年四季都可发病，一般春末多见，冬天较多，夏秋少见。因此预防麻疹是关键：

◆ 每天室内要通风，因为麻疹病毒不易在体外生存，一般在户外流动空气中20分钟就不会散播传染了。

◆ 不要到公共场合和人口密集的地方去，也不要互相串门，防止传播麻疹病毒。

◆ 如果家中的人没有患过麻疹，或者已经过了免疫保护期，要去当地卫生防疫部门进行接种麻疹疫苗。

◆ 如果家周围有人患有麻疹要注意隔离。麻疹自身在出疹后第六天就没有传染性了，不必再隔离，但是如果出现麻疹的并发症，就要延长隔离到出疹后第十天。

目前我国采用的麻疹疫苗是一种减毒活疫苗，通过接种让这些毒性很弱的病毒进入人体并使之产生抗体。科学家的大量调查和研究发现，婴儿从8个月开始接种麻疹疫苗，其保护率比提前接种要高得多。所以我国规定，孩子从8个月开始接种麻疹疫苗，1岁半时再加强1次。麻疹疫苗接种后所产生的免疫力会持续4～6年，并不能保持终身。为了达到持久的免疫目的，我国还规定孩子在6～7岁、12～13岁、18～19岁各加强1针。

被蚊虫叮咬如何处理

爸爸妈妈@张思莱医师

我的孩子到公园游玩，被蚊虫叮咬后不停地喊痒并且皮肤红肿，家里有人让用牙膏涂抹，可以吗？应该如何处理？

表情 图片 视频 话题 长微博 发布

A 孩子被蚊虫叮咬后，蚊虫释放出毒素如蚁酸，孩子的皮肤比较娇嫩，很容易在叮咬的部位出现丘疹，甚至有的孩子出现水疱，医学上叫作“丘疹性荨麻疹”。如果是过敏体质的孩子还有可能在远离叮咬的部位出现皮疹，引起孩子奇痒而抓挠，甚至抓破皮肤。对此可以外用炉甘石洗剂、曼秀雷敦薄荷膏止痒，也可以用无极膏、艾洛松、皮炎平等软膏止痒，抗过敏。严重过敏的孩子可以短期服用泼尼松。不建议使用牙膏止痒，尤其有皮肤破损的地方更要慎用。

孩子小屁屁红红的怎么办

爸爸妈妈@张思莱医师

我的孩子2个月零10天，因为母乳不够，添加了配方奶。最近因为我给孩子更换其他品牌的配方奶，孩子不适应引起腹泻，孩子的小屁屁沤得红红的，脱了一层皮。而且由于天气热，孩子的皮肤皱褶处都“淹”了，也是红红的，怎么办呀？

表情 图片 视频 话题 长微博 发布

A 你的孩子腹泻后未得到及时处理而引发臀部表皮沤烂，是因为大便中产氨杆菌放出氨，刺激臀部皮肤，同时在其他细菌或酸性大便的刺激下，婴儿皮肤的表皮和真皮之间结构不紧密，表皮角化发育不全，引起臀红（又叫“尿布皮炎”）。严重者局部可发生表皮脱落、糜烂，甚至形成溃疡，蔓延整个臀部、生殖器以及大腿。孩子皮肤皱褶处所谓的被“淹”实际上就是医学上称的“擦烂”，又叫“间擦疹”，由于局部皮肤皱褶处潮湿，不卫生，炎热，容易引起表皮剥脱、糜烂，严重者激发细菌感染。

那么如何预防和处理呢?

◆ 勤洗澡，保证1天1次，夏天天气炎热时可以1天2～3次。有条件的室温应保持在24℃～26℃。保持皮肤干爽。

◆ 勤换尿布。每次大小便后要清洗臀部，臀部最好涂抹5%的鞣酸软膏或40%的氧化锌油膏。5%鞣酸软膏具有收敛、润滑作用，但是对于大面积臀红或者皮肤破溃时不建议大面积和长期使用。因为大面积或者长期使用鞣酸软膏可使其由创面吸收而使人发生中毒，并加深创面，延缓愈合。所用尿布应为柔软、吸水强的棉布或者渗透能力强、透气的纸尿裤。如果使用布尿布需要勤换，清洗干净，最好开水煮沸然后晾晒或者晒干后用熨斗熨烫消毒。如果采用一次性尿裤，一定要选用著名厂家的产品，并做到小便后随时更换。

◆ 臀红或擦烂，轻者可以外用炉甘石洗剂或使用臀红膏；重者，即像你的孩子这样，应该局部清洗干净，裸露臀部，可以外用5%的糠馏油糊剂，1天涂抹2次，也可以用灯光（40瓦～60瓦）照射，使其干燥，或者用电吹风吹干（注意灯和电吹风的温度和距离，不要烫伤孩子）。如果继发感染，局部可以应用抗生素药膏。

玩水和沙土会引起皮疹吗

爸爸妈妈@张思莱医师

我的孩子已经3岁4个月了，这2天孩子的手腕和手背出现很多粟粒样皮疹，还有水疱，孩子感到十分刺痒，一直抓。孩子说：“因为天热，阿姨让我们玩水、玩沙土了。”请问，玩土、玩沙子会引起皮疹吗？怎么处理？

表情 图片 视频 话题 长微博 发布

A 你的孩子可能患的是沙土皮疹，又称“丘疹性皮疹”“摩擦苔藓样疹”。此病是婴幼儿常见病和多发病，一年四季都可以发病，但多见于春、夏季。由于孩子的皮肤娇嫩，长时间接触沙土、水、地毯，多次在粗糙的羊毛毯上爬行，或因为玩水、玩沙的多次刺激，不断地摩擦，使得指（趾）节、肘部、膝部、手腕和手背皮肤表面的保护屏障受到破坏，防御能力降低，尤其是天气炎热时孩子出汗，导致皮肤发炎，形成皮疹。轻的出现皮疹，重的可以出现局部皮肤肿胀、糜烂、渗出。此病好发于孩子的腕部、手背，有的也会在孩子的前臂、大腿、臀部出现。

因此建议孩子缩短接触沙土、水、地毯和粗糙的羊毛毯等物品的时间。虽然沙土和水是孩子的好玩具，但还是要建议夏天每次玩的时间不要太长。

本病是自限性疾病，不经过治疗4～6周也可以自愈。对于已经出皮疹的孩子，按医嘱处理可以缩短病程，一般2周便会痊愈，以后避免接触可以防止复发。

◆ 局部外用氧化锌软膏，口服维生素C。也可以使用中低效激素霜膏外敷。

◆ 如果孩子痒得比较厉害，可以口服抗组织胺药物，如扑尔敏（氯苯那敏）、非那根（异丙嗪）、息斯敏（阿司米唑）等。

◆ 如果有糜烂或渗出，可以将化毒散用水调后外用。

◆ 如果已经感染，应及时请医生处理。

孩子得了疥疮怎么办

爸爸妈妈@张思莱医师

我的孩子得了疥疮。我平时很注意卫生，他究竟是如何感染的？如何治疗？

表情 图片 视频 话题 长微博 发布

A 疥疮是由于疥虫（亦称“人型疥螨虫”）引起的接触性传染病。疥螨可以寄生在人的皮肤内，是通过与疥疮患者密切直接接触，如同睡一床而传染的；也可以通过患者所用衣物、毛巾等间接传染，但少见；偶见通过接触患疥疮的动物而感染。如果不注意预防可以在散居婴幼儿和小儿集体机构中流行。

疥疮好发于皮肤薄嫩或潮湿处，如指间、腋下、臀下、四肢的屈曲部位、脐周和外阴，婴幼儿常可以波及面部、手掌和足底。局部可见硬结和丘疹，常常表现剧烈瘙痒，处理不当还可以合并感染。

得了疥疮一定要及时治疗，患儿需要到医院皮肤科就诊，按照医嘱坚持用药：给患儿洗热水澡，然后可以用5%硫黄软膏涂满全身，尤其是皮肤皱褶处，甚至手指间。一般连涂3～5天，然后才洗澡。换上消毒过的衣物，并将换下来的衣物、被褥等用开水烫洗或煮沸消毒。治疗一定要坚持整个疗程，不要半途中断。患儿家人需要注意消毒隔离。如果家中有其他人患病需要同时治疗。

如何区别脓疱疮与水痘

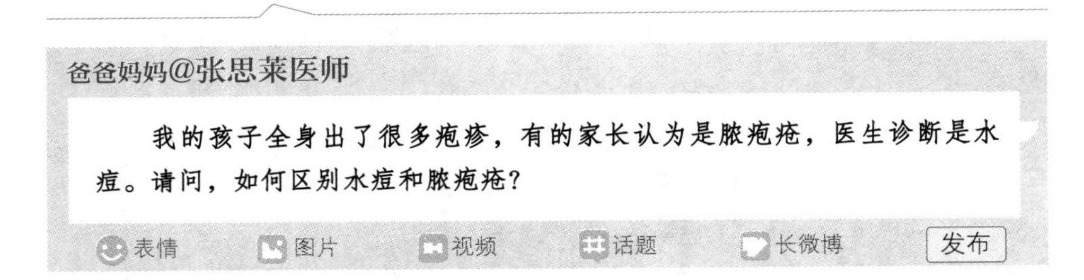

A 水痘是一种常见的、由水痘—带状疱疹病毒感染的疾病，一年四季都可以发病，多见于冬、春季，传染性非常强，对易感人群的感染率在90%以上。水痘主要是通过空气飞沫、经过呼吸道传染，也有的是因为接触被患者痘内胞浆污染的物品或者母婴垂直传播而感染的。水痘主要表现为发热、头痛、食欲下降，皮疹呈向心性分布，以躯干、头、腰及头皮处多见，四肢稀少。皮疹初为丘疹或红色小丘疹，数小时或1天转为椭圆形、表浅的、有薄膜包围的露珠状疱疹，周围有红晕，大小不等，水痘处剧烈瘙痒，抓后可合并感染。数日后疱疹逐渐变干，中间凹陷，最后结痂脱落，一般不留痕迹。斑疹、丘疹、疱疹、结痂等不同形态皮疹同时存在，是最典型的水痘疹。水痘一般需要隔离治疗，疗程7天，或48小时或更长时间无新皮疹出现，皮疹完全结痂变干后才能解除隔离。目前已有水痘疫苗，血清抗体阳转率为94.1%。

脓疱疮俗称“黄水疮”，多由葡萄球菌、链球菌或者两种细菌混合感染引起。温度高、湿度大、气压低、外伤、搔抓，或者小儿免疫能力低下等因素均可诱发本病。脓疱疹传染性很强，传染方式主要是通过人和人直接接触，或者通过搔抓感染部位造成自身传播，也可以通过接触病人使用的物品进行传播，进而蔓延至全身。1～5岁为高发年龄。

临床表现为皮肤出现红色斑点，或黄豆大小丘疹、水疱，很快变成脓疱，易破溃，干燥后结成脓痂。此病处理不当可并发败血症、肺炎或脑膜炎、肾炎等，因此建议及时请医生诊断治疗，并遵医嘱执行。同时注意修剪孩子指甲或用手套防护，以免孩子抓破皮肤引起其他感染。病程1周左右，如不及时治疗，可迁延甚久。托幼机构一旦发现患儿，要及时做好隔离和消毒工作。

脚趾间脱皮怎么办

爸爸妈妈@张思莱医师

我的宝宝1岁3个月了，近来发现他的脚趾间脱皮。有问题吗？怎么办？

表情　图片　视频　话题　长微博　发布

A 如果宝宝脚趾间单纯脱皮，需要给孩子穿透气好的鞋袜，以全棉材质为好；勤洗脚，擦干趾间水分，保持脚部干爽，并且注意孩子所用物品与家人所用物品分开。如果宝宝脚趾间脱皮同时伴有糜烂，需高度警惕真菌感染，应及时去医院就诊。如果确诊为足癣，必须治疗彻底：孩子所用袜子、毛巾需煮沸消毒。遵医嘱，即使症状完全消失，抗真菌外用药物也必须坚持用一段时间才能彻底痊愈。

孩子的头发为什么又黄又稀

爸爸妈妈@张思莱医师

我的宝宝已经1岁了，可是头发又黄又稀而且还发干。是不是孩子有什么病，或者缺乏什么营养呢？

表情　图片　视频　话题　长微博　发布

A 正常的头发可以分为毛干和毛根两部分。毛干是裸露出皮肤以外的部分，毛根是埋藏在皮肤以内的部分。毛根的末端为毛囊，含有结缔组织、毛细血管及神经，用以营养头发。同时每根毛干从中心向外有髓质和皮质，并含有多层细胞，内含有黑素，黑素呈颗粒状或溶解状分布在细胞内，决定着头发的颜色。新生儿的头发有显著的个体差异，有的孩子出生时头发很少，有的孩子可能很浓密，但是此时头发的颜色和稀疏并不决定以后头发的特点。新生儿在出生后1个多月胎毛脱落又生新毛，大部分胎毛会在6个月内脱落，然后被成熟的毛发所代替。小儿一直到3岁不断地有不规则的脱发，可能与头发生长的周期有关，这属于生理性脱发。同时皮肤上的皮脂腺多半在毛囊上1/3处与之相连并开口其中，分泌皮脂保护皮肤及头发不受气候、微生物以及化学物质的损害，保持头发的光泽。成熟的毛发的发质和发色与胎毛可能有很大的区别。

这里要提醒大家注意，一部分小婴儿出生后1～2个月，由于卧位枕部受压以及摩擦，会造成孩子大量脱去胎毛，形成枕秃，这不一定是佝偻病的枕秃，不要误认为是缺钙引起的，而盲目给予钙剂治疗。这种非缺钙性枕秃会随着孩子发育逐渐改变，孩子的头发会浓密起来。

当然，由于营养供给不足也会影响孩子头发的色泽。因为营养好坏可影响头发基质细胞的繁殖，形成新的毛根和毛囊，影响头发的生长速度、生长密度以及头发的质量。因此必须保证孩子的均衡营养，包括蛋白质、脂肪、维生素的摄入，也包括一些矿物质，如铁、锌、钙等的摄入对于毛发的发质和色泽也是很重要的。

但是，也有一些疾病可造成毛发颜色的改变：

◆ 苯丙酮尿症：由于体内缺乏苯丙氨羟基化酶而发病，造成毛发色淡。

◆ 家族性遗传性皮肤综合征：患儿身材矮小，毛发稀少，幼年性白内障。

孩子脚指甲怎么往肉里长

爸爸妈妈@张思莱医师

我家宝宝7个月了，两个大脚趾指甲往肉里长，还向上翘，指甲两个边角几乎与脚面垂直了，前一阵子大脚拇指两边还红肿，现在不红了，有点脱皮。请问，我该怎么办？这样对宝宝走路有影响吗？

表情 图片 视频 话题 长微博 发布

A 你说的这种情况医学上叫作“嵌甲”，产生的原因有两个：一是婴幼儿经常穿瘦小的或者过于宽松的鞋子和袜子。瘦小的鞋子或袜子将脚趾的软组织挤向指甲，造成嵌甲；过于宽大的鞋子或袜子造成脚趾活动时摩擦，也容易形成嵌甲。二是家长将孩子的脚指甲的两个边角修剪得过短，孩子就有可能得嵌甲。这是因为家长习惯在给孩子修剪脚指甲时，愿意将指甲的两个边角修成弧形，以符合脚指甲的形状；或边缘修进去太深，指甲边缘就会压入甲沟的软组织里。实际上这样做反而会刺激脚指甲向两侧的皮内生长，这时脚指甲的边缘可内翻伸入造成嵌甲。所有的脚趾都有发生嵌甲的可能，但拇趾发生嵌甲的机会最大。由于嵌甲造成局部受损，因此发生疼痛、肿胀、触痛。甲沟处易于积藏污垢，便于细菌的繁殖，造成感染，感觉非常疼痛，严重者可有脓液流出，形成甲沟炎。如果已经发生了嵌甲或者甲沟炎，在家里，每天将婴幼儿的脚浸泡在温肥皂水中数次，将嵌甲从皮内抬起，在脚指甲和皮肤之间塞入棉花或油纱，每日更换。如果感染严重应及时去医院，请医生处理，应用抗生素治疗。一般来说，如果处理得当，不会影响孩子走路的。

为了预防嵌甲和甲沟炎的发生，家长要懂得如何正确给婴幼儿修剪脚指甲。

◆ 可以将脚指甲修剪成平直的样子而不是圆形，以降低嵌甲的发生。脚指甲的长度应超过脚趾的皮肤。每一个脚指甲的顶端都呈直线形。

◆ 应该给孩子选择合适的鞋子和袜子，保证不要瘦小或者过于宽松。

◆ 注意不要让孩子或者他人抠、挖、撕孩子的指甲。

血管瘤需要手术吗

爸爸妈妈@张思莱医师

我的孩子2岁，出生时发现在胸前有一个米粒大小的红痣，家里人没有在意，后来发现这颗红痣逐渐长大，现在已经有1分钱币大小，颜色鲜红，凸出皮肤，好像还有长大趋势。带孩子去医院看病，大夫说是血管瘤，需要手术。

表情 图片 视频 话题 长微博 发布

A 一般来说，血管瘤为小儿特有的、常见的一种先天性皮肤血管良性病变，是新生儿期常见的一种特殊的皮肤病。血管瘤是一种因局部血管壁发育不良，导致毛细血管扩张，扩张的毛细血管相互融合，成先天性皮肤血管良性病变。血管瘤多半发生在皮肤上，如头部、颜面部、四肢表浅部，少数可以发生在脏器上，女婴较男婴多见。常见的有单纯性毛细血管瘤（草莓状血管瘤）、海绵状血管瘤、混合型血管瘤、鲜红斑痣（胎记）。你说的这种情况可能是草莓状毛细血管瘤，呈草莓色，凸出皮肤表面，呈不规则形状，可在身体任何部位出现。出生时没有表现，数周后皮肤出现小红点，很快扩大形成圆形或椭圆形的团块，颜色鲜红或紫红，质地柔软，压之如海绵，去压后逐渐恢复原状，界限清楚，一般在皮肤表面。在孩子2～6个月间生长最快，直径2厘米～4厘米，以后停止生长，一般在2～3岁消退，5～6岁消失，不需要治疗。但是如果局部感染或形成溃疡，就需要去医院治疗，包括敷药或者手术祛除。还有可能是海绵状血管瘤，多发生在皮下，如眼睛、咽喉或嘴唇以及一些脏器。海绵状血管瘤是单个隆起的肿块，呈暗红色或浅紫色，质地柔软，有弹性，按压瘪塌，去压后可以恢复原状。在皮下是局限生长，但在脏器上多是弥漫性生长。这种血管瘤生长迅速，一般不会自然消退，建议手术治疗，尤其是颜面部，早期手术创面很小，不会影响以后的面容。通过你描述的情况，你孩子的血管瘤可能属于前者，建议你根据孩子的情况和诊治医生商量后再定夺。

疖肿可以挤压吗

爸爸妈妈@张思莱医师

由于夏天太热，孩子头部长了1个疖子。疖子红肿，并且已经有了脓头。这个脓头已经“熟透”了，我想把脓头挤出来，可以吗？

表情 图片 视频 话题 长微博 发布

A 小儿因为表皮角质层较薄，皮脂分泌少，爱出汗，分泌物一旦浸渍或环境温度高、湿度大，很容易受伤和感染。头部的疖肿多为毛囊发炎没有及时处理而形成。

一旦形成疖肿，千万不要用手去挤压它，否则很容易引起感染扩散，尤其是头部的疖肿更不能挤压，因为头部的静脉是没有静脉瓣的，因此相对于身体其他部位，细菌更容易经过血液流动造成感染的扩散。

孩子出现疖肿后可按以下方法处理：

◆ 如果是疖肿的早期，可以外用拔毒膏或10%鱼石脂软膏，待疖成熟后，请医生切开排出脓液。注意不要挤压。疖肿周围清洗干净后可以用75%酒精、2%甲紫药水涂擦，也可以用抗生素药膏外用，防止疖肿扩散。

◆ 严重者需要口服抗生素治疗。

◆ 如果疖肿长在受压的部位，尤其是颈下、腋下以及臀部、腹股沟等部位，除了按以上方法处理外，最好用消毒好的纱布覆盖在疖肿上，避免衣服对疖肿的摩擦，防止感染的扩散。

孩子手上发现了传染性软疣怎么办

爸爸妈妈@张思莱医师

我自己患有传染性软疣，在和孩子接触的过程中我是很注意的，没想到2岁多的孩子还是被传染上了。怎么办?

表情 图片 视频 话题 长微博 发布

A 传染性软疣是一种由病毒引起的良性的皮肤赘生物。一般通过直接接触传染，感觉瘙痒而抓挠也能导致自身接种而扩延。本病多见于一些免疫功能低下，或者使用激素、免疫抑制剂的人。本病的传染性比较弱，但是在托儿所、幼儿园、小学常见流行，母亲也可以传染给小婴儿。此病的潜伏期一般是2～3周。传染性软疣可以出现在皮肤的任何部位，儿童易发于面颈部和前胸、后背，刚开始为米粒大的半球形或圆顶丘疹，逐渐增至豌豆大，中间凹陷，呈凹窝或脐窝状，散在分布，互不融合，多为单发，也有多发。软疣呈正常皮肤色或略暗黄色，表面有蜡样光泽，刚开始坚韧然后逐渐变软，挤破后可流出白色的疣体。局部有痒感，无其他症状。一般经过6～9个月可以自愈。但是个别的由于治疗不及时，可以迁延一段时间。

传染性软疣的治疗很简单：用2%的碘酒消毒软疣和周围的皮肤，用消毒好的粗针头或小镊子挤破或夹破软疣，取出白色的疣体，再用2%的碘酒消毒即可。如果自家条件有限，应该去医院请医生进行处理。

耳朵后面活动的小疙瘩是什么

爸爸妈妈@张思莱医师

我的孩子已经2岁了，我发现他的两只耳朵后面各有1个小疙瘩，活动，触摸时孩子不感觉痛，外表看来也没有红肿。是淋巴结吗？对孩子有影响吗？

表情 图片 视频 话题 长微博 发布

A 根据你的叙述，耳朵后面活动的小疙瘩是淋巴结。淋巴结归属淋巴系统。人体的淋巴系统参与机体的免疫反应和造血功能，主要生成淋巴细胞。淋巴结是淋巴系统中的淋巴器官，也是保护人体的一道重要防线。淋巴结常成群存在于较隐蔽的地方，接受某些器官或一定区域通过淋巴管回流的淋巴液，对于流经淋巴结的淋巴液起着过滤和吞噬细胞的作用。当它所收集的范围发生感染时，它就要清除混入淋巴液中的病原体，如细菌、病毒、毒素以及其他有害物质，因此常引起该部位的淋巴结的炎症反应而使淋巴结肿大。同时淋巴结也会杀死体内的恶性肿瘤细胞，阻止恶性肿瘤扩散。

婴幼儿时期淋巴系统发育旺盛，发育的特点是先快后慢，10～12岁时，淋巴结才发育完善。新生儿或者婴幼儿的耳后部、颈部、腋下、腹股沟等部位可能触及1～2个分散、活动、质地较坚韧、直径不超过10毫米的淋巴结，这是正常的。主要是因为淋巴结充血，淋巴液流动缓慢，造成淋巴结轻度增大，这是正常的生理现象。有的婴幼儿由于淋巴结发育不成熟，防御屏障作用比较差，一旦感染很容易扩散，局部的轻微感染就可以引起淋巴结发炎、肿大，甚至化脓。这些肿大的淋巴结多见于颈部、枕部、耳前，腋下、腹股沟，孩子的皮肤和浅表淋巴结周围组织很娇嫩、柔软，所以在比较表浅的部位可以摸到几个黄豆大小、质软、表面光滑、无触痛、可以活动的淋巴结，多属正常情况。许多健康的孩子在颈部、枕部、耳前、腋下、腹股沟淋巴结可能有轻到中度肿大，多由于这些淋巴结曾受到轻微感染所致。这种情况一般不需要进行特殊检查和治疗，注意观察就可以了，以后会逐渐消下去的。

但是也有病理性淋巴结肿大，像局限性淋巴结肿大，口炎、龋齿或龈周脓肿可引起下颌淋巴结肿大；颈前淋巴结肿大多由扁桃体发炎引起；颈后淋巴结肿大常因为鼻咽、咽喉部炎症引起；头部疖肿、痱子可引起枕部淋巴结肿大。

普遍性淋巴结肿大应警惕淋巴结核或病毒性感染。病理性淋巴结肿大应该去医院就诊。

孩子手指经常长倒刺怎么办

爸爸妈妈@张思莱医师

我的孩子手指尖很容易长倒刺，网上有人说这与遗传有关系，是这样吗？出现倒刺应该怎样处理？

表情 图片 视频 话题 长微博 发布

A 人的皮肤是由表皮、真皮和皮下组织以及皮肤附属物组成，最外面起到保护作用的是表皮。表皮是由2～3层角化细胞组成，即角质层。其表面有一层皮脂，是皮肤的天然保护剂，可以减少角质层水分蒸发，使角质层与下面的皮肤紧密贴合在一起。角化细胞与人体其他细胞一样，也是要逐渐脱落被新的细胞代替。如果婴幼儿喜欢吃手、玩水，或者经常用手去摸一些表面粗糙的东西，表皮就得不到很好的保护。经常被孩子吸吮的手指和玩水的皮肤在唾液和水的浸泡下表皮的角化细胞受损，除去了表面皮肤的皮脂，角化细胞之间彼此联系又比较松懈，加上经常用手乱摸，角质层失去了保护的作用，于是出现了干燥和剥离，手指末节的皮肤就会翘起来、形成倒刺（学名为“逆剥”）。这些倒刺主要是在手指尖，尤其是接近指甲部位。因为指甲周围皮肤与手部其他部位的皮肤结构略有不同，这部分皮肤缺乏毛囊，没有皮纹和皮脂腺，较手、足指皮肤薄。另外，指间真皮内的神经末梢丰富，如果用力撕扯下来会很痛的，而且常常流血，这是因为表皮连着真皮的缘故。而且这种撕扯很容易造成感染，形成甲沟炎。因此建议家长：当孩子有倒刺时最好不要去揪，将手泡湿5分钟后（或者洗澡之后）用小剪子从倒刺根部剪去。1岁后的孩子尽量不要养成吃手的习惯。孩子玩水后一定及时擦干并涂抹上无刺激的护手霜，尤其是在冬天气候干燥的时候。

大家仔细回想，大概自己童年都有手指出倒刺的情况。目前没有任何文献说出倒刺与遗传有关，因此不要在意网上的误导，家长关键要做好孩子手的护理。

孩子肚脐凸出来需要手术吗

爸爸妈妈@张思莱医师

我的孩子出生不久，脐带脱落后就发现肚脐凸出来，压之有“咕咕”的声音，而且哭闹时凸出得更明显。去医院检查说是脐疝。我该如何护理？需要手术吗？

表情　图片　视频　话题　长微博　发布

A 你的孩子确实是脐疝。当胎儿产出断脐时，脐带中间的静脉和动脉被切断闭合，以后纤维化与脐孔的皮肤组织相融合，在脐部形成一个薄弱区。有的孩子双侧腹直肌前后鞘在脐部没有合拢，脐部形成的薄弱区较松软，所以在腹压增高时腹腔脏器即由此部位向外凸起，形成脐疝。疝内主要是大网膜和小肠肠曲。

脐疝是新生儿常见的一种预后良好的先天性发育缺陷。孩子哭闹时因腹压增加而凸起很大，用手还纳时可以听到小肠内“咕咕”的气过水声。安静时疝囊消失。不管疝囊凸起或消失孩子都没有痛苦，也不易发生嵌顿。大多数孩子在1～2岁自行愈合，预后良好。如果脐疝很大，大于2厘米，或者5岁时还不能愈合，可以手术修补。使用腹带施压或者用硬币（虽然包裹上纱布）堵在肚脐上，可能是非常有害的，不但限制了孩子的呼吸（小婴儿是腹式呼吸），也可能对肚脐局部皮肤造成伤害。

如果孩子不但有脐疝，同时伴有其他的身体异常，生长发育或者智力发育落后于同龄的孩子，家长要及时去医院查出深层的病因。

眼科疾病

孩子是对眼吗

爸爸妈妈@张思莱医师

我的宝宝5个月了，可是我发现孩子是对眼（只是一只眼睛有问题），我怕孩子以后发展下去严重了。我的孩子真的是对眼吗？如何纠正？

表情 图片 视频 话题 长微博 发布

A 你说的“对眼”就是我们医学上说的“斜视”，俗称“斗鸡眼”。斜视是指眼的视轴明显偏斜。正常人的眼睛是受眼肌和神经控制的，任何一方面出问题，都会影响眼睛的协调运动。但是出生几周的孩子眼球的转动是单侧性不协调，眼球可能出现偏视。另外，有的孩子出生时鼻梁低平，眼距较宽，在鼻侧眼睛的内眦有一块内眦赘皮，遮盖住鼻侧的球结膜（俗称白眼球），看起来黑眼球好像向中间移动了，就以为孩子是对眼。随着孩子的发育，鼻梁增高，内眦赘皮也逐渐消失，到5～6月龄时双眼注视机能才发育健全，6～7月龄时眼球的转动才是双侧性和共济协调的。如果在这个时候出现眼球偏斜，就应该怀疑斜视的可能，去医院做进一步的检查。

斜视必须早期治疗，否则易发生弱视，影响孩子的立体视觉。平常的时候不要让孩子近距离地注视物品，对于还只能躺着视物的小婴儿，他喜欢的玩具一定要经常变换位置，以预防斜视的产生。一些弱视的孩子发现得往往比较晚，常常会被家长忽视，有的孩子到6岁入学体检才发现有问题，往往错过了治疗的最佳时机。因此3岁的孩子建议定期检查视力，发现问题及时治疗，有望恢复正常的视力。

如何早期发现孩子弱视

爸爸妈妈@张思莱医师

我的孩子已经3岁了，幼儿园体检发现孩子弱视。我带孩子去儿童医院眼科就诊，医生说孩子的弱视还有可能矫正，如果再晚了治疗就很困难，甚至不能矫正了。请问，如何早期发现孩子弱视？

表情 图片 视频 话题 长微博 发布

A 弱视是儿童发育过程中的常见病，发病率为3%～8%。弱视的主要原因包括斜视、屈光参差、高度屈光不正、单眼形觉剥夺。弱视的本质是双眼视觉发育紊乱，不仅单眼或双眼矫正视力低于正常，而且没有完善的立体视，甚至立体视盲。

弱视是一种严重危害儿童视功能的眼病，将会导致单眼或双眼视力低下，严重影响双眼视功能，成为立体盲，如果不能矫正，将会给未来的生活带来很大的问题。弱视治疗效果与年龄有密切关系，年龄越小，疗效越好。此外，弱视治疗与弱视性质、程度及注视性质密切相关。发病早、治疗晚、程度重、旁中心注视者疗程长、预后差，12岁以后治疗无效。因此，加强弱视知识的宣传教育对预防和治疗弱视，缩短疗程，提高治愈率具有重要作用（以上参考我国颁布的《儿童弱视防治技术服务规范》）。

目前中华医学会眼科学分会斜视与小儿眼科学组将弱视定义为："3岁以下儿童矫正视力低于0.5，4～5岁低于0.6，6～7岁低于0.7。"

4岁前是视觉发育的关键期，如果及时发现孩子弱视，给予相应的治疗是可以完全治愈的。

那么如何早期发现孩子弱视呢？这就需要家长细心观察孩子平时的表现，如8月龄以后的婴儿仍然是斜视，或者看东西时常常歪头、眯缝眼，常常近距离视物，就应该及早去医院眼科确诊。婴幼儿时期，家长不妨在孩子视物时有意识地轮换遮挡孩子的一只眼睛，让孩子用另一只眼睛看东西。如果孩子表现得很安静，则说明没有遮挡的眼睛没有问题，如果哭闹或者用手试图推开遮挡物，那只没有遮挡的眼睛可能有问题，遇到这种情况应及时去医院眼科检查确诊。3岁以后孩子上幼儿园，幼儿园一般每个学期都要体检1次，医院往往使用的就是视力表。如果眼睛视力经过反复检查，3岁以下儿童矫正视力低于0.5，4～5岁低于0.6

就要高度警惕，不要再耽误，否则就错失矫正的机会了。家长不妨在家也买张视力表，按照视力表的要求对孩子进行视力检查，也可以及时发现问题。

根据发病机理的不同，弱视有很多的分类，及早确诊，医生会根据弱视的具体分类进行对应的处理，越早矫正治疗效果越好。

孩子是倒睫吗

爸爸妈妈@张思莱医师

我的宝宝3个月了，从生下来就爱流眼泪，有时眼睛有一些分泌物。因为孩子的眼睛总是泪汪汪的，我仔细检查，发现孩子的眼睫毛贴在眼球上。请问，孩子是倒睫吗？听说倒睫损坏眼睛，我该怎么办？

表情　图片　视频　话题　长微博　发布

A 小婴儿眼睑脂肪多、边缘厚，容易引起倒睫。另外，小婴儿在平行眼睑处有一皮肤皱褶，医学上叫“睑赘皮”。有的孩子睑赘皮可以遮盖眼睑，使眼睑上的睫毛向内生长，摩擦角膜。角膜透明、无血管，但具有丰富的感觉神经组织。小婴儿的角膜所需要的营养主要是通过眼泪供给，如果眼泪所含的营养成分不够充分，眼角膜就变得干燥，透明度就会降低。小婴儿的睫毛柔软，泪腺分泌的眼泪多，不断冲刷眼球，所以一般对角膜不会造成什么损害。

倒睫随着年龄增长可逐渐消失或减轻，因此不必急于治疗。但是也有的孩子随着发育，睫毛逐渐变硬，摩擦角膜。由于角膜神经丰富，感觉灵敏，轻微损伤或者倒睫，婴儿即有明显异物感，觉得不舒服，可能喜欢用手去揉眼睛或者泪汪汪的，以缓解不适之感，容易引起结膜炎。出现这种情况可以给孩子上一些抗生素眼药水。但是3岁以后，常常会有明显的刺激症状。由于睫毛的摩擦，容易造成角膜损伤，因此就需要手术治疗。手术的最佳年龄为3～5岁。

上眼睑下垂如何处理

爸爸妈妈@张思莱医师

我的孩子出生已经3个月了，我发现孩子从出生就好像总是睁不开眼似的，没有精神的样子。去医院眼科检查，医生说是先天性上眼睑下垂，可能需要手术。是这样吗？如果需要手术，什么时候做合适？

表情 图片 视频 话题 长微博 发布

A 上眼睑下垂主要是指上眼睑位置过低，主要是提睑肌或者动眼神经失去了支配上眼睑的能力，因此出现上眼睑部分或者完全不能提升的情况。由于上眼睑位置过低，导致眼睑边缘遮盖着部分角膜，有的遮盖得比较多，甚至遮挡住部分瞳孔，影响孩子的视力。尤其是小婴儿，正处于视觉发育阶段，获得信息主要是依靠视觉和听觉，如果上眼睑严重下垂，孩子看物时会出现头后仰、抬高下巴企图看清楚的表情，但是由于上眼睑下垂，其提睑肌无力，孩子会通过扬眉、皱眉头的动作企图看清，长久下去会造成孩子屈光不正或者弱视，所以需要及时进行手术治疗。

对于上眼睑遮挡瞳孔一半以上的重症先天性上睑下垂，眼科医生一般都建议尽早手术，以防止弱视发生。对于轻中度下垂，只要不影响儿童正常视觉发育，可以在6～7岁手术。上眼睑下垂无论程度如何，只要合并高度远视、散光、斜视，就应该立即手术。

孩子眼屎多怎么办

爸爸妈妈@张思莱医师

新生儿刚出生两周，清早起床就发现眼睛上有很多眼屎，该如何处理呢？

表情 图片 视频 话题 长微博 发布

A 新生儿出生不久发现眼屎增多，严重者眼屎甚至将眼皮粘连住，导致眼睑睁不开，孩子哭闹不休。

一、造成眼屎多的原因

1.先天性的鼻泪管堵塞

鼻泪管在鼻腔的下端，出口被上皮细胞残渣或鼻泪管黏膜堵塞，或者因管道发育不全而形成皱褶、瓣膜或黏膜憩室，使得泪液和泪道内的分泌物稽留在泪囊而引起泪囊炎。

2.急性泪囊炎

由于不清洁的护理，造成细菌入侵到泪囊，并且不断在泪囊中繁殖、化脓，脓液充满整个泪囊无法排泄，于是沿着泪囊、泪小管从眼睛排出。

3.感染性结膜炎

眼结膜含有丰富的神经血管，对各种刺激反应敏感，又因为与外界直接接触，易受感染。细菌、病毒、衣原体、真菌等都是引起感染性结膜炎的病原体。感染的途径主要有以下两种：在产程中被患病母亲产道感染；在护理过程中由于不注意消毒隔离，通过洗脸用具、毛巾以及看护人的手接触感染。严重者可发生角膜溃疡及穿孔，导致失明。

二、眼屎多的治疗方法

遇到孩子眼屎多，不少家长不去医院看病，而认为孩子是“上火”。如果是纯母乳喂养，就认为是乳母吃了“上火”的食物导致孩子眼屎多，于是开始大量给孩子或乳母吃清热泻火的中药或凉茶，很容易伤及乳母或小儿的肠胃，导致腹泻；如果孩子是人工喂养，就将“上火”的罪名都归结到配方奶粉上，于是家长马上停掉正在吃的配方奶粉，转换为其他品牌奶粉。有的妈妈偏听偏信，频繁地调换奶粉导致孩子胃肠不适应，消化功能出现紊乱而腹泻不止，一些妈妈还糊里糊涂地认为这是泻火呢！直到孩子的眼屎一天比一天多，甚至发展为脓性分泌物，孩子日渐消瘦，才去医院看病，很容易因长期得不到正确的治疗发展成慢性泪囊炎或者并发角膜感染，对孩子的眼睛发育造成严重的影响。因此，家长如果发现孩子眼屎增多，一定要及早去医院确诊治疗，不然形成泪囊脓肿会对孩子造成终身损伤。

目前治疗的方法主要有：

◆ 保证室内温度、湿度合适，做到每天上午和下午开窗通风换气，每次大约

30分钟。

◆ 护理人员做好个人卫生，在护理孩子前一定要洗干净手，将孩子所用的一切物品清洗并消毒干净。

◆ 对于因为感染引起的眼病，需要用生理盐水清洗后，白天用1%的红霉素眼药水点眼，1天3次，夜间可以用金霉素眼药膏点眼。

◆ 患有泪囊炎的孩子应请专业大夫冲洗泪道，然后用抗生素眼药水点眼，6次/天，并口服抗生素，每日按摩泪囊3次。如果同时伴有眼泪多，目前一些医院采用泪道插管手术，治疗各种泪道狭窄、鼻泪管或泪道阻塞，效果比较好。

你应该请专业大夫检查孩子属于哪种问题，给予相应的治疗。

如何给泪囊炎、鼻泪管堵塞患儿按摩

爸爸妈妈@张思莱医师

我的孩子出生不久，眼睛分泌物非常多，而且还伴有流泪。医生考虑是急性泪囊炎、鼻泪管堵塞，希望我们在家给孩子进行按摩。请问，如何在家里进行按摩？

表情 图片 视频 话题 长微博 发布

A 对于急性泪囊炎患儿，建议家长在家里给孩子进行按摩：家长用拇指、食指的指肚按压孩子内眼角和鼻梁根部之间的位置，向眼睛方向挤压。这时可以看见孩子的眼角有一些脓液流出来，给孩子擦干净，点上抗生素眼药水，如红霉素眼药水。

对于鼻泪管堵塞的患儿，建议使用拇指、食指的指肚，用力按压上述位置，重复2～3次，通过压力将鼻泪管疏通。每天在家按摩3～4次，擦干净脓液，然后点上抗生素药水。如果还是不通就需要手术治疗，即泪道探通术，在2～4月龄做效果最好。

红眼病可以预防吗

爸爸妈妈@张思莱医师

近来外面流行红眼病，我的孩子已经上了幼儿园，很担心孩子被传染。请问如何预防？可以点眼药水预防吗？

表情 图片 视频 话题 长微博 发布

A 俗称的“红眼病”在医学上被称为“传染性结膜炎”。可以由细菌或病毒感染引起，以病毒感染为重。这是一种传染性很强的急性传染性眼病。红眼病全年均可发生，以春、夏季多见。

红眼病一般是双眼先后发病，发病后眼部明显赤红，眼睑肿胀、发痒，怕光，流泪，眼屎多，一般不影响视力。由病毒感染的红眼病症状更明显：结膜大出血，局部淋巴结肿大并有压痛，还会侵犯角膜而发生眼痛，视力稍有模糊，病情恢复较慢，全身无力。

红眼病传染性极强，通过接触传染，如接触患者用过的毛巾、脸盆、水龙头、门把手、游泳池的水、公用的玩具等，接触后几小时或1～2天就可以发病。因此，本病常在集体单位广泛传播，甚至造成暴发流行。所以家长尽量不要带宝宝去公共场所（如游泳池、影剧院、商店等）或患者家中串门；不要与宝宝合用生活用品，对个人用品（如毛巾、手帕等）要注意消毒隔离（煮沸消毒）；要注意勤给宝宝洗手，尤其是饭前便后洗手；勤给宝宝剪指甲；不要让宝宝用脏手揉眼睛。若宝宝眼睛有不适感觉马上去医院，请医生诊断处理。患过流行性急性结膜炎的婴幼儿对此病并无免疫力，同样需要注意预防再度感染。给宝宝点眼药水来预防红眼病是不可取的，因为抗病毒或抗生素没有预防感染的作用。

已经患上红眼病的孩子，建议每天2～3次冷敷眼睛，切忌用手揉眼睛，增加眼睛红肿。如果分泌物多可以用生理盐水冲洗眼睛，并用消毒干净的湿棉签擦干净眼睛和睫毛上的分泌物。及时去医院请医生诊治。在急性期阶段可以1～2小时点眼药水1次，每次1～2滴。夜间最好使用眼药膏，药效比较持久。急性结膜炎疗程1～2周，症状完全消失后继续点药3～5天，以免复发。

如何给孩子滴眼药水

爸爸妈妈@张思莱医师

我的孩子因为患结膜炎，医生给开了眼药水。每次给孩子点眼药水时他都非常抗拒，根本无法点进去，或者已经点进去都随着眼泪流出来了，怎么办？

表情 图片 视频 话题 长微博 发布

A 给孩子点眼药水的确是一件不容易的事情，但是掌握了一定的方法，还是能够顺利点进去，达到治疗的目的。如果孩子已经能听懂家长一些简单的道理，家长要告诉孩子点眼药只有一点凉凉的感觉，解除孩子的恐惧感。按照医嘱点药的次数，按时给孩子点眼药。点眼药时，家长用拇指和食指轻轻翻开孩子的下眼睑，露出下眼睑结膜或者结膜囊内，将1～2滴眼药水滴在这个位置上。不要将眼药水直接点在角膜（黑眼球）上，因为角膜上有很多神经，外来的刺激很容易引起孩子的不适感而使孩子抗拒。如果使用的是眼药膏，最好先挤出1厘米长然后再点进入。点完眼药水或者眼药膏后松开下眼睑，让孩子闭上眼睛休息2分钟，或者用手指按压住眼睛内侧的鼻泪管口，以避免药水流进鼻腔或者喉咙里。眼药膏最好是在孩子睡觉前，如午睡和晚上睡觉前使用。

在点眼药时，不要让眼药瓶口接触孩子的睫毛、眼球、眼睑，以免造成污染或者划伤孩子的眼睛。如果孩子同时需要点眼药水和眼药膏，建议先点眼药水，5～10分钟后再点眼药膏。如果先点眼药膏，由于药膏是油脂状的，眼药水就不容易被眼球吸收了，影响治疗效果。

孩子看电视时斜着头正常吗

爸爸妈妈@张思莱医师

我的孩子不到3岁，每次看电视时都斜着头。我帮助他正过头来，可是一会儿他又斜过头去。孩子喜欢斜着头看东西是斜颈还是眼睛有问题？

表情 图片 视频 话题 长微博 发布

A 孩子斜头看电视可能与该年龄段孩子近视或者散光有一定的关系，因此他需要找一个合适的角度能够更清楚地看电视。一般来说与斜颈和眼睛无关，但是也需要高度警惕是不是与眼睛异常有关。如果是先天性斜颈，不但看电视，孩子在日常生活中也会斜着头的。但是因为眼睛的问题，孩子只是在看东西时才斜着头，颈部没有异常表现。遇到这种情况应该及时去医院眼科做进一步检查，找出病因及时治疗。

因眼睛问题引起的斜颈，一般多见于眼球震颤、屈光不正、眼睑下垂、双眼运动失调或者眼肌的问题等。

多大的孩子可以检测出是不是色盲

爸爸妈妈@张思莱医师

我父亲是色盲，我是色盲携带者，而我老公也是色盲，宝宝是女孩，应该有一半的可能性是携带者，一半的可能性是色盲。唉，孩子现在不到4个月！什么时候才能检查出我的宝宝是不是色盲？

表情 图片 视频 话题 长微博 发布

A 色盲是一种伴性遗传病。人有23对染色体，除了22对常染色体外，第23对是性染色体：女性有2条X染色体，而男性只有1条X染色体和1条Y染色体。色盲患者是在X染色体上有色盲的基因。如果母亲是色盲的基因携带者，虽然自己没有色盲，但是父亲是色盲，那么他们所生的孩子如果是女孩，其携带者的概率是1/2，色盲的概率是1/2；如果生的是男孩，那么则有可能1/2概率是色盲，1/2概率是正常的孩子。因为你生的孩子是女孩，所以就只有两种可能：色盲基因携带者或者就是色盲，概率各占1/2。

色盲产生的原因究竟是什么呢？在大自然中有红、橙、黄、绿、青、蓝、紫等颜色，其中红、绿、蓝为基本色，叫作“三原色”。人眼的视网膜上有3种分别只含有红、绿、蓝不同的感光色素的视锥细胞，它们分别对红色光、绿色光和蓝色光敏感，其他色觉均由这3种视锥细胞中感觉色素在受到刺激后通过不同比例混合而成，如果缺乏了哪种感光要素就会产生哪种色盲。例如，如果缺乏红色感光色素，就看不见红色，称为“红色盲”。如果3种感光色素都缺乏，对所有颜色均分辨不清，全看成是灰色的，称“全色盲”。最常见的是红绿色盲。还有一种比色盲轻一些的，叫作“色弱”。

婴儿出生后对颜色的感知就已经发生，新生儿已开始能分辨简单的颜色刺激。4月龄前的婴儿颜色的感知能力已经接近成人的水平，2岁左右已经能认识一些颜色，3岁左右则开始说出一些颜色的名称（如果早期教育做得比较好，孩子认识颜色或者说出颜色的年龄段就可能提前）。幼儿分辨蓝、绿、青等色可能会有些困难，要到五六岁，蓝色的辨色力才会完全发育好。虽然从3岁以后孩子就会有色盲，但是一般很难区分是孩子分不清颜色还是孩子是色盲。所以一般都是在小学进行健康检查的时候发现儿童色盲。

孩子长麦粒肿怎么办

爸爸妈妈@张思莱医师

我的孩子11个月了，近来两周发现孩子的眼睛上长了一个包包。去医院检查，有的医生说是霰粒肿，也有医生说是麦粒肿。究竟是什么？需要手术吗？

表情 图片 视频 话题 长微博 发布

A 人的眼睑分为上睑和下睑，中间有睑板等，是保护眼球的屏障。上下睑缘有睑板腺开口。麦粒肿又称为“睑腺炎”，多是由金黄色葡萄球菌引起的眼睑腺体急性化脓炎症。根据腺体的不同及感染部位的不同，可分为内麦粒肿和外麦粒肿。

对于麦粒肿的治疗：

◆ 局部可以用抗生素眼药水，每天6次；1%的白降汞眼药膏或抗生素眼药膏每天2次，并且口服抗生素。

◆ 已经化脓应该切开引流排脓。

◆ 切记不要挤压排脓，以免炎症扩散，引起严重的海绵窦血栓、蜂窝组织炎及败血症危及生命。

霰粒肿又称“睑板腺囊肿”，是由于睑板腺管口闭塞，使得腺体分泌物滞留而形成的一种慢性炎症肉芽肿。初期为眼睑深部的小硬结，这个时候可以用1%的白降汞（氧化氨基汞）眼药膏，每日2次，可以逐渐吸收；如果囊肿大，就必须尽早手术治疗。手术治疗只需要在局部麻醉下手术，手术简单、痛苦小，而且24

小时就可以恢复正常。如果霰粒肿继发感染转变为麦粒肿，那么可能破溃后留下较大的瘢痕，或者眼睑皮肤破损造成眼睑外翻，影响孩子的面容，还需要进行手术修补，就麻烦了。

你的孩子可能是由于霰粒肿感染继发为麦粒肿，应该去医院检查，进行相应的治疗。

孩子可能是近视眼吗

爸爸妈妈@张思莱医师

我和孩子的爸爸都是高度近视眼，我不知道近视眼会不会遗传。怎样才能知道孩子是不是近视眼？

表情 图片 视频 话题 长微博 发布

A 正常的人，眼在静止状态时，对由远距离（5米以上）的物体发出的或者反射的平行光线，进入眼后经过屈光系统后其焦点恰好落在视网膜上，医学上叫“正视眼”。如果焦点落在视网膜前面，或屈光力量过强，就形成了近视眼。近视的病因目前仍不很明了，但有一定的遗传倾向，尤其是高度近视（600度以上）的父母所生的孩子多数会近视。高度近视的孩子多为先天遗传造成的，但是近视眼中很大一部分还是因为后天不注意视力卫生、用眼不当而造成的。一般来说，小婴儿眼球较小，均为远视。随着年龄的增长，眼轴逐渐加长，6～7岁时成为正视眼。如果眼轴发育过度，就会形成单纯性近视眼。虽然在以后的日子里，眼球的调节能力很强，眼球壁的伸展性也比较大，由于不正确用眼也会使近视加深。

如果你们双方家族中还有高度近视的人，你的孩子将来患近视眼的概率在80%以上。因此建议当孩子满3月龄、半岁、1岁时去儿童医院儿科进行专门检查，及早发现。如果有问题，以后1年复查1次，根据医生的建议进行必要的矫正，并且随时注意保护孩子的眼睛，不要再使近视加深。如果孩子是高度近视，以后要避免剧烈的运动，以防视网膜脱落。

3岁正视眼的孩子会不会发展成近视眼

爸爸妈妈@张思莱医师

我们夫妇都是近视眼，害怕孩子也是近视眼。孩子3岁检查视力为正视眼，我们心里很高兴。可是医生说需要高度警惕，预防以后发展为近视眼。请问，是这样的吗？我们该怎么办？

表情　图片　视频　话题　长微博　发布

A 首先解释一下什么叫“正视眼”。正视眼指的是当眼处于静止（无调节）状态下，5米远的物体发出的平行光线入眼，通过屈光系统聚焦于视网膜上，即屈光度等于零时的视力，即人站在5米的距离测量视力≥1.0则为正视眼。孩子出生时都是远视眼，随后逐渐向正视眼转化，到六七岁时变为正视眼。根据小儿视敏度（视力）发育的过程，一个3岁的孩子不应该是正视眼。

对于你这个问题，我查看了北京儿童医院眼科专家的科普博文转给你们。他们认为：3岁的孩子现在虽然不近视，但是存在着一个非常危险的信号。因为3岁左右的孩子，正常的话应该存在一定的生理性远视，大概在200度以内。随着孩子眼睛的发育，逐渐会从生理性远视过渡为正视，也就是我们通常说的“正视眼”，孩子这时候验光是没有度数的。虽然现在你的孩子不近视，但随着他年龄的增长，课外作业的增加，他会逐渐向近视发展。你的孩子本身有一部分家长近视的遗传因素，否则验光的结果不会是正视眼。

因此建议家长注意保护好孩子的眼睛，尽量减少和杜绝发生近视眼的隐患。不要让孩子过度使用眼睛，给眼睛造成很重的负担，尽量减少看电视、电脑的时间；如果孩子学习钢琴，也建议每次训练时间不要过长，让眼睛适当地休息；上学后不要有过重的家庭作业，以免孩子形成近视眼。（此文参考了北京儿童医院眼科的科普文章，在此致谢！）

孩子不停地眨眼正常吗

爸爸妈妈@张思莱医师

我的宝宝现在2岁了，最近发现总是不停地眨眼。去医院检查，医生说有炎症，开了眼药，可是点了2天不见效，是不是有其他的问题？

表情 图片 视频 话题 长微博 发布

A 孩子在正常的情况下是应该眨眼睛的，这种眨眼是为了将泪液均匀地分布在眼球的表面，达到湿润眼球的目的，同时也为了清除眼睛中的代谢产物以及异物。通过眨眼一些多余的泪液经过鼻泪管排掉。同时，人为了保护自己的眼睛，也通过眨眼避免强光刺激眼球，阻挡外来物，或者听到异常大的响声通过眨眼来缓解。以上是眨眼的正常表现，但是也要警惕，有时候频繁眨眼可能是眼睛有异常情况。对此，应该从以下两方面考虑：

◆ 病理性原因。首先应该检查是不是有异物刺激眼结膜或角膜，使得局部不舒服，造成孩子眨眼。如果没有异物，但是孩子结膜充血，眼睛分泌物增多，可能是结膜炎。有的孩子睑结膜充血，有滤泡，可能患有沙眼。不管是以上哪种原因都需要积极治疗，以防损害角膜、影响视力。

◆ 有的孩子眨眼与过敏有关。这些孩子的父母一方或者双方是过敏体质，或者孩子曾经患有异位性皮炎（湿疹）、喘息性气管炎、过敏性鼻炎。一旦遇到过敏源孩子的眼睛就会奇痒，并且不停地眨眼或者揉眼，见光流泪，眼睛分泌物多，眼睛周围红肿，眼皮或者眼眶周围的皮肤粗糙或者脱屑，同时伴有眼睑炎。处理时尽量控制孩子揉眼睛，可以冷敷，有助于缓解症状，也可以用生理盐水冲洗眼睛。如果已知过敏原，应该脱离过敏环境，必要时使用抗组织胺药物，也可以使用类固醇类眼药，但是症状改善后就要停药。

如果以上原因都不是，眼睛没有任何病理的改变，就要考虑是不是心理适应不良造成的。由于环境的改变、突发事件的刺激或者家长过高地要求孩子，造成孩子精神紧张，引起眨眼。对于2岁的孩子尤其要注意这方面的原因。

如果是心理适应不良引起孩子频繁眨眼，需要家长注意：

◆ 要用平常的心态对待孩子，根据孩子的生理和心理发育的特点，对孩子提出适度的要求。

◆ 对待孩子的错误既不能简单粗暴，也不能漠不关心。孩子犯错误是正常的，孩子通过认识错误、改正错误，才能不断丰富自己的生活经验和人生阅历。

◆ 家长要多带孩子去玩，尽可能让孩子放松紧张的心情，不要让孩子感觉到家长的焦虑情绪，尽可能用他更感兴趣的事情转移孩子对眨眼动作的注意力，逐渐孩子就能纠正这个动作了。

警惕有的孩子模仿他人眨眼睛的行为，如果不及时纠正也会形成眨眼的不良习惯。

早产儿为何满月时要去医院检查眼睛

爸爸妈妈@张思莱医师

我的孩子是33周早产，体重1950克。出生时因为出现呼吸暂停，被送到新生儿病房进行抢救，进行吸氧输液等一系列治疗。出院时医生告诉我，孩子满月时要到医院复查眼睛，为什么？

表情 图片 视频 话题 长微博 发布

A 近来报纸上报道：早产儿长时间吸氧治疗，尤其是孕32周出生、体重不足1500克的早产儿，容易造成孩子视网膜病变。由于发现得晚，已经失去了治疗的机会，造成孩子永久性失明，此病致盲率很高。这是一个惨痛的教训。为此，原卫生部制定了《早产儿治疗用氧和视网膜病变防治指南》，指导科学用氧以及早期检测早产儿视网膜病变。

为什么早产儿容易引起视网膜病变呢？要想解答这个问题，首先要了解早产儿视网膜发育的情况：

早产儿由于呼吸系统发育不健全，经常出现呼吸不规律或者呼吸暂停等一系列症状，吸氧是一种治疗的方法。但是由于早产儿视网膜本身发育不健全，长时间吸氧，或者吸入高浓度的氧气，就会刺激视网膜组织，使视网膜的血管发育受阻，产生病变。一般在生后1个多月出现症状，多为双侧性的。这种视网膜病变又叫“晶状体后纤维增生症”，此病主要分3期：1期是血管闭塞期，眼底可见视网膜血管变细、变窄，是早期的改变，这时应该及时降低氧气的浓度或间断吸氧；2期是活动期，当停止供氧后，视网膜出现血管增生，并且血管扩张，造成该处的视网膜水肿、出血、渗出，眼睛的玻璃体混浊，导致视网膜部分或全部剥离，此期一般是婴儿3～5月龄时；3期是疤痕期，活动期后出现不同程度的疤痕增殖，瞳孔被遮盖，角膜混浊，孩子失明。因此早期发现可能不治而愈，但是如果发现得晚了，即使手术治疗预后也不佳，孩子可能终身失明。

《早产儿治疗用氧和视网膜病变防治指南》不但对早产儿或低体重儿等需要吸氧治疗的患儿有用氧浓度的要求，同时要求对出生体重低于2千克的早产儿和低体重儿开始进行眼底病变筛查。对于患有严重疾病的早产儿筛查范围可适当扩大。首次检查应在生后4～6周或矫正胎龄32周开始。因此经过氧疗后的早产儿满月时要检查眼底，直到5月龄后眼底没有改变才停止检查。

眼睛异物如何处理

爸爸妈妈@张思莱医师

我的孩子外出，眼睛里进了沙砾，孩子要用手去揉眼睛，我知道这样做容易划伤眼睛，没有让他揉眼睛，但是我也不知道如何处理？是不是需要去医院？

表情　图片　视频　话题　长微博　发布

A 你做得非常对！孩子眼睛进入异物，如沙砾、灰尘以及眼睫毛，会让孩子感到不舒服，但是有些异物由于表面并不光滑，揉眼睛会对眼球造成伤害。大多数异物会随着眼泪流出来，但是也有的流不出来，这时家长可以用生理盐水，如果家中没有生理盐水也可以用清水，冲洗孩子的眼睛，让异物流出来。如果异物停留在眼内，可以让孩子面对光源坐下，上身稍后倾，检查上下眼睑。检查上眼睑时让孩子眼睛向下看，家长用拇指和食指捏住上眼皮，轻轻向上翻即可。检查下眼睑时只需轻轻将下眼皮向下外翻即可；如果发现异物，可以用干净的湿棉签将异物清除，然后滴1滴抗生素眼药水。如果家长找不到异物，就要尽快去医院请医生帮助处理（以上内容摘自北京市人民政府家庭版《急救手册》）。

先天性白内障可以手术吗

爸爸妈妈@张思莱医师

我的宝宝刚出生，大夫检查时发现孩子可能是先天性白内障，我很着急，也很难过，觉得孩子出现这样的情况可能与我在怀孕时一场严重病毒性感冒有关。我想问，先天性白内障可以手术吗？什么时候手术好？有危险吗？

表情 图片 视频 话题 长微博 发布

A 先天性白内障是晶状体混浊、损害视觉功能的一种先天性疾病，一般与遗传、染色体、宫内感染等原因有关，可以危及双眼或者单眼。孩子出生后6个月是感知觉发育的关键期。对于视觉来说，在胚胎时期，眼睛的结构、视神经以及负责视觉有关的中枢神经系统已经“铺设就位”，但是需要生后给予必要的视觉刺激，才能形成神经系统的回路，才能使孩子的视觉正常发育。但是双眼先天性白内障的孩子，在视觉发育的关键期内，由于视网膜得不到正常的刺激，因此尽管视觉系统的结构全部正常，孩子仍然会失明。如果在孩子视觉发育的关键期内动手术，孩子还能不同程度地恢复视力。因此应根据不同的临床表现、视力减退程度和晶状体混浊的部位、范围给予及时的治疗。

双眼先天性白内障患儿应尽快手术，一般在生后1～2个月，最迟不能超过6个月。应先进行一只眼的手术，另一只眼应在第一只眼手术后1周内再行手术，防止手术后双眼遮盖而发生视觉剥夺性弱视。由于目前眼科医学的发达，在正确治疗下没有什么危险。当然，你孩子的情况应该请专业大夫详细检查，才能确定治疗方案。

耳科疾病

孩子耳朵里的黏性物质是什么

爸爸妈妈@张思莱医师

我的宝宝近几天在睡觉前喜欢抓耳朵，而且次数越来越多。我看见他耳朵里面好像有黏性物质，总想给他掏掏，可是家人不让。这些黏性物质是什么？

表情　图片　视频　话题　长微博　发布

A 孩子喜欢抓耳朵有以下几种原因：

◆ 生理性原因：人的外耳道皮肤具有耵聍腺，分泌一种黄色、黏稠的耵聍。耵聍的功能是保护外耳道。耵聍干燥后呈现薄片状，就是我们俗称的“耳残”“耳屎”，可以阻止外来物质的侵入。但是也有的耵聍像黏稠的油脂，黏附外来物质，如尘土或小虫，以保护外耳道。如果耵聍过多，刺激外耳道，孩子就会抓耳朵。

家长不要自行给孩子掏耳朵，以免引起感染或造成鼓膜损伤，影响孩子的听力。一般来说，耵聍通过孩子的头部运动、咀嚼、张口可以自行排出。如果耵聍过多，应该去医院请医生处理。

◆ 病理性原因：外耳道湿疹（请看本书第148页“孩子有外耳道湿疹怎么办”）。

化脓性中耳炎（请看本书第148页“孩子是化脓性中耳炎吗”）。

◆ 寻求安慰：也有的孩子没有上述问题，但是每次睡前都有抓耳朵的动作，形成习惯，可能是孩子寻求自我安慰。当孩子重复这个动作时，可以转移孩子的注意力，淡化这个动作，使得这种行为逐渐减弱，直至消失。平时家长也需要给予孩子丰富多彩的环境，满足孩子的好奇心和探索欲望，满足孩子感情的需求，给予孩子最大的关注和亲切的爱抚。

孩子有外耳道湿疹怎么办

爸爸妈妈@张思莱医师

我的孩子是过敏体质，尤其是临睡前常会抓耳朵，外耳道被他抓得血糊糊的，还有渗出液。医生认为是外耳道湿疹，我该如何办？

表情 图片 视频 话题 长微博 发布

A 有的孩子是过敏性体质，常常对一些物质过敏，包括对一些使用或者食用的东西发生过敏，尤其是以乳类为主要食品的婴幼儿，对乳类或鱼虾中的异性蛋白过敏，引起变态反应，出现湿疹。湿疹不但会出现在孩子的皮肤上，也会出现在外耳道，外耳道皮肤出现皮疹、糜烂，并有渗出液，引起孩子不适。孩子在玩耍时注意力分散，但是一旦躺下安静下来，耳朵内的不适就突出表现出来了。

对于这种情况，首先应该找出过敏原，不要摄入引起过敏的食物；其次要保持局部皮肤的清洁，不要使用热水和含有碱性的浴液清洗耳朵；耳朵洗后可以涂抹湿疹膏，或者氧化锌软膏；如果孩子痒得厉害可以口服抗组织胺的药物，如扑尔敏（氯苯那敏）。如果是对牛奶蛋白过敏，则建议改用抗过敏的配方奶粉。

孩子是化脓性中耳炎吗

爸爸妈妈@张思莱医师

我的孩子已经8个月了，近来哭闹得厉害，尤其是给他穿套头的衣服时，碰到右耳哭得就更严重了。昨天我看到有黄脓液从孩子的耳朵里流出来。孩子会不会是中耳炎，我该怎么办？

表情 图片 视频 话题 长微博 发布

A 孩子可能是化脓性中耳炎，建议你及时去医院，请医生确诊并处理。化脓性中耳炎往往由于孩子感冒，尤其是体质比较差或贫血的孩子，造成细菌趁机而入，或者由于眼泪、乳汁的流入，造成中耳内感染化脓。也有的由于不正确的喂奶姿势，如躺着喂奶，由于小婴儿咽鼓管短平、吞咽不协调，也会因奶液通过咽鼓管进入中耳而引起急性化脓性中耳炎。这样的孩子往往哭闹、发热、呕吐，当别人触动孩子的耳朵，孩子表现哭闹或者用手拒绝。有的时候孩子的外耳道已经流出脓液才被家长发现。

如何处理：首先彻底清洗外耳道的脓液和分泌物，可以用3%的双氧水（过氧化氢）清洗，然后用消毒好的棉签擦净外耳道的脓液，再用抗生素滴耳剂（慎用氨基糖甙类滴耳剂，如庆大霉素、新霉素、卡那霉素、妥布霉素、链霉素滴耳剂，以免引起听觉损伤，造成不可逆的终身听力损害）1天6次左右，内服抗生素。分泌物消失后还应该继续用3～4天，以保证治疗彻底。

如何预防：孩子哭闹或吃奶时不要让孩子平躺，最好采取半卧位，头高、躯干低，预防眼泪和乳汁流入。给孩子洗澡时注意保护耳朵，不要让洗澡水流入。对于经常溢奶的小婴儿，吃完奶后抬高孩子的上半身，右侧卧位，防止吐奶及奶液流入耳朵。

孩子耳郭前有一小孔正常吗

爸爸妈妈@张思莱医师

我的孩子刚出生不久，我发现孩子耳朵的耳廓前面有一个小孔，按压后可见一些膏状的分泌物流出。请问这种情况正常吗？

表情　图片　视频　话题　长微博　发布

A 你说的耳廓耳屏前方的小孔，医学上称为“耳前瘘管”，是一种先天畸形。这是因为在胚胎的发育过程中第一、第二腮弓外胚层由6个小丘融合而成，融合时留有上皮残余，形成一个盲管，即为耳前瘘管。耳前瘘管深浅、长短不一，也可能有分支。耳前瘘管可以发生在一侧，也有可能两耳廓前都发生。瘘管经过按压常常有脂性或者像豆腐渣一样、略有臭味的分泌物流出。一般情况下仅仅局部感到瘙痒，不需要处理。平时需要注意不要用手去摸和按压，以免引起感染。如果感染有可能局部红肿、流脓，形成脓瘘或者局部皮肤形成瘢痕组织，因此建议使用抗生素控制感染，感染控制后手术切除瘘管。

小虫子爬进耳朵或者耳内有异物怎么办

爸爸妈妈@张思莱医师

我的孩子刚2岁，在公园玩时一个小虫子爬进孩子耳朵里，孩子一直哭闹，我该如何处理？如果孩子淘气往耳朵内塞进异物如何处理？

表情 图片 视频 话题 长微博 发布

A 家长千万不要用掏耳勺乱掏，如果是虫子，这样做反而会刺激小虫子向里面爬。如果爬进中耳鼓膜旁，孩子会更难受而哭闹。这时家长需要冷静，仔细观察是什么虫子爬进孩子耳朵里。如果是蚊虫，可利用蚊虫的趋光性，用手电筒照射，蚊虫就有可能自行爬出来；或者滴几滴消毒好的植物油，让蚊虫窒息，死后取出。最好的办法就是及时去医院，医生会使用乙醚或者氯仿将蚊虫麻醉后用专用的医疗器械取出。

如果耳朵塞进异物，尤其是豆子类的异物，家长不要用掏耳勺或者小镊子去取，这样不但取不出来，反而可能将异物推到深处，而且还容易伤及外耳道，引起感染。对于这样的异物尽量请医生及时取出，否则耳朵内潮湿，豆子等植物种子还有可能膨胀，更难取出。

鼻科疾病

孩子流鼻血怎么处理

爸爸妈妈@张思莱医师

我的孩子1岁，今天上午又流鼻血了。从出生到现在已经是第三次了，而且总是左面的鼻孔。会不会有问题，是不是需要马上去医院？

表情 图片 视频 话题 长微博 发布

A 鼻腔是人的呼吸器官，鼻黏膜内有丰富的血管且血管比较娇嫩，还有很多黏液腺，可以分泌黏液维持鼻腔的湿润。鼻黏膜的血管表浅，管壁薄，由于某些原因很容易造成鼻黏膜血管充血、肿胀破裂而出血。引起孩子流鼻血的原因很多：

◆ 天气干燥，孩子的鼻黏膜容易出血。

◆ 孩子鼻黏膜的血管畸形或鼻中隔偏曲。

◆ 鼻腔内异物。

◆ 孩子有挖鼻孔的习惯，造成黏膜内的血管破裂出血。

◆ 孩子有鼻炎或鼻窦炎，也容易造成局部充血肿胀、破裂出血。

◆ 如果出血频繁，同时孩子有贫血表现，注意血液病的可能。

孩子鼻出血时家长不要惊慌，让孩子坐下，身体向前倾，鼓励孩子张口呼吸，避免血液被误吸，同时注意血是从哪个鼻孔流出来的。家长用拇指和食指在孩子的鼻梁中部捏住鼻子，以便压迫止血，避免孩子将血液吞进肚子里，造成孩子呕吐。一般压迫约10分钟可以奏效。同时用冰袋（包上毛巾，避免过凉刺激孩子）或者浸了凉水的毛巾敷在孩子前额鼻根部或脖子后面，使血管收缩，减少出血。如果继续出血，可以用油纱条（医用凡士林浸泡的纱布条）塞进鼻腔压迫止血，然后及时送到医院诊治。切记，不要用干棉花或者纸团塞进鼻腔内压迫止血，否则容易引起感染，还可能由于到医院取出已经黏附在鼻黏膜上的棉花或纸团撕破刚刚止住血的伤口，引起再次出血。

注意：不要让孩子向后仰头，这样虽然鼻腔不出血了，可是血液却通过鼻后孔流向口腔被孩子咽下。

平时要注意孩子鼻腔的湿润，可以使用药膏涂抹鼻腔，养成良好的生活习惯，禁止孩子挖鼻孔，幼小的孩子注意不要让他把异物塞进鼻孔中。

根据我说的情况，你应该带孩子及时到儿童医院的鼻科就诊，以明确诊断，做出相应的处理。

孩子睡觉总是打呼噜怎么办

爸爸妈妈@张思莱医师

我的孩子已经2岁8个月了，由于是早产儿，从小体质比较弱，而且还爱生病，因此发育得不是很好。近1年来经常高热、鼻塞、咽痛。每次去医院检查，医生都说是扁桃体炎。这些日子又开始鼻塞、咽痛、睡眠时还打起呼噜来。医生说是扁桃体肥大造成的。请问，这种情况有什么危害？

表情 图片 视频 话题 长微博 发布

A 婴幼儿因为上呼吸道的鼻和鼻腔相对短小，没有鼻毛，并且鼻黏膜柔弱、有丰富的血管，因此容易感染，引起鼻黏膜充血肿胀，使得狭窄的鼻腔更加狭窄，以至于鼻塞、引起呼吸困难。婴幼儿的鼻咽部富有淋巴组织，1岁末孩子咽部左右的增殖体和腭扁桃体开始发育而逐渐长大，4～6岁达到高峰，个别的孩子6～12月龄时增殖体就开始发育。增殖体和扁桃体具有一定的防御功能，是人体抵御各种病原体的第一道门岗。但是由于经常发炎，治疗不彻底，细菌在此藏污纳垢，反复感染，造成鼻黏膜充血水肿，增殖体、扁桃体异常肥大，因此孩子睡眠时出现呼吸不通畅、不得不张口呼吸、舌后坠、出现打呼噜的现象。有的孩子还可能出现呼吸节律不整，甚至出现呼吸暂停现象。这样不但影响了孩子的睡眠，还危及孩子的心肺功能，严重地影响孩子大脑的氧气供应，造成生长激素分泌减少，影响身高的发育。大脑长时间缺氧还会严重影响孩子的智力发育和认知水平的提高。因此不要忽视孩子打呼噜的现象。现在你应该积极彻底地治疗孩子的原发病，增强孩子的体质，减少上呼吸道疾病的发生。如果经过治疗，腭扁桃体和增殖体仍然肥大，可根据医生检查的情况决定是否摘除。

孩子鼻塞可以用滴鼻净吗

爸爸妈妈@张思莱医师

张医师，我的孩子已经6个月了，近来因为感冒鼻子不通气，每次吃奶时都因为憋气而大声哭闹，睡觉时也常常憋醒。我很着急！请问我可以给孩子用滴鼻净吗？如何处理鼻塞？

表情 图片 视频 话题 长微博 发布

A 婴幼儿是不能用滴鼻净的。滴鼻净（又叫“鼻眼净”）是一种化学合成药，化学名字叫“萘甲唑啉”，常用的有0.05%或0.1%两种浓度的溶液。滴鼻净的主要成分是拟肾上腺素药，其作用比肾上腺素还强，用药后能使鼻黏膜中的毛细血管、静脉和动脉短暂收缩，而使鼻甲黏膜水肿暂时减轻，达到鼻甲收缩、扩宽鼻腔、改善通气的目的，对于成人的鼻塞是一种很好的治疗药物，但是却不适合婴幼儿。因为婴幼儿神经系统发育不完善，对药物非常敏感，耐受力差，加上婴幼儿的鼻腔黏膜娇嫩，血管丰富，吸收药物迅速而完全，药物很快进入血液循环后，有的孩子可能出现一系列不适的症状，如面色苍白、嗜睡、呕吐、体温下降，严重者甚至可以引起昏迷，抢救不及时可危及生命。

对于婴幼儿因为感冒引起的鼻塞可以做以下处理：

◆ 如果屋内相对湿度比较低，可以使用加湿器，增加屋内的湿度（尤其是北方使用暖气的冬天，屋内比较干燥）。

◆ 可用温湿毛巾热敷鼻部或前额，有助于减轻症状。

◆ 每个鼻孔各滴1滴生理盐水，有助于湿润鼻腔、缓解鼻塞。生理盐水可以将鼻腔内干燥的鼻痂软化，然后用消毒好的干棉签轻轻擀下。目前药店有生理性海水喷雾剂，家长不妨买来给孩子喷雾，有助于缓解鼻塞。

◆ 如果鼻塞影响了孩子的睡眠或吃奶，可以用0.5%的呋麻滴鼻剂在孩子吃奶或睡觉前每个鼻孔各点1滴，一般间隔4～6小时1次。用量不能大，两次用药间隔不能太短，因为呋麻滴鼻剂中的麻黄碱也是一种血管收缩剂，用量过多同样也有副作用。

◆ 如果孩子流涕很严重，可以口服抗过敏的氯雷他定糖浆或者西替利嗪滴剂，以抑制身体分泌组织胺，流涕就会减少。但是这两种药与所有抗组织胺药物一样，都会使孩子犯困、口干、鼻干和皮肤干，所以流涕不是很严重尽量不用。

孩子鼻腔有异物怎么办

爸爸妈妈@张思莱医师

我的孩子已经3岁了，很淘气，今天将1个黄豆塞进鼻孔里，我们自己也取不出来，只好去医院请医生处理，医生用了1%的丁卡因和1%麻黄碱喷入鼻腔才用镊子取出异物。请问，以后再发生这种情况我能在家里处理吗？

表情 图片 视频 话题 长微博 发布

A 孩子好奇心强，随着精细运动的发展，1岁以上的孩子常常会把一些小的豆子、果核以及小纽扣或纽扣电池等塞进鼻孔中。孩子往往不告诉大人，一直到鼻孔发出臭味，有的甚至流出脓血分泌物家长才发现。也有的是家长发现了自己试图取出，反而将异物推到鼻腔深处。对于学龄前儿童尤其是幼儿，家长不能疏忽，不能给孩子玩过小的玩具、豆类、小纽扣之类的东西，孩子活动时不能离开大人的视线。一旦发现孩子将异物塞进鼻孔，不要在家里自己处理，应及时去医院请医生处理。

口腔科疾病

唇裂和腭裂的孩子什么时候手术好

爸爸妈妈@张思莱医师

新生儿唇裂、腭裂什么时候做手术合适？我朋友说太早做全麻会有风险。请问张医师，我可以选择孩子5个月时做吗？现在宝宝喂养时有什么特别要注意的吗？

表情　图片　视频　话题　长微博　发布

A 新生儿唇裂和腭裂是颌面部最常见的先天性畸形，主要是在胚胎期唇部和腭部形成时受到病毒、放射线、药物等伤害出现的畸形。这样的畸形会影响孩子的吸吮、吞咽、呼吸和语言功能，畸形越严重功能障碍就越严重。由于喂养困难，使得孩子长期营养不足；由于鼻腔开放，使得冷空气不能经鼻腔加温，直接进入咽部，容易引起孩子上呼吸道感染，严重者还能引起孩子肺炎或中耳炎；唇裂和腭裂严重者可影响孩子发音，不利于孩子的语言发育。一般唇裂和腭裂手术分开做，先修补唇裂，单侧的3～4月龄时比较合适，双侧可以延迟到6月龄做。如果孩子体质比较差，改善营养状况后，最好在1岁前做。腭裂2～3岁时做手术最合适，可以及早发挥其功能，有利于孩子正常发音和语言发育。现在孩子手术所采取的麻醉，只要用药正规、麻醉方法选取正确，一般都是很安全的，不会对孩子有任何影响。现在你需要耐心地喂养孩子，保证孩子的营养摄入，有了健康的体质就能如期手术。希望你能如愿！

鹅口疮反复不愈怎么办

爸爸妈妈@张思莱医师

我的宝宝现在7个多月，患鹅口疮40多天了，医生吩咐用紫药水涂抹患处，结果好了又犯，总是反复。我该怎么办？

表情 图片 视频 话题 长微博 发布

A 鹅口疮是一种由白色念珠菌等真菌引起的口腔黏膜炎症，多发于新生儿和婴幼儿。白色念珠菌可以在健康人的皮肤、肠道、阴道寄生。由于乳具消毒不彻底，乳母的乳头不干净，照顾孩子的人手不干净，造成孩子所用物品污染，导致孩子入口的东西不干净，缺乏抵抗力的新生儿或小婴儿都容易引起鹅口疮。尤其是孩子已经会吃手，吃身边的一些物品，很容易使鹅口疮反复感染发作。鹅口疮也见于营养不良、腹泻、长期使用抗生素或激素的孩子，也有的新生儿是经过产道娩出时感染的。

1.鹅口疮的主要表现

口腔黏膜上出现白色乳凝块样物，常见于颊黏膜、上下唇内侧、舌、牙龈、上腭等处，有时可沿至咽部。白膜不容易拭去，剥落后局部黏膜潮红。一般孩子无疼痛感，不流口水，吃奶不受影响，但是病变严重则可引起呛奶、吞咽困难、呼吸困难。

2.预防、治疗应遵循以下原则

◆ 所用一切物品必须严格消毒，护理者要注意个人卫生，操作要干净。哺乳者每次喂奶前一定要用清水清洗奶头，要天天换洗内衣。孩子必须勤洗手，杜绝可以引起反复感染的任何一个环节。

◆ 注意孩子的营养，对于长期腹泻、使用抗生素和激素的孩子做好预防工作。在疾病允许的情况下，尽量减少抗生素和激素的应用，避免体内菌群失调，造成真菌滋生。

◆ 一旦患病，可以用制霉菌素溶液（10万～20万单位/毫升）涂口腔，每天3～4次，或遵医嘱口服制霉菌素。可同时服用维生素B_2及维生素C。鹅口疮消失后继续口服药物2～3天，防止复发。

◆ 对于反复发生鹅口疮不能治愈的孩子，应该警惕是否有免疫机制发育缺陷，选择减毒活疫苗需要慎重，最好选择灭活疫苗。

孩子摔碰后牙齿松动如何处理

爸爸妈妈@张思莱医师

我的孩子已经2岁了，活泼好动，昨天从沙发上摔到地上，门牙碰到地面，牙出血，有些松动，如何处理？需要拔牙吗？

表情　图片　视频　话题　长微博　发布

A 应该带孩子到口腔门诊检查，只要孩子没有感觉到疼痛，也不再出血，先保留那颗松动的乳牙进行观察。这几天避免进食比较硬的食物，以免进一步损伤这颗牙齿。如果这颗牙齿逐渐变色，就不能保留它了，拔掉安装上义牙，当孩子6～7岁时随着换牙自然就替换了。如果牙齿完全摔掉了，就需要在牙齿的所在处做个间隙保持器或者做个义牙安装上，防止其他的牙齿挤占了它的位置，影响了恒牙的萌出和美观。

孩子摔跤磕掉了牙齿如何处理

爸爸妈妈@张思莱医师

我的孩子已经2岁了，由于顽皮不慎从大理石的台阶上摔下来磕掉了牙齿。请问，我该如何处理？

表情　图片　视频　话题　长微博　发布

A 家长不要丢弃磕掉的牙齿，因为婴幼儿正处于生长旺盛时期，而且组织修复再生的能力很强，如果处理得当，牙齿很容易再植成功。磕掉的牙齿不能长时间地暴露在干燥的环境中，也不能将牙齿用纸巾或者手帕包起来去找牙医，这样会使牙根面的牙周膜细胞坏死而影响牙齿再植后牙周膜的愈合。最佳的处理办法就是拿着磕掉的牙齿的牙冠（不要拿着牙根部），用生理盐水冲洗干净。如果当时没有生理盐水也可以用自来水冲洗，然后放进生理盐水或者鲜牛奶中保存，交给接诊的牙科医生。在冲洗的过程中，千万不要擦拭或用刀刮，这样会伤害牙周膜组织，影响再植成功。当然，就诊的时间距离磕掉牙齿的时间越短，再植的成功率就越高。

1岁半的孩子患龋齿需要治疗吗

爸爸妈妈@张思莱医师

我的宝宝在1岁半时，发现上前牙有一黑褐色斑点。去医院检查，医生说是早期龋齿，需要治疗。我想孩子还小，治疗也不会配合，反正早晚要换牙的，还需要治疗吗？

表情 图片 视频 话题 长微博 发布

A 根据破坏程度，龋齿可分为浅龋、中龋和深龋。浅龋和中龋牙齿表现黑色、白垩色、黄褐色的斑块或者牙齿上留有龋洞，这个时候患儿没有什么异常感觉；深龋的时候牙齿表现有很深的洞，患儿感觉疼痛，尤其是吃较热或较冷的食物反应更强烈。根据你描述的情况，你孩子龋齿的破坏程度可能是早期龋齿的初龋或浅龋阶段。婴幼儿早期龋齿应该尽早进行治疗，把牙齿变黑或者变软的部分去掉，再补上树脂等修复材料，恢复牙齿表面的形状即可。

那种认为孩子还小、早晚要换牙不用治疗的观点是不对的，会使龋齿进一步发展，危害性更大。这是因为乳牙的牙釉质比恒牙薄，牙本质也比较薄，牙髓腔比较大，所以龋齿很快就会侵蚀牙神经，那时就要进行神经治疗。神经治疗包括冠髓切除和根管治疗（当然，这种根管治疗与成人的不一样，不是所谓的烧坏神经，而是被龋齿感染的牙髓组织，待乳牙脱落后，新的恒牙长出来还会有新的牙髓，负责营养新的恒牙）。另外，乳牙龋齿严重破坏了牙齿的结构，影响咀嚼和进食，进而影响营养的吸收和全身发育，同时会影响颌骨的发育；还会影响乳牙下面的继承恒牙的发育和萌出，导致恒牙发育缺陷和萌出异常，最后导致牙齿排列不齐；龋齿不但影响美观，而且还会影响孩子的发音，对孩子的正常心理发育产生影响；一旦引起龋齿的变形链球菌进入血液循环系统，还会影响心脏、肾脏等全身器官。其实你不用担心孩子小不配合治疗，从几个月到3岁乳牙龋齿都可以到儿童牙科医生处治疗，他们都有一套给婴幼儿治疗的经验和措施，让孩子的乳牙获得完善的治疗。

母乳喂养儿不会形成龋齿吗

爸爸妈妈@张思莱医师

网上不断有人谈到母乳喂养的孩子，即使频繁夜奶的孩子也不会形成龋齿，是这样吗？

表情 图片 视频 话题 长微博 发布

A 回答这个问题，我建议你看看网上@叶子张野曾经发表的一篇长微博，谈到日本儿科与儿童牙科保健研究委员会在2008年6月19日重新修订发表的《母乳与龋齿——现行观点》的文章。文章谈到母乳喂养的孩子产生龋齿的原因不是母乳本身的直接原因，而是与口腔护理不到位有关。文章是这样谈的：

“从营养学、免疫学、精神方面以及经济方面来看，母乳具有优势。其中，通过对母乳喂养在精神方面的影响的研究，我们知道，在边玩边摄入母乳的同时入眠这一母乳行为能够有效地在精神上对孩子进行安抚。在当今育儿理论化的风潮中，授予母乳是一种很强的亲子联系，因此我们推荐母乳喂养。”同时也谈道：“授予母乳的同时哄孩子入睡，或是夜晚哭泣时授予母乳是自古就有的行为，因此一般的育儿书都记载‘可以授予母乳’。但是也认为，到了幼童期还授予母乳容易引起龋齿。”

母乳喂养的孩子为何也会产生龋齿？文章中是这样认为的：“由于吮吸母乳时要伸出舌头，将乳头压在上颚通过挤压来吮吸，上前牙很容易附着母乳。因此，边吮吸边入睡时，母乳滞留在上前牙的周围，而且由于夜晚唾液分泌减少，很容易形成龋齿；另一方面，由于下前齿被舌头覆盖，母乳附着较少，并且唾液也可以起到清洗作用，不易形成龋齿。

“理论上来讲，只要每次授乳后都刷牙，即使晚上授予母乳也不必担心，但是，在育儿的实际操作中很难做到……对于大多数孩子来说，一旦长牙，龋齿的致病菌变形链球菌作为常驻菌就开始在牙齿表面生长。如果不清洁牙齿，在牙齿表面就会留下母乳以及离乳食的食物残渣，变形链球菌就会分解其中包含的糖类，形成膜并增殖。该过程会产生酸，因此釉质表面就容易脱矿。如果在授予母乳或者离乳食后清洁牙齿，唾液中的钙就会很容易沉淀在脱矿部分，从而复原，这就是所谓的再矿化。

“如此一来，只要每天清洁牙齿，即使授予母乳也会在釉质表面交替进行脱矿和再矿化，可以保证牙齿健康。但是，如果不清洁牙齿，在膜累积的状态下，由于脱矿长时间持续，无法充分进行再矿化，就会形成龋齿。特别是在夜晚，由于唾液分泌减少，就更容易形成龋齿。虽然母乳本身并不是形成龋齿的直接原因，但如果口腔护理不好，膜不断累积，母乳与食物残渣残留在口腔内，形成龋齿的风险就会非常高。”

所以一旦上前牙萌出，口腔清洁护理就非常重要了。文章中建议采取的措施如下：

◆ 上前牙萌出之后，在喂食离乳食后，使用缠在手指上的纱布或棉棒擦拭、清洁牙齿。过了1岁之后，在喂食离乳食后仔细刷牙。理想情况是每次喂食离乳食后都刷牙，但如果难以执行的话，就在喂食晚餐离乳食后认真刷牙，其他时间就喂水或者茶，达到漱口的效果。

◆ 在第一乳臼齿开始生长、具有嚼碎食物能力的离乳完成时期，孩子开始进食各种食物。在牙齿表面残留含糖的食物残渣时，若加入母乳，发生龋齿的风险就会非常高。因此，在过了这个时期仍然授予母乳的情况下，就需要特别注意牙齿的清洁。

◆ 有一些儿童从早期开始变形菌就很多，很容易形成龋齿。如果在1岁以后授予母乳的情况下，建议到儿童牙科进行一次诊查，检查是否容易患龋齿。

（此文选用@叶子张野的长微博的内容，在此对@叶子张野表示感谢！）

牙齿检查需要照X光片吗

爸爸妈妈@张思莱医师

我的孩子已经2岁了，按照你的建议我去医院牙科做常规口腔保健检查，医生说孩子有几个蛀牙，提出给孩子拍牙齿的X片，以防牙齿接缝中有蛀牙。我担心辐射问题，请问需要拍牙齿的X光片吗？

表情 图片 视频 话题 长微博 发布

A 你的孩子已经有几个蛀牙了，看来你没有很好地保护孩子的牙齿。医生建议使用牙线清洁孩子的牙齿，主要是为了清除牙缝间的牙菌斑，但是很多家长不会使用牙线，齿缝间往往清理不干净，因此外表看起来很好的牙齿很有可能在牙缝中出现龋齿，这就需要借助牙齿的X光片发现齿缝中的龋齿，及时进行治疗，以防止浅龋发展为深龋。同时也可以检查继承恒牙的情况。你应该给孩子做牙齿的X光片。医生会根据孩子的具体情况选择X光片的不同检查方案。随着科技的发达，X光片的辐射量很小，不会对孩子发育有影响。根据美国儿童牙科医学会建议：如果孩子发现较多的龋齿，建议每6个月配合X光片检查龋齿情况；如果龋齿比较少，X光片辅助检查的时间间隔可以长一些。

治牙时打麻药会对孩子大脑造成伤害吗

爸爸妈妈@张思莱医师

我的孩子已经2岁了，由于平时保护得不好，发现龋齿没有及时治疗，结果发展成深度龋齿，医生说必须治疗。为了防止治疗过程中孩子疼痛，治疗前要先用麻药。请问，打麻药会不会对大脑有伤害？

表情　图片　视频　话题　长微博　发布

A 孩子出现深度龋齿必须要补牙，如果龋齿伤害到神经，治疗起来就更麻烦了。目前补牙、神经治疗（所谓的根管治疗）、拔牙都是要用麻药的。现在所采用的麻醉多是局部麻醉，患儿神志是清醒的，只要麻药的剂量合适，医生的操作合适，是不会对孩子大脑和身体其他组织器官造成伤害的。更何况目前采用的麻醉手段和麻醉药种类很多，甚至可以做到无痛治疗。所以家长完全不用担心使用麻药会对大脑造成伤害。平时也建议家长不要用打针或者让医生给你拔牙来要挟孩子，增加孩子就医的恐惧感。多表扬其他小朋友拔牙的良好表现，向孩子传递治疗牙齿的益处，不妨买一些有关牙齿保健的绘本，让孩子在有关牙齿保健的故事中获得正面教育。

“地包天”何时矫正为好

爸爸妈妈@张思莱医师

我的孩子已经3岁了，我发现他的牙齿是“地包天”，甚是影响美观，我想给他现在去矫正，可周围的人说应该等孩子换牙后再矫正。这种说法正确吗？“地包天”是如何产生的？

表情　图片　视频　话题　长微博　发布

A “地包天”医学上称为“反咬合”，表现为下牙咬在上牙的外面。出现反咬合有几个原因：

◆ 先天原因：如果父母中有一方为反咬合，极有可能遗传给子女。

◆ 后天因素：乳儿期不良奶瓶喂养姿势，喂养姿势错误促使孩子下颌前伸够奶瓶，或者孩子躺着吃奶，奶瓶与水平面角度过大。也有的孩子长期有下牙咬上唇的不良习惯造成反咬合。

牙齿反咬合会影响上颌骨的发育，使上颌骨发育受限，形成面部中1/3凹陷的月牙脸而影响美观；另外会对颞下颌关节产生不良影响，为成年的颞下颌关节疾病的发生埋下隐患。儿童的颌骨正处于生长发育阶段，骨质生长活跃，因此矫治效果较好。不同的情况矫治的年龄也不同。如影响生长发育的早期骨性畸形，越早治疗效果越好。因此对于乳牙反咬合，应尽早治疗，像你的孩子属于错颌，越早治疗效果越好。对于前牙反颌、下颌前凸等矫治应该在乳牙期，即3～6岁进行矫治，疗程3～5个月，纠正后需要经常复查，防止复发。建议你带孩子去医院口腔正畸科进一步诊治。

这是磨牙症吗

爸爸妈妈@张思莱医师

我的宝宝快3岁了，近来睡觉时发现他将牙咬得“咯吱咯吱”地响，有时可以听到上下牙摩擦的声音，十分难听。请问，这是磨牙症吗？什么原因造成的？如何预防？

表情　图片　视频　话题　长微博　发布

A 你的孩子确实是磨牙症。磨牙症是孩子睡觉的时候出现咬紧牙上下左右磨牙的现象。孩子经常磨牙容易使乳牙受损，牙齿断裂，还可能导致颞下颌关节紊乱病、耳部不适等，而且会影响睡眠的质量。

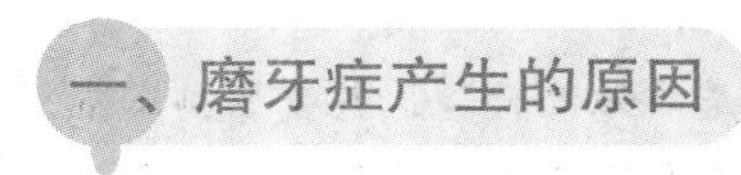

一、磨牙症产生的原因

目前对于磨牙症产生的原因众说纷纭，很难得出具体的结论。有研究认为，基底神经节功能紊乱，以及中枢神经系统神经递质分泌异常可能是磨牙症发生的重要神经生物学机制。目前普遍认为：心理问题、牙齿咬合不正或者一些全身疾病会导致出现磨牙症。具体原因可能为：

◆ 饮食不节：有的孩子晚饭吃得过多或者晚饭后零食吃得过多而积食，造成胃肠道在孩子睡眠的时候也要工作，引起面部咀嚼肌自发性收缩，牙齿便来回磨动。

◆ 孩子白天过于兴奋或者过于紧张焦虑，造成孩子入睡后大脑皮层仍处于兴奋状态，所以出现磨牙现象。

◆ 口腔问题：牙齿发育不好，例如错颌、牙尖过高、咬面不平、龋齿或者牙周炎都会引起磨牙。

◆ 孩子严重的营养不良或者某种营养素缺乏、内分泌紊乱以及变态反应也会引起磨牙现象出现。

专家提示

目前有的专家认为，正处于换牙期的孩子出现的磨牙现象，是建立正常咬合所需要的一种活动。由于孩子的上下牙刚刚萌出，咬合尚不合适，通过磨牙使上下牙形成良好的咬合接触。这类夜磨牙父母不必担心，它常会自行消退而无须治疗。

曾经认为寄生虫可以使孩子发生磨牙症，理由是蛔虫寄生在肠道，不断窜动，刺激肠壁，使肠蠕动加快，引起消化不良，孩子夜间睡眠不安宁而引起磨牙。另外，患有蛲虫的孩子因为雌虫夜间爬到肛门外排卵，引起孩子睡眠不安宁，也会发生磨牙现象。但是目前有关研究的数据并不多，仅有的一些研究也不能证明磨牙症与寄生虫感染有直接关联。

二、磨牙症的防治

如果孩子偶尔发生一两次夜磨牙不会影响健康，家长不用担心，也不需要处理。但如果孩子天天晚上都有牙齿磨动现象，应找对原因进行防治：

◆ 晚餐不要吃得太饱，晚饭后不要再吃零食或者只吃少量的零食，并记住及时清洁牙齿。

◆ 避免孩子出现紧张焦虑情绪或者白天玩得过于兴奋。

◆ 口腔问题请牙医及时诊断治疗。

◆ 改善孩子的营养状况，纠正内分泌紊乱，对于因变态反应引起的磨牙应该去医院找出变应原，及时预防变态反应发生。

◆ 对确有寄生虫的孩子需要在医生指导下进行驱虫治疗，但是不能盲目认为驱虫治疗就可以消除磨牙症的发生。

3岁以上的孩子需要做窝沟封闭和涂氟治疗吗

爸爸妈妈@张思莱医师

我听医生说，3岁以上的孩子最好做窝沟封闭或涂氟治疗，这样就是给孩子的牙齿穿上了一层保护衣，是这样吗？

表情 图片 视频 话题 长微博 发布

A 窝沟封闭是世界卫生组织向全世界儿童推荐的一种保护新生恒牙的方法，我国牙防组织也向全国的小朋友推荐了这种保护牙齿的新方法。根据全国口腔流行病学调查显示：儿童最易发生龋齿的部位是磨牙的咀嚼面，92%的龋齿发生在这一部位。因为磨牙的咀嚼面上有许多凹凸不平的点隙和裂沟，这些窝沟的作用是将食物磨细，便于人体消化吸收。但是也容易积存食物残渣和细菌，尤其是幼儿初萌的磨牙，表面有许多细小的窝沟，且钙化不足，耐酸性差，幼儿刷牙时家长又没有注意把关，孩子刷牙不认真或者方法不对，积存在窝沟内的细菌使食物残渣发酵、产酸，导致牙齿脱钙，很容易龋坏，最终形成龋齿。窝沟封闭就是将这些容易发生龋齿的窝沟，在发生龋齿前不损坏咬合面牙体组织，用窝沟封闭剂（高分子树脂材料）涂抹封闭上，形成一层保护衣，保护牙釉质，阻止细菌及食物残渣进入窝沟，同时使窝沟内原有细菌因断绝营养而逐渐死亡，不受细菌及代谢产物侵蚀，增强牙齿的抗龋能力，从而达到预防龋病发生的一种有效防龋方法，还可使早期龋损停止发展。一般情况下，做过窝沟封闭的恒磨牙，防龋的有效率在90%以上。

窝沟封闭不破坏牙体，所以并不痛苦。做窝沟封闭时，牙面要进行彻底清洗（这一点非常重要），将积留的食物残渣及细菌清洗干净，然后进行牙齿酸蚀，彻底吹干，除去窝沟内滞留的水分（这一点也特别重要），以免影响树脂的固化和与牙表面的粘接强度，涂上窝沟封闭剂，最后用光固化灯在口腔内照固化。窝沟封闭剂固化后与沟壁紧密黏合，可以对抗咀嚼的压力，对进食没有妨碍。窝沟封闭剂固化后无毒，对人体无害。做窝沟封闭一定要去有资质的专业医院。如果孩子配合得好，20～30分钟可以全部完成。需要提醒的是，孩子在操作过程中如果口水多或者以后窝沟封闭剂脱落，家长又没有及时发现，仍然可能出现龋齿。因此建议家长平时要多注意观察，间隔半年到1年定期去医院复查。一般来说，窝沟封闭最好做4次：即3～4岁做乳磨牙，6～7岁做第一恒磨牙，11～13岁做第二恒磨牙，9～13岁做双尖牙。

涂氟治疗：用氟来防治龋齿发生。涂氟后会使牙齿表面的结构增强，形成抵抗力强的氟保护层，使牙齿更能耐受酸的腐蚀。如果牙齿表面已经出现脱钙现象，涂氟后可以使它再钙化，阻止龋齿形成，同时还可以抑制牙菌斑的形成。因此，医生在给孩子做牙齿保健时，征得家长同意会给孩子做涂氟处理。牙科医生建议每半年给孩子牙齿抛光和涂氟1次，以保护牙齿。

孩子是舌系带短吗

爸爸妈妈@张思莱医师

我的孩子已经6个月了，我发现孩子的舌头不能伸出来。去医院检查，大夫让观察看看，等孩子2岁以后再说，可是我怕影响孩子学习说话，请问如果是舌系带过短，需要手术吗？

表情 图片 视频 话题 长微博 发布

A 新生儿出生时，舌系带是连在舌尖或者接近舌尖的。随着孩子的发育，舌头也在不断地发育，舌系带会逐渐向舌根退缩。所以，2岁左右舌系带才能远离舌尖。但是也有个别的孩子由于舌系带先天发育过短，或者因为感染引起炎症，造成局部组织疤痕，舌头不能伸出口唇外，因而影响发音，尤其是卷舌音和舌腭音的发音，使孩子的语言不清晰。此时的舌系带一般透明或半透明，没有血管，因此将舌系带薄膜剪开即可，不需要麻醉。术后不影响进食。你的孩子刚6个月，舌系带不可能退缩到舌根，现在还不能诊断孩子是舌系带过短。如果孩子确实是舌系带过短，可以考虑手术。如果你的孩子因为舌系带过短已经影响吃奶了，那么现在就可以手术治疗。

地图舌有危害吗

爸爸妈妈@张思莱医师

最近我的孩子出现舌苔剥脱，一块一块的，有人说孩子是“地图舌”，说是有“火”，让我给孩子吃下“火”的药。可孩子食欲、精神以及大小便都正常，我能给孩子吃去“火”的药吗？孩子是地图舌吗？有什么危害吗？

表情 图片 视频 话题 长微博 发布

A 舌面在医学上称为“舌背”，舌背的舌黏膜上面有许多舌乳头，其中有丝状乳头，呈白色，数目多，但是体积很小，它遍布在舌体上面，像天鹅绒一般。还有一种稍大的突起数目较少，散在丝状乳头间，医学上称为“菌状乳头”，它含有味蕾和味觉神经末梢，主管味觉。舌背黏膜表面覆盖薄白的舌苔。地图舌好发于6月龄至3岁的婴幼儿，是一种舌黏膜疾患。主要表现为舌背出现暂时性丝状乳头剥脱消失，病变表浅，向四周扩大，相邻病损处融合，形成外性不规则的地图状，故称“地图舌”，剥脱区的红斑稍凹陷而光滑发亮。丝状乳头边剥脱边修复，形状经常变化。一般孩子没有什么反应，但是剥脱严重的，进食刺激性食物有时感到不适。本病目前原因不明，有的医生认为是炎症，有的认为是变态反应，有的认为可能与遗传有关。此病没有特殊的治疗方法。

孩子嘴唇干裂出血怎么办

爸爸妈妈@张思莱医师

我的孩子近来每天都频繁地舔嘴唇，嘴唇表皮都已经裂口子了，而且渗血。我想可能与现在北方已经进入秋季、气候干燥多风有关。孩子的嘴唇越干越舔、越舔越干，都成恶性循环了。请问，我该怎么办？

表情 图片 视频 话题 长微博 发布

A 有舔嘴唇和嘴角习惯的孩子，由于环境寒冷并且干燥多风，往往不自觉地舔嘴唇或嘴角。唾液中含有水分、多种消化酶、黏液蛋白等，当孩子用舌头舔嘴唇或嘴角时，因为嘴唇或唾液中的水分迅速蒸发，嘴唇和嘴角更加干燥，越干越舔，越舔越干，形成恶性循环。另外，唾液中的水分蒸发掉，但是一些蛋白质却遗留在嘴唇或嘴角上，与嘴唇的表皮一起形成痂皮，局部可能出现皲裂渗血，嘴角糜烂，形成慢性唇炎和口角炎，这是一种非特异性的炎症性病变，严重者嘴角处可以出现色素沉着。一些口角炎长期不愈的孩子也有可能是因为缺乏维生素B_2（核黄素）或者微量元素——锌，因此需要家长注意如下几点：

◆ 尽量保证室内有一定的湿度，气候干燥多风的季节减少外出，并且注意及时给孩子补充足量的水分。

◆ 平时多给孩子吃含有核黄素的食物，如猪肝、鸡蛋、瘦肉、黄豆芽、苹果、橘子、香蕉、油菜、白菜等。对于缺锌的孩子应该及时补充足量的锌给予治疗。

◆ 可以选用婴幼儿专用的无色护唇膏用以保湿。

◆ 及时纠正孩子舔嘴唇和嘴角的行为。

营养性疾病

低钙血症为何会引起惊厥

爸爸妈妈@张思莱医师

我的孩子出生第二天突然手足抽动、面色青紫，进而发生惊厥。医生说是因为低钙血症引起的惊厥，经过补充钙剂孩子惊厥停止。为什么会出现这种情况呢？

表情 图片 视频 话题 长微博 发布

A 在妊娠后3个月，胎儿每天通过胎盘从母亲获得钙100毫克/千克～150毫克/千克体重，即使母亲营养不良、胎盘功能不全或胎儿宫内营养不良，胎盘仍能主动转送钙，保证胎儿进行正常的钙化。胎儿出生后因为母亲的供应突然中断，外源性的钙供应很少，新生儿血钙水平会下降，持续24～48小时，然后逐渐上升，足月儿生后5～10天血钙水平恢复到正常。但是当血钙低于1.8毫摩尔/升（7.0毫克/分升）或游离钙低于0.9毫摩尔/升（3.5毫克/分升）时，就可以诊断为低钙血症。

低钙血症的主要症状是神经、肌肉兴奋性增高，常常会出现惊跳、手足抽动或震颤、惊厥等现象，并且在抽搐发作的同时还会出现不同程度的呼吸改变、心跳加快、面色青紫、严重呕吐、便血的症状，最严重的还可能导致喉肌痉挛、呼吸暂停。低钙血症在发作时直接威胁孩子的生命，尤其是当出现喉肌痉挛及呼吸暂停时，一旦宝宝出现抽搐、呼吸暂停的情况应赶紧送往医院急救。只要治疗及时，一般不会出现后遗症；若反复惊厥，缺氧时间长，会造成大脑严重损伤，影响大脑发育，造成智力低下。

低钙血症可以分为早期低血钙、晚期低血钙、出生3周后发生的低血钙。

早期低血钙：通常发生在生后2日内，出生体重少于2500克、各种难产儿、颅内出血、窒息、败血症、低血糖、肺透明膜病等容易发生低血钙；孕母在怀孕时患有糖尿病、妊娠高血压疾病、产前出血、饮食中钙及维生素D不足和甲状旁腺功能亢进等病，新生儿也容易发生低血钙。

晚期低血钙：是指宝宝出生2日后至3周发生的低血钙，多为足月儿，并且大多发生在人工喂养的宝宝身上。鲜牛奶、黄豆粉制的代乳品和谷类食物含磷量较高（牛奶中钙：磷比例为1.35：1），而新生宝宝由于肾脏功能发育不成熟，不能排泄过高的磷酸盐，造成高磷酸盐血症，不利于宝宝对钙的吸收，所以当宝宝摄入过多的代乳品和谷类食物而又无法充分消化时就可能导致低钙血症。此外，妈妈妊娠期维生素D摄入不足，或在治疗新生宝宝代谢性酸中毒时使用过碳酸氢钠，或做换血治疗时使用枸橼酸钠做抗凝剂的宝宝均可使游离钙降低，也容易引发新生儿低钙血症。

出生3周后发生的低血钙：维生素D缺乏或先天性甲状旁腺功能低下的婴儿容易发生，并且低血钙持续时间较长。

需要提醒家长注意的是：早期低血钙的临床表现差异很大，与血钙浓度不一定平行，症状也可能不典型或无症状，因此需要家长密切观察宝宝的精神状况，烦躁好哭、睡眠不安、颤抖、有面部小肌肉的抽动或肌张力低下、呼吸暂停、进奶差，伴有异常分娩史的宝宝需要高度警惕此病。

软骨病和佝偻病是一回事吗

爸爸妈妈@张思莱医师

我的宝宝是早产儿，有人说由于发育不成熟可能会发生软骨病，因此出生后需要补充钙剂。什么是软骨病？与佝偻病是一回事吗？

表情　图片　视频　话题　长微博　发布

A 软骨症是指软骨发育不全，这是常染色体显性遗传病。主要由于骨骺端软骨细胞发育不全，软骨的骨化过程不能正常进行，致使全身软骨内成骨发生障碍。出生时就表现为四肢短粗、躯干正常、头大、前额突出、四肢皮肤皱褶明显，是典型的侏儒症表现。软骨病可以通过补充钙剂得以纠正是一个认识上的误区。我想你说的“软骨症”可能指的是新生儿佝偻病，这是由于维生素D或钙、磷缺乏引发的钙磷代谢失常和生长中骨骼的成骨不良所致，属于营养性骨病。本病影响新生儿的正常生长发育，严重者可危及生命。若出生时就已发病，称“先天性佝偻病”，主要是因为妈妈孕期皮肤阳光照射不足或没有补充维生素D，钙、磷吸收减少，另外孕妇食物中含钙、磷少，致使胎儿储存不足；又因为胎儿体内储存的钙和磷80%是在怀孕后3个月（28周以后）完成的，所以早产儿就会失去储存钙和磷的最佳机会，因此可能会出现先天性佝偻病。因此，早产儿出生后可以用母乳+母乳强化剂进行喂养；或者使用早产儿配方奶粉，其中含有较高的维生素D、钙和磷，能够满足早产儿的需要。另外，准妈妈在怀孕后3个月最好每天2小时的光照或者每天补充维生素D400国际单位，保持每天1200毫克钙（最好通过每天均衡膳食+牛奶500毫升补充。如果对牛奶不耐受，可以每天额外补充钙600毫克）的摄入，避免发生先天性佝偻病。

鸡胸能治愈吗

爸爸妈妈@张思莱医师

我儿子今年已经3岁半了，前段时间体检，医生说他是鸡胸。我就买了些××钙和鱼肝油给他吃。今天又带他去检查，还是鸡胸。我现在很着急，担心他以后就是这样子。请问张医生，我现在该怎么办？谢谢。

表情 图片 视频 话题 长微博 发布

A 谈到鸡胸，就必须了解佝偻病，这是小儿常见的一种营养不良性疾病，主要是因为维生素D不足引起的全身性钙、磷代谢失常，以致钙盐不能正常沉着在骨骼的生长部分，发生骨骼变形，如方颅、肋骨串珠、佝偻病手镯、鸡胸、漏斗胸、O型腿、X型腿。患佝偻病的孩子抵抗力低下，易发生肺炎、腹泻、贫血等疾病。孩子摄取维生素D主要有两个途径：一是通过阳光照射，阳光中的紫外线将皮肤下的一种胆固醇转化为维生素D；二是通过食物或者外界给予的维生素D制剂获取。当孩子在发育过程中从以上两个途径没有获得他所需要的维生素D时就会发生维生素D缺乏的佝偻病。当维生素D缺乏到一定程度，孩子可出现一系列症状，如多汗、易激惹、易惊、夜惊、夜啼。如果没有引起家长重视，进一步就会出现骨骼的变化。一般来说，佝偻病的初期多发生在孩子3～4月龄时，大约在入冬之后。如果没有治疗，当孩子在七八个月至2岁时，又处于冬、春季，就会进入激期，出现骨骼变化。如果这个时候进行了积极治疗，孩子的精神、体征会随着治疗逐渐好转。但是如果没有积极治疗，就进入到后遗症期，会留下不同程度的骨骼畸形，这时孩子的年龄大约是3岁。你孩子的情况可能是后遗症期，不能用维生素D制剂来矫正，应该考虑矫形疗法，通过俯卧位及俯卧撑或引体向上等活动加强胸部的锻炼，发育轻度的鸡胸可能会纠正。

注射维生素D会不会中毒

爸爸妈妈@张思莱医师

我的孩子6个月了，人工喂养，每天奶量900毫升。因为孩子多汗、枕秃去医院检查。医生说孩子有枕秃、肋骨外翻，诊断为佝偻病，给予肌肉注射维生素D330万国际单位，并让我半个月后去医院继续注射维生素D330万国际单位。医生也没有给我的孩子做其他的检查，这样注射会不会中毒呀？

表情　图片　视频　话题　长微博　发布

A 不能仅凭孩子多汗、枕秃、肋骨外翻就诊断为佝偻病，因为这些不是佝偻病的特异性指征。这样诊断是不准确的，必须要根据病史做一个全面的分析，即使孩子没有补充正常发育所需要的钙和维生素D，并且有典型的临床表现，也要结合孩子的血液生化检查以及骨骺X线等综合检查才能做出诊断。

你的孩子是人工喂养，孩子吃的是配方奶粉。目前我国市场上销售的配方奶粉都是加强了钙和维生素D的。6个月吃配方奶粉的孩子需要钙400毫克/日，维生素D400国际单位/日。你的孩子吃的×××配方奶粉每100毫升的奶液中含有钙45毫克、维生素D50国际单位。那么孩子从配方奶里获得钙405毫克、维生素D450国际单位，基本上就不需要再额外补充钙和维生素D了。

维生素D是一种蓄积性药物，长期储存在体内脂肪和肌肉中。如果孩子每天摄入维生素D4000国际单位以上，连续口服1～3个月即可出现中毒症状。如果再大量口服维生素D，或突击给予大剂量的维生素D，更容易造成中毒。有的敏感的孩子可能不到这个剂量就会出现中毒症状。因为你的孩子平时已经口服了足量的维生素D，现在又肌肉注射维生素D330万国际单位，半个月后不能再继续注射维生素D330万国际单位，否则会中毒的。用大剂量维生素D治疗佝偻病的传统方法目前已经受到不少专家的质疑，这种方法可能引起维生素D中毒，使钙在内脏器官沉积，造成各器官损伤。即使没有发生维生素D中毒，大剂量维生素D对免疫系统也有抑制作用，使儿童抵抗力下降。

维生素D中毒有以下表现：孩子最早出现的症状是食欲减退，甚至厌食、烦躁、哭闹、精神不振、多有低热，也可以多汗、恶心、呕吐、腹泻或便秘，逐渐出现烦渴、尿频、夜尿多，偶可见脱水和酸中毒。慢性中毒可发生骨骼、血管、肾以及皮肤相应的钙化，同时伴有X线及血生化检查的异常。

如果现在孩子已经出现我说的上述症状，从现在开始立即停用维生素D制剂和钙剂，避免阳光照射，给予低钙饮食，马上去医院检查是否中毒，给予相应的治疗。

缺铁对婴幼儿有何影响

爸爸妈妈@张思莱医师

我的孩子是缺铁性贫血，现遵医嘱正在进行纠正贫血的治疗。听说缺铁的孩子以后还会影响注意力和智力水平，是这样吗？缺铁的害处是什么？

表情　图片　视频　话题　长微博　发布

A 铁是构成血红蛋白及多种酶的重要元素，人体内60%～70%的铁用于构成血红蛋白，血红蛋白在肺里和氧结合后，被血液运送到全身各组织进行新陈代谢。铁主要储存在肝脏、网状内皮细胞和骨髓中，无论婴幼儿还是成人每天都需要一定量的铁质，尤其是当孩子1～4岁时铁的需要量是人一生中相对最多的时候，几乎接近成年男子的需要量，每天大约需要1.0毫克铁。4岁以后的膳食应保证多样化、均衡营养。根据中国营养学会编著的《中国居民膳食营养素参考摄入量》，铁的主要食物来源有：动物血、肝脏、鸡胗、牛肾、大豆、黑木耳、芝麻酱；良好来源有：瘦肉、红糖、蛋黄、猪肾、羊肾、干果。经常适量吃以上食物就不会发生缺铁性贫血。

铁缺乏使血红蛋白合成不足，造成贫血。因为红细胞的功能主要是携带氧气到各个组织，贫血就会造成组织供氧不足而带来各组织系统的损害。长期铁缺乏可降低婴幼儿的认知能力，即使在补充铁剂后也难以恢复。铁缺乏还可导致婴幼儿心理活动和智力发育的损害以及行为的改变，这样的孩子在成长过程中爱哭、易怒，对新鲜事物反应不灵敏，对环境兴趣不大，不喜欢长久注意某种事物，由于缺乏注意力和坚持性而被认为有性格障碍和情绪障碍，甚至被认为是多动症。这些孩子在做智能测试时，语言和操作能力都比正常孩子低。长期缺铁明显影响身体耐力，这是因为缺铁使肌肉中氧化代谢受损的缘故。同时免疫力和抗感染能力也会降低。缺铁性贫血使得机体在寒冷环境中保持体温的能力受损，会增加铅的吸收，使铅中毒的概率增加。所以你要及时纠正宝宝的缺铁性贫血，不要留下遗憾。

铁摄入过量会中毒吗

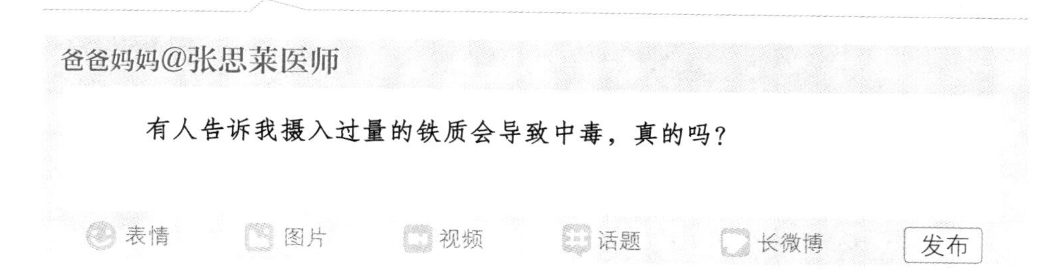

A 为了预防缺铁性贫血而长期补铁或者过量补充铁剂会造成铁中毒，当摄入和吸收的铁量超过与血浆中运铁蛋白结合的量时，铁的毒性才变得明显。同时铁是强氧化剂，对视网膜和神经系统，乃至DNA有强烈的伤害。急性铁中毒主要表现为胃肠道出血（呕吐和血性腹泻）、全身凝血不良、代谢性酸中毒和休克。如果进食的铁超过机体排铁的能力，铁在体内长期过量储存，引起慢性铁中毒或铁负担过重就会损害各种器官，如血色素沉着症，表现为器官纤维化，受影响最大的是肝、胰、心脏、关节、脑垂体。早产儿在医院内进行抢救时如果已经使用了输血治疗或红细胞生成剂，增加了铁的用量，出院后就不要再服用1年的铁剂，以防止铁中毒。

孩子血铅高需要治疗吗

爸爸妈妈@张思莱医师

宝宝7个月时化验血，发现血铅高（19微克/分升），医生说会影响大脑发育。有那么严重吗？我家住在大桥底下，来往的汽车非常多，家里灰尘也很多。但是现在不是已经使用了无铅汽油吗，怎么还会有铅中毒？另外，我每天要开车带小孩上班，大约2小时的车程，是否是造成铅中毒的原因。我需要带孩子去医院进行治疗吗？

表情 图片 视频 话题 长微博 发布

A 引起孩子铅中毒的原因很多，例如，胎儿会吸收母亲摄入的和从骨骼中释放出的大量的铅，使得孩子未出生就受到铅的损害；小婴儿吸吮母亲涂有含铅化妆品的皮肤，或者吸吮母亲被铅污染的乳汁；孩子用的含铅的爽身粉，啃食有含铅涂料的玩具和物品；进食含铅的膨化食品、松花蛋和用劣质的搪瓷、釉质器皿蒸煮的食品；尤其是生活在铅污染的环境中，都容易造成孩子铅中毒。虽然目前有无铅汽油，但是不能做百分之百的保证，也不能很快消除被污染的空气。更何况你们生活在一个高度铅污染的环境中。

婴幼儿是被铅侵犯的最弱的人群，引起铅中毒的概率远远大于成人，其原因是孩子的代谢和排泄功能发育不完善，对铅的吸收率大于成人的5倍。铅中毒破坏了婴幼儿的造血系统，铅沉着在骨骼上，可影响孩子的生长发育。由于婴幼儿血脑屏障具有高度的通透性，年龄越小，对铅的通透性越高，在相同的条件下，婴幼儿是成人的18倍。因为铅对神经系统有特别的亲和力，因此铅中毒会严重影响孩子神经系统的发育，使得孩子智力低下；同时心血管系统、泌尿系统也会受到影响。由于铅中毒是一个慢性的发展过程，中毒症状不是特别明显，人们往往忽略了婴幼儿中毒的实际状况。

铅中毒诊断依照血铅水平分为5级：

Ⅰ级：血铅<10微克/分升，相对安全（已有胚胎发育毒性，孕妇容易流产）。

Ⅱ级：血铅10微克/分升～19微克/分升，代谢受影响，神经传导速度下降。

Ⅲ级：血铅20微克/分升～44微克/分升，铁、锌、钙代谢受影响，出现缺钙、缺锌、血红蛋白合成障碍，可能有免疫力低下、学习困难、注意力不集中、智力水平下降或体格发育迟缓。

Ⅳ级：血铅45微克/分升～69微克/分升，可出现性格多变、易激怒、多动症、有攻击行为、运动失调、视力下降、不明原因的腹痛、贫血和心律失常等中毒症状。

Ⅴ级：血铅＞70微克/分升，可导致肾功能损害、铅性脑病（头痛、惊厥、昏迷等），甚至死亡。

对于铅中毒必须进行防治，家长应注意以下几点：

◆ 不要带孩子到汽车众多的马路上玩儿，尽量去空旷的、有绿色植物的环境。

◆ 勤洗手，不要让孩子养成啃食异物或吃手的习惯。

◆ 不吃含铅的食品，不用含铅的用品。

◆ 水果、蔬菜清洗干净再进食，水果尽量削皮后食用。

◆ 多喝牛奶，增强铁、锌、硒、铜、镁以及纤维素的摄入，以减少铅的吸收。

◆ 家庭装修要用环保材料，减少家庭中的铅污染。

如果孩子近来出现不明原因的哭闹、拍头、腹泻、贫血或通过末梢血查出铅中毒，一定去要去驱铅专业门诊就诊，不要自己乱用药，以防出现意外。

你的孩子需要治疗，而且越早越好！

大量补充维生素C可以预防感冒吗

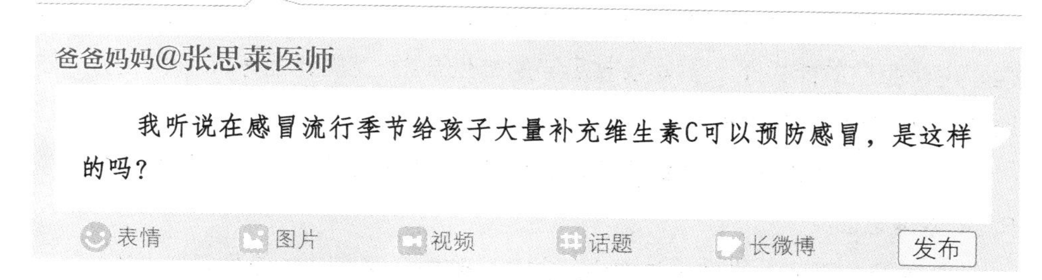

A 维生素C是最具争议性的一种维生素。很多人听信这个传说每天补充维生素C来预防感冒或其他疾病，自然也想让自己的宝宝补充维生素C。可是事实上，并没有任何科学根据证实维生素C能够预防疾病。有这样的说法，认为在感冒一开始时补充较多的维生素C可能可以缩短感冒的时间，但是并没有在儿童身上做过这方面的研究。我们每天日常饮食中就含有足够的维生素C，足以满足体内对维生素C的需求。高剂量的维生素C会引起胃痛、恶心、腹泻，而且过量补充维生素C不但不能提高孩子的免疫力，相反会降低孩子的免疫力，这是因为白细胞周围过多的维生素C可以阻止白细胞摧毁病菌，保护了致病菌。长期过量地补充维生素C还可以引起婴幼儿骨骼病变。同时过量的维生素C也是尿道结石产生的诱因之一。

哪些孩子需要额外补充维生素E

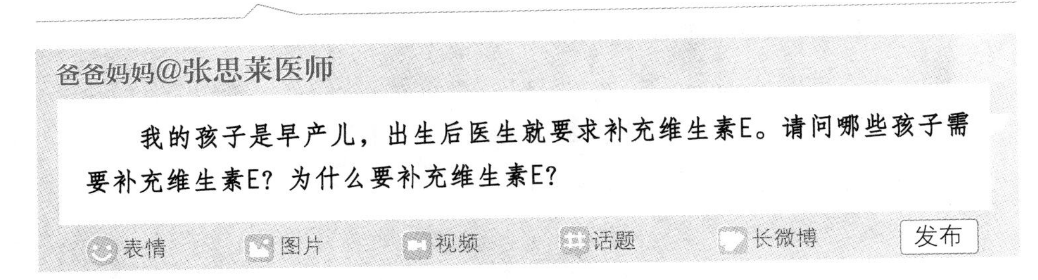

A 维生素E的抗氧化作用能够对抗不饱和脂肪酸的过氧化作用，对免疫细胞膜进行保护，避免不饱和脂肪酸对人体的不利影响。

维生素E缺乏多见于：

◆ 早产儿，因为新生儿体内维生素E基本上是孕末2个月从母体获得的，胎盘向胎儿输送维生素E有限，所以早产儿出生时体内维生素E的储存低于正常新生儿，血浆中含有的维生素E水平低。另外，早产儿尤其是极低体重儿，对脂肪和脂溶性维生素吸收较差。

◆ 脂肪吸收不良的宝宝，如患有胆道闭锁、胆汁淤积性肝病、囊肿性纤维病，消化脂肪的能力差，不能吸收足够的维生素E；克隆氏症患儿小肠没有办法有效吸收食物中的维生素E。

◆ 地中海贫血患儿因为红细胞破裂或缺乏其他抗氧化途径，过度利用维生素E而导致缺乏。

◆ 早产儿因为过早使用铁剂治疗贫血，破坏了肠道中的维生素E，阻止其吸收，加重维生素E的缺乏。

因此，有以上情况的宝宝都需要额外补充维生素E。

对于正常儿来说，只要妈妈饮食得当，母乳中维生素E的含量都会很丰富。妈妈在孕期和产后适当增加富含维生素E的食物，如绿色蔬菜、水果、植物油、粗制麦片等，就能够有效提高母乳中维生素E的含量，满足孩子对维生素E的需求。但是如果妈妈摄入过多的不饱和脂肪酸，易于产生脂质过氧化作用，使免疫细胞膜的结构和功能受到损害，因而使细胞免疫受到抑制。如果妈妈饮食中摄入较多不饱和脂肪酸，也会增加婴儿对维生素E的需求，给婴儿补充一些维生素E是相当有必要的。

能给孩子吃柠檬酸锌吗

爸爸妈妈@张思莱医师

为了让孩子发育得更好，我想给孩子吃柠檬酸锌，用来改善孩子的营养状况。但是医生说，我的孩子不需要补充锌，只要保证营养均衡、膳食合理搭配就可以了。为什么？

表情　图片　视频　话题　长微博　发布

A 首先我告诉你，柠檬酸锌不是保健品。它是微量元素锌缺乏的治疗药物。补充锌剂必须在医生的指导下进行。过量的补充锌剂可能造成孩子锌中毒或者性早熟。

锌是一种微量元素，在人体中含量很少，但是它在人体中的作用可不小，而且十分重要。锌是许多金属酶的重要成分和酶的激活剂，是核酸代谢和蛋白质合成过程中重要的辅酶，锌与蛋白质结合可促进生长发育，对性腺发育和成熟有促进作用，也可促进细胞免疫。如果锌缺乏可以造成生长发育停滞，性成熟推迟，嗅觉减退，出现厌食或异食癖，伤口愈合慢，易感染，孕妇早期缺锌可造成畸胎。目前由于商家大肆炒做补充锌的功效，所以有的妈妈就相信一些广告的宣传，把一些锌剂作为保健品给孩子吃，岂不知过量的补充锌剂会造成孩子锌中毒或者导致孩子性早熟。尤其是你给孩子吃的柠檬酸锌含锌量高于硫酸锌和葡萄糖酸锌，盲目补充很容易过量。锌中毒可以造成孩子呕吐、头痛、腹泻、抽搐等表现。另外，人体在高锌的情况下可以抑制吞噬细胞的活性，因此降低了孩子抵抗疾病的能力，尤其是孩子在低血钙或佝偻病情况下还会导致免疫力的损害。同时还会影响铁的吸收，容易造成孩子缺铁性贫血，从而导致孩子情绪低落、萎靡不振、注意力不集中，严重影响孩子认知水平的提高。因为人体内2价的元素是互相依赖和制约的，高锌会影响钙和镁的代谢。目前已经有报道，由于过量、盲目地补充锌剂，造成性器官和性腺的发育，引起孩子性早熟。

正如医生说的，只要营养均衡、膳食合理搭配，一般是不会缺乏微量元素的。平常应该让孩子食品多样化，粗细搭配，荤素搭配。这样就能够保证孩子人体对锌的需求。因此你的孩子不需要额外的补充锌剂。

变态反应性疾病

退热药会引发药物性皮炎吗

爸爸妈妈@张思莱医师

我的宝宝因为感冒、发热服用退热药后全身出满了红色的皮疹，孩子哭闹不停。到医院就诊，医生说是药物性皮炎，是因为我给孩子吃退热药引起的过敏反应。是这样吗？

表情 图片 视频 话题 长微博 发布

A 药物性皮炎又称“药疹”，是指药物经过各种途径进入体内引起的皮肤和黏膜反应，严重者可伴有全身损害。药疹可以由变态反应和非变态反应产生。非变态反应指药理学可以预测的反应，多与药物剂量有关；而变态反应则与药理作用无关，只见于少数个体，通过变态反应机制而发生。药物变态反应主要指药物为变应原而引起的变态反应，其表现不属于药物的药理作用，与剂量和毒性反应无关。此病只限于致敏人群，有一定的潜伏期。当使用某种药物时，需要经过致敏期，使机体处于对该药的致敏状态，临床上可以没有任何表现，但是如果继续使用该药，则发生变态反应，即过敏反应。需要警惕的是，有的人可以耐受该药数月至数年，一旦体内发生某种改变时，过敏反应可在数分钟至24小时内出现。对化学结构相近似的药物会产生交叉过敏，药物性皮炎的极期还会对一些不同结构的药物产生过敏，因此必须提高警惕。

药物皮炎的临床现象极为复杂，可出现固定型药疹、荨麻疹型药疹、麻疹样红斑疹、猩红热样红斑疹等，严重者为剥脱性皮炎及过敏性休克。常见致病药物为4大类：解热镇痛药；磺胺类药；抗生素，以青霉素休克最严重；镇静安眠类。严重药物过敏还可引发高热、呕吐等。

药疹虽然预防困难，但细心的母亲常可发现使用药物后孩子特殊的反应，对可疑药物应立即停药，马上去医院就诊，及时告诉医生，便于医生分析，确定致敏药物的种类。对于原因不明的皮疹需考虑药物性皮疹的可能性。轻型的用扑尔敏（氯苯那敏）、维生素C、钙剂、泼尼松等口服药，外用炉甘石洗剂或者含有薄荷的洗剂止痒，眼部受累可以交替使用抗生素眼药水和醋酸可的松眼药水；重型的必须及时静脉点滴。对过敏性休克更要及时抢救，如抢救不及时，青霉素过敏者的死亡率很高。这也是第一针青霉素必须在医院注射的原因。

孩子为什么会得湿疹

爸爸妈妈@张思莱医师

我的孩子已经4个月了，自从满月后脸上的皮肤就出现大片红色的皮疹，到现在发展得比较严重，有的部位甚至出现了糜烂渗出。医生诊断为婴儿湿疹。我的孩子是人工喂养，吃的是配方奶粉。我在网上论坛发现很多孩子都患有湿疹。为什么这么多的孩子会得湿疹？

表情　图片　视频　话题　长微博　发布

A 婴儿湿疹是小婴儿最常见的一种过敏性皮肤炎症，发病原因比较复杂，与多种内外因素有关，而且有时是很难明确病因的一种变态反应性疾病。

一、发生湿疹的原因

1.内在因素

根据小婴儿皮肤结构的特点，如角质层薄，毛细血管网丰富，皮内含有的水及氯化物多，容易发生变态反应。刚出生的孩子，因为从母体中带来的雌激素的刺激，皮脂腺分泌旺盛，易发生脂溢性湿疹。有的孩子由于遗传了家族的过敏体质也可以引起湿疹，以致反复不愈。

2.外在因素

一些孩子进食了含有变态反应原的食物，如鱼、虾、鸡蛋、牛奶以及牛羊肉，或用一些引起过敏的用品，如洗涤用品，也容易引起孩子湿疹。有的小婴儿由于溢奶、口水等机械刺激引发湿疹。即使纯母乳喂养的孩子，没有添加任何其他食物，也会因为对母亲饮食中某种食物敏感而发生婴儿湿疹。

湿疹可以引起皮肤糜烂、潮红、渗出、结痂等皮肤损害，如果处理不当还可以继发感染。湿疹起病大多在生后1～3个月，6个月以后逐渐减轻，1岁半大多数患儿可以痊愈，个别孩子可以延长到幼儿及儿童期。

二、湿疹的治疗

目前湿疹没有任何药物可以根治，但是可以通过科学的护理和必要的药物治疗，控制湿疹的反复发作，减轻湿疹给孩子带来的不适感。

◆ 平时注意皮肤的保湿护理，不要使用带有刺激性的洗浴品，孩子洗完澡后全身涂抹婴儿润肤油，防止皮肤干燥。孩子的衣物应该选择柔软的棉织品，不要接触皮、毛、麻、丝绸和人工纤维等织物。

◆ 找出过敏原：对于湿疹反复不愈且症状严重，又有明确遗传家族史的患儿，不能通过日常生活找出过敏原的，应该尽早去医院做有关变态反应的检查，找出过敏物质。

◆ 控制过敏原：注意孩子吃哪些食物过敏，使用哪些用品容易过敏，尽量不吃、不用或者减少进食和使用，以减少过敏的产生。

◆ 局部治疗：可以外用15%氧化锌油、炉甘石洗剂或12%氧化锌软膏，每天2～3次；也可以用一些含有弱效的皮质类固醇激素的湿疹膏，每日1～2次。此类药物能够很快控制症状，但是停药后容易反复，不能根治。此类药物不宜长期使用（不超过1个月），以免引起依赖或不良反应。一般不建议使用中效和强效、最强效的激素类药物，具体用药应该遵医嘱。合并感染的湿疹是禁忌使用激素的，所以在使用前一定要看清说明书，争取用得恰到好处。

弱效：醋酸氢化可的松，地塞米松，醋酸地塞米松，氢化可的松。

中效：曲安西龙，丁酸氢化可的松。

强效：双丙酸倍氯米松，哈西奈德，糠酸莫米松，氟轻松。

最强效：丙酸氯倍他索，丙酸倍他米松，卤美他松，倍氯美松，双醋地塞美松。

◆ 口服药物可以止痒和抗过敏，如扑尔敏（氯苯那敏）、非那根（异丙嗪）、息斯敏（阿司咪唑）等，但是它们都有不同程度的镇静作用。

孩子腹泻不愈需要暂停母乳吗

爸爸妈妈@张思莱医师

我的宝宝才8个月，腹泻久治不愈，大便稀稀的，还有许多泡沫。医生让我现在暂停母乳喂养，改吃治疗腹泻的奶粉。不是说母乳是宝宝最好的食物吗，而且还含有减少肠道感染的抗体，为什么要暂停母乳呢？

表情 图片 视频 话题 长微博 发布

A 人的小肠绒毛的顶端含有大量的乳糖酶，乳糖被乳糖酶分解为半乳糖和葡萄糖，然后被小肠吸收。孩子患急性肠炎，造成小肠微绒毛大面积损伤，乳糖酶最易受累且大量缺乏，因此吃进去的乳糖不能吸收，在肠内形成高渗的物质，引起渗透性腹泻，致使腹泻迁延不愈，这就是临床医生诊断的继发性乳糖不耐受。母乳中的糖类主要是乳糖，患有继发性乳糖不耐受的孩子，摄入大量乳糖不但不能吸收，而且可能造成更加严重的腹泻。基于这个原因，医生建议暂停母乳喂养。

专家提示

小肠受损引起的乳糖酶缺乏恢复得最慢，因此当腹泻停止后应再继续吃乳糖酶制剂一段时间，有助于肠道乳糖酶的生长和恢复，大约两周后再停乳糖酶制剂。

但是，目前市面上已经有乳糖酶制剂，你可以不用给孩子停母乳。吃母乳前先给孩子吃乳糖酶制剂，10分钟后再进食母乳就可以了。

针对你孩子的情况，我建议：

◆ 先喂乳糖酶制剂，10分钟后再喂母乳。近期不要给孩子添加新的食物。

◆ 口服肠黏膜保护剂：此药能够吸附病原，固定毒素，随着大便排出，并且能够加强胃肠黏膜屏障作用，促进肠黏膜的修复。

◆ 使用微生态制剂：因为长期腹泻造成大量的肠道正常

细菌丢失，因此应补充肠道正常细菌，恢复微生态平衡，重建肠道天然生物屏障的保护作用。

孩子是过敏性鼻炎吗

爸爸妈妈@张思莱医师

我的孩子3岁，近来总是流清水样鼻涕，鼻塞，而且还伴有咳嗽、打喷嚏，严重时眼睛痒痒流泪。因为我们夫妇俩都是过敏体质，我担心孩子是过敏性鼻炎。请问过敏性鼻炎有什么症状？如果是的话如何处理？

表情 图片 视频 话题 长微博 发布

A 过敏性鼻炎医学上又称为“变应性鼻炎”，主要是因为具有过敏体质的孩子吸入了引起过敏的过敏原（变应原）后诱发超敏反应所致，最后导致鼻黏膜血管扩张、鼻充血、组织水肿，造成鼻腔堵塞和分泌物增加，一般多表现为打喷嚏、鼻痒、流清涕和鼻塞4大症状。打喷嚏多发生在孩子刚睡醒的时候，鼻痒是过敏性鼻炎的特征性表现。对于婴儿（1岁以内）来说，常以鼻塞为主要表现。这样的孩子常常有家族过敏史。过敏性鼻炎患儿往往合并有结膜炎，这样的孩子眼睛痒痒，总是喜欢揉眼睛，眼结膜充血。1岁以上的孩子可能会伴有鼻窦炎。

针对你的孩子情况建议去医院做进一步检查，特别建议做血清IgE检测。如果总IgE值升高很可能提示变态反应。然后再进一步做皮肤试验，明确孩子究竟对什么过敏，以做好预防工作。常见的过敏原（变应原）主要是尘螨、动物皮屑、皮毛、花粉、真菌孢子、烟草的烟、香水、油漆、空气清洁剂或者进食一些引起过敏的食物，如牛奶、蛋清等。

对于过敏性鼻炎，除了脱离和避免接触容易引起过敏的物质外，还需要进一步使用抗组织胺药物和血管收缩剂，必要时使用激素类药物。医生会根据检查结果对症处理。

骨骼、肌肉系统

孩子的肘部为何经常脱臼

爸爸妈妈@张思莱医师

我的孩子已经2岁了。在孩子1岁多的时候，他爸爸拉着孩子的手练习走路，可能是他爸爸用力不当，孩子的右胳膊突然不能伸直，而且大哭。去医院检查，医生说是肘部脱臼了，通过手法复了位。可是这一年来又出现几次这种情况，是什么原因引起的？我们该如何注意？

表情 图片 视频 话题 长微博 发布

A 肘关节由肱骨、尺骨和桡骨构成，包括3个关节：肱尺关节、肱桡关节、桡尺近侧关节，这3个关节共同包裹在一个关节囊中。肘关节囊后方较前方薄弱，且桡骨和尺骨之间虽然有环行韧带包裹，但是韧带较松弛。婴幼儿桡骨正处于发育中，桡骨头和桡骨颈直径基本相等，受不当外力的牵拉影响很容易引起桡骨小头卡在环行韧带中，不能复位，形成牵拉肘；或者桡骨和尺骨向后脱位，引起脱臼。发生以上情况时需要马上去医院诊治，进行复位。复位以后几天不能再牵拉患肢，否则就容易成为习惯性牵拉肘或脱臼。因此平常训练婴幼儿走路时一定要扶孩子的躯干或肘以上的部位。平时不可牵拉孩子的前臂和手腕，尤其是孩子在跳跃、爬高和摔倒时更应该注意。

孩子为什么经常喊双腿疼

爸爸妈妈@张思莱医师

我的孩子已经3岁了，近来经常喊腿疼，多发生在夜间，白天发生得少。疼痛时间不长，疼痛过后双腿活动自如。孩子的双腿外表也没有什么异常。去医院检查，医生说是生长痛。请问什么是生长痛？需要家长注意什么？

表情 图片 视频 话题 长微博 发布

A 生长痛是3岁以上的孩子常见的一种临床表现。这些孩子没有双腿器质性的改变，发作时表现为单腿或双腿感到十分疲劳或隐隐作痛，重者则表现疼痛剧烈。每次发作的时间不长，少则几秒，多则几小时，以夜间发生多见，双腿外表没有异常表现，疼痛过后一切正常。去医院检查，没有什么阳性体征，X线检查正常。一般此病都发生在生长期的孩子，可能与过度疲劳、着凉有关，但是也有的孩子找不出任何诱因。当孩子疼痛时可以给孩子进行按摩和热敷，让孩子充分休息。随着孩子的生长发育这种情况会逐渐消失。

先天性髋关节发育不良如何治疗

爸爸妈妈@张思莱医师

我的孩子做42天复查的时候发现双腿腿纹不对称，医生怀疑是先天性髋关节发育不良，建议做B超确诊。请问如果确诊为先天性髋关节发育不良？该如何治疗？需要手术吗？

表情 图片 视频 话题 长微博 发布

A 先天性髋关节发育不良或者脱位的孩子行走时出现步态跛行，单侧脱位者身体向患侧晃动，双侧脱位者身体左右摇摆呈鸭步。如果治疗不当或治疗不及时，孩子长大以后腰和髋部疼痛，影响劳动和形体美观。所以早期发现、早期治疗是关键。

先天性髋关节发育不良是因为髋臼发育不良，如髋臼浅而平，甚至不成臼状，股骨头外形扁平或者呈蕈状，或韧带松弛使股骨头不能落到髋臼里，呈髋关节发育不良、半脱位或者全脱位。先天性髋关节发育不良的诊断包括以下几方面：

◆ 双腿内侧的腿纹不对称。

◆ 臀部两侧大小不一。

◆ 将双髋、双膝均屈曲90°，双侧膝盖不等高，然后扶着双侧膝盖逐渐外展、外旋，正常者双膝可以接触床面，患侧大腿外展则受限（可能髋关节半脱位或者脱位）。脱位的一侧不能外展到90°，且有弹响声。双侧脱位者会阴部变宽。

◆ 如果有家族史，或羊水过少、胎位不正，需要高度警惕。

此病诊断建议4月龄内可以通过B超，4月龄以上的患儿需要通过X光进行诊断。所以医生建议你做B超检查确诊是正确的。先天性髋关节发育不良越早治疗越好，出生6个月内的孩子可以通过使用大量的普通尿布，将尿布垫得厚一些，使髋部在自然轻度髋关节屈曲位下外展，双下肢保持高度外展蛙式位，一般3～4个月能治愈。尤其是髋关节半脱位更容易复位。6～12月龄的孩子使用较大的三角尿枕、夹板或者石膏固定，1岁以上的孩子治疗就比较困难了，有可能需要手术治疗。所以及时发现、及早治疗方法简单，不增加婴儿的痛苦，而且疗程短、经济。目前很多医院在新生儿记录中都已经增加了先天性髋关节发育不良的常规检查。

根据你孩子的情况，建议你去小儿骨科进一步确诊，遵照医嘱进行护理和治疗。

孩子站立时小腿弯曲有问题吗

爸爸妈妈@张思莱医师

我儿子8个月，最近学习站立时发现他的小腿有些弯，左脚总是内撇40°左右，踮着脚尖，而且有时绊着另外一只脚。左脚也挺有力。坐和躺双腿双脚均正常，活动自如。因为孩子一生下来小腿就有些弯曲，不知是孩子的习惯还是一些疾病的早期征兆？

表情 图片 视频 话题 长微博 发布

A 在胎儿时期，由于胎儿越长越大，在子宫的活动空间相对会越来越小，因此正常胎位的胎儿在子宫内全身盘曲，脊柱略前弯，四肢屈曲紧缩交叉于胸腹前。因为只有把自己的四肢蜷缩在一起呈椭圆形才能使占据的空间最小，以尽可能小的体积来适应子宫的狭小空间。因为胎儿在妈妈子宫里的这种特殊姿势，所以新生儿出生后大多数都是“O”型腿，直至整个婴儿阶段，医学上将这种下肢的弯曲称为“生理性弯曲”，是正常的生理现象。在学会走路的6个月内，由于下肢承受全身的重量，所以看起来“O”型腿更为严重，在1岁半左右达到高峰。随后因为受到生长发育、负重与姿势改变等因素的影响，到3～4岁又逐渐发展成“X”型腿，过了4岁又开始矫正，到了6～7岁已接近正常，要到10岁左右才比较稳定，大约有95%的“X”型腿可在外观上恢复正常。4～7岁一直到青春期就保持正常的“X”型腿现象，下肢有5°～6° 的角度。

由于在宫内胎位的关系，孩子的双足或单足呈现马蹄内翻足，在新生儿期就需要开始用手法按摩。方法是：用手掌固定新生儿足跟，另一只手抓住足的前部，做外翻外展动作。每次保持20～30秒，每日进行200～300次，以婴儿不感到疲劳或疼痛为宜，一般能恢复正常。

但是有的孩子出现内“八”字或外“八”字脚，主要是因为孩子过早学习站立和走路，脚部的力量不够，不足以支持全身的重量，因此造成孩子的内“八”字或外“八”字步态。也有的孩子因为过早穿硬底鞋或过大的鞋，由于孩子的踝关节力量弱，带不起鞋，也会引起八字脚；也有的因为鞋小，孩子的脚趾不能舒展，为了支持全身的重量，也会引起“八”字脚。你的孩子双脚有力，躺着时双腿和双脚活动自如，没有什么问题，只是还没有发育到学习站立和走路阶段，所以孩子出现你说的那些表现，因此建议你不要过早对孩子做这方面的训练。

孩子头睡偏了可以纠正吗

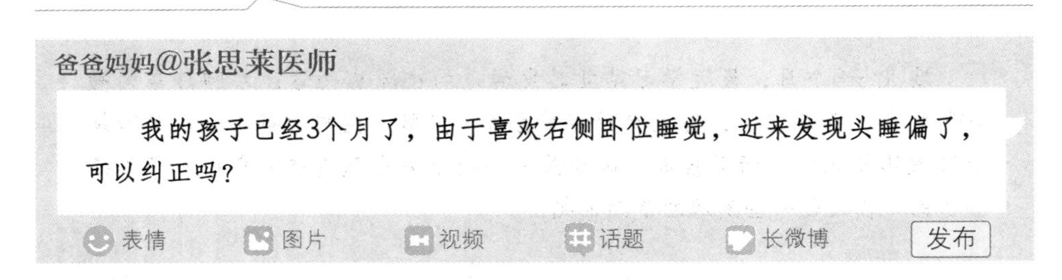

A 头睡偏了最佳校正时间在生后3个月内，因为这时颅骨还在发育中，边缘还没有骨化，骨质比较软，所以比较好矫正。从现在起让孩子朝相反的方向躺着，白天多竖着抱起孩子，轻度的偏头都能纠正过来，比较严重的偏头随着发育有可能偏的程度减轻，但是过于严重者纠正就比较困难了。另外，孩子出生后不要枕枕头，待孩子的头能够竖立起来，说明颈曲已经形成，这时孩子可以枕4层毛巾高的软枕头。用童车推孩子外出时尽量让孩子采取半卧位，倾斜度为15°～30°。这样既有利于孩子用眼睛观察外界事物，提高孩子的认知水平，同时还可以减少偏头的概率。

孩子歪头看东西是眼睛有问题吗

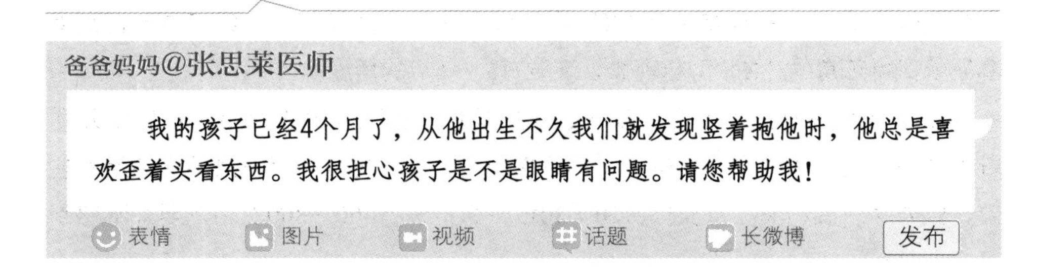

A 从孩子出生就发现他歪着头，以后竖着抱起来发现他歪着头看东西，你说的这些情况可以从以下两方面进行分析。

一、在孩子的颈部没有摸到肿块

◆ 孩子出生后就歪着头，可能与胎儿在子宫中的位置有关。有的妈妈骨盆比较小，胎儿又比较大，在子宫中生长受限，因此有的孩子可能头就歪向一边，形成了一定习惯的姿势，有的孩子甚至可能还伴有颜面部两侧不对称。可以通过按摩或者纠正睡眠姿势进行康复，逐渐会恢复正常。

◆ 当孩子竖着抱起来或者孩子学会坐以后发现孩子看东西总是歪着头，也有可能与孩子双眼疾患有关，如双眼视力有问题，因此需要尽早去医院进行诊治，不要错过眼睛发育的关键期。

◆ 一些代谢性疾病，如急性神经元病变也会引起孩子歪头看东西。因此需要请医生早期进行诊断和干预。

二、在孩子的颈部可以摸到肿块

先天性肌性斜颈：因为一侧胸锁乳突肌发生纤维性缩短而紧张所形成的头颈偏斜畸形，产生的真正病因还不清楚，有可能是产伤、局部缺血、静脉堵塞、宫内姿势不良、遗传、生长停滞、感染性肌炎，或者多种因素造成的。一般孩子的头偏向病侧，在生后2～3周出现，可以摸到患侧胸锁乳突肌内发硬而不痛的梭性肿物，10～14天急剧增大，20天达到最大。大多数孩子2～6个月内逐渐消失，大部分不留斜颈。但是少部分孩子由于肌肉远端被纤维索代替，因此形成斜颈。因此平时在抱婴儿、喂奶、睡觉时应注意纠正姿势，避免患侧颈部过度伸展，使其成松弛状态，避免2次损伤。有的医生建议采取按摩手法伸展胸锁乳突肌，但是对于一些新生儿来说，医生不建议做，主要考虑按摩会造成胸锁乳突肌纤维化和周围组织粘连，反而造成以后手术困难。最佳手术时间是1岁半到2岁。

中医中药

为什么痢疾患儿不能吃健脾的中药

爸爸妈妈@张思莱医师

我的孩子前几天腹泻，大便为黏液便，一天大便了十余次，呕吐奶块、腹胀，去医院检查说是痢疾。我买了小儿健脾丸准备给孩子吃，可您说我的孩子吃健脾丸不合适，为什么？

表情　图片　视频　话题　长微博　发布

A 婴幼儿腹泻是这个阶段孩子容易患的病。造成腹泻的原因很多，可能是细菌或病毒引起的痢疾、肠炎；也有可能是因为饮食不当引起胃肠功能紊乱造成的腹泻。中医认为小儿腹泻是泄泻，分为脾湿泻、湿热泻、伤食泻和脾虚泻。

◆ 脾湿泻：夏天较多，腹泻水样，臭味不大，孩子不烦躁、口渴，恶心呕吐，舌苔白腻，舌质淡红，类似西医诊断的轮状病毒肠炎（秋季腹泻）。

◆ 湿热泻：多见于夏、秋季，因受暑热造成大便泻下频繁，1天10次以上，气味恶臭，精神萎靡不振，烦躁口渴，尿少而黄，舌苔黄腻，舌质红，类似西医诊断的细菌性痢疾或肠炎。

◆ 伤食泻：由于饮食不节，过食生冷，呕吐腹胀，大便糊状、酸臭，次数不多，放屁恶臭，烦躁，手脚心热，舌苔厚腻，类似西医诊断的急性胃肠炎。

◆ 脾虚泻：由于孩子营养不良，造成胃肠功能失调，久病久泻，形体消瘦，精神不振，舌质淡白，舌苔薄或少苔，类似西医诊断的迁延性或慢性消化不良。

中医认为：脾湿泻、脾虚泻病在脾，伤食泻病在胃，湿热泻病在大肠和小肠。

你的孩子是细菌性痢疾，需要口服抗生素、微生态制剂以及胃肠黏膜保护剂治疗。如果孩子脱水，还需要纠正电解质紊乱，进行补液治疗。中医认为是湿热泻，需要清热、利湿、止泻。而健脾丸是用在因病伤脾造成的脾功能失调，你的孩子吃健脾丸就不对症了。所以在选择中药治疗疾病时一定要咨询清楚，否则不但治不好病，还会起相反的作用。

如何按感冒的证型用药

爸爸妈妈@张思莱医师

秋去冬来，天气逐渐变冷，孩子感冒了！我拿出家中存放的小儿感冒清热冲剂给孩子吃，可是孩子吃完药后症状却越来越重。这与我用药不对有关系吗？

表情　图片　视频　话题　长微博　发布

A　中医把上呼吸道感染称为“感冒”，感冒属于外感病的范畴。中医认为发生感冒是因为“小儿形气不足，卫外不固，容易感受外邪”的缘故。按中医理论来说，小儿既是稚阳之体，又是稚阴之体，虽然人体必需的阴阳全都具备，但是还不充足，因此“形气不足”。也就是说，小儿没有发育成熟，各个系统还需要蓬勃生长，因此“卫外”的功能薄弱，极易受寒、热、暑、湿、燥、火等六淫外邪的侵袭，气候稍有变化，六淫之邪就会乘虚而入，小儿就可能感冒。

一、小儿感冒的主要表现

小儿感冒是婴幼儿的常发病和多发病，临床轻症主要表现为流清鼻涕、鼻塞、喷嚏，也有的流泪、微咳或咽部不适。从现代医学来看，如果感染涉及鼻咽以及咽部，常伴有咽痛、发热、扁桃体炎及咽后壁淋巴组织充血和增生，有时淋巴结肿大，发热可以持续2～3天甚至1周左右。有的孩子还可以表现出高热、呕吐、腹泻。小儿神经系统发育不成熟，高热可以引起惊厥。

根据小儿的生理特点，中医认为小儿感冒后表邪极易化热入里，所以孩子既可以表现有感冒的表征，也会出现内热的症状。而小儿脏腑娇嫩，根据脏腑辨证表现为肺常不足、脾常虚、肝常有余，因此出现夹痰、夹滞和夹惊等兼证。所以治疗用药也就不一样了，这就是中医所说的辨证论治。

二、区分感冒类型合理用药

虽然感冒是一般疾病，但如果治疗不当，也可以发展为支气管炎、肺炎甚至并发心肌炎，严重的可以引起心力衰竭，危及生命。因此必须要注意小儿感冒的类型，科学合理用药。

感冒一般分为风寒感冒、风热感冒、暑湿感冒，若伴有兼证则为外感夹滞、外感夹痰、外感夹惊。

1.风热感冒

主要表现为发热重、怕风、有汗或无汗、头痛、结膜充血、鼻塞、流脓涕、打喷嚏、咳嗽、痰稠色白或黄、口渴咽痛、咽红或肿、舌质红、舌苔薄白或薄黄，治疗需要疏风清热、宣肺解表。宜用辛凉解表的药物，如维C银翘片、银翘散、桑菊感冒片、板蓝根冲剂、小儿清咽冲剂、风热感冒冲剂、感冒退热冲剂、清热解毒口服液、双黄连口服液等。

2.风寒感冒

多见于感冒初起，发热怕冷（以怕冷为主甚至寒战），精神倦怠，发热较轻，无汗或微汗，鼻塞，流清涕，打喷嚏，咳嗽有痰，痰液清稀，咽喉发痒不欲饮，咽红不显著，舌苔薄白。治疗需要疏风散寒、宣肺解表。宜用辛温解表的药物，如防风通圣散、荆防败毒散、感冒软胶囊、风寒感冒冲剂、小儿清感灵片。

3.暑湿感冒

多见于暑天的感冒，表现为高热无汗、头痛困倦、胸闷恶心、厌食不渴、呕吐或大便溏泄、鼻塞、流涕、咳嗽，舌质红，舌苔白腻或黄腻。治疗宜清化湿热、解表宣肺。多因为夏季潮湿炎热，贪凉（如空调屋温度低）或过食生冷，外感表邪而发病。宜用祛暑解表、化湿和中的药物，如藿香正气口服液、金银花露、香苏正胃丸。

4.外感夹滞

有感冒的症状，高热咳嗽，烦躁不安，不思饮食，恶心呕吐，呕吐物酸臭，腹胀喜俯卧，大便酸臭，可能有腹泻或者大便秘结，舌苔厚腻。治疗需要清热化滞解表的药物，如至宝锭、保和丸。

5.外感夹痰

具有感冒症状，同时咳嗽严重、喉中痰鸣、舌苔厚腻。如果感冒偏于风寒者，应该用辛温解表、宣肺化痰的药物，但是一般小儿所受的表寒很快化热入里，所以可以使用儿童清肺口服液；如果感冒偏于风热者，就需要用辛凉解表、宣肺化痰的药物，如百寿丹。

6.外感夹惊

除了具有感冒症状外，高热，烦躁不安，夜眠不实，谵语惊惕甚至惊厥，舌红苔黄。治疗需要清热解表、安神镇惊的药物，如小儿金丹、小儿回春丹、秒灵丹、保元丹、紫雪散、小儿牛黄散。

现在一些中成药往往添加了西药成分制成复方感冒药，需要提醒家长注意其中的西药成分，避免重复用药引起药物过量而产生的不良反应。例如，一些中成药加上了退热药对乙酰氨基酚、止流涕的氯苯那敏和缓解鼻塞的伪麻黄碱，因此重叠用药往往造成用药过量，如对乙酰氨基酚过量可以造成肝损害。美国儿科学会不建议2岁以内的孩子使用复方感冒药。而且，一些中成药的成分，如朱砂、马兜铃、钩藤毒性比较强，长期服用可能会对孩子造成伤害。另外，需要提请家长注意：

◆ 孩子感冒一般多属外感病范畴内，如果给孩子吃的是汤药，其解表药就需要轻煎，不可久煮，否则药性耗散，作用减弱。

◆ 小儿吃药最好选择在两顿饭中间，因为饭前吃药容易刺激胃黏膜，饭后吃药容易引起孩子呕吐。

小经验方

◉ 用于风寒感冒

1.姜葱粥。葱根或葱段4～6段，生姜4～6片，与大米一起熬成粥。

2.橘皮、生姜、红糖煮水趁热饮。

◉ 用于风热感冒

1.金银花10克，薄荷6克，芦根20克，煎水当茶饮。

2.金银花10克，菊花10克，西瓜皮50克，煎水当茶饮。

你的孩子可能是风寒感冒，建议你最好去医院，在医生指导下用药。另外注意观察孩子，预防并发症的产生。

◆ 中医常常使用汗法治疗感冒，但是孩子发汗也需要适可而止。汗出不爽，则病邪不能随汗而解；出汗太过，就有可能伤害正气而使病邪深陷。如果孩子发热处于体温上升期，过度捂着孩子使得体温不退，婴幼儿可能会发生高热惊厥。

只要家长合理用药，精心护理，小儿的感冒一定会很快痊愈。

中医讲的“疳积”是怎么回事

爸爸妈妈@张思莱医师

我的孩子9个半月了，每天喝水不少，但食欲很差，面黄肌瘦。去市中医院儿科看病，医生诊断是疳积。请问疳积是一种什么病？由哪些原因引起的？该怎样治疗？

表情 图片 视频 话题 长微博 发布

A 疳积是中医的辨证。按中医理论，疳积即积滞和疳证。积滞也叫“食滞”或“食积”“停食”，是指饮食失节，停滞不化，造成脾胃运化失常；疳证是积滞日久，耗伤正气，虚象毕露。故积滞是病的早期，是疳证的前奏，以实为主；疳证是病的后期，是积滞发展的结果，以虚为主。疳积在儿科较多见，是一组比较复杂的征候群。从西医角度来看，疳积应该包括消化不良，营养不良，某些维生素、微量元素以及一些常量元素缺乏症，肠道寄生虫等疾病。产生的原因是孩子的消化系统比较娇嫩，胃肠功能薄弱，如果家长喂养不当，孩子饮食不节制和不规律，营养不全面、不合理，喜食生冷、油腻或不清洁，日久天长都可以发生疳积。这样的孩子表现为食欲减退、恶心呕吐、腹胀腹泻、烦躁好哭、尿黄、大便或干或稀、睡眠不实、手足心热、口渴喜饮，有的孩子两颊发红，日久不愈就会出现面色苍黄、全身消瘦、精神萎靡、头发稀疏而枯黄。有的孩子甚至出现异食症。一旦孩子出现食积，中医可以进行化食消积、调中和胃，或者清热化积治疗；如果出现疳证，则需要健脾益胃、消食化滞，也可以采用捏积疗法。从西医角度治疗，需要根据发生疾病的原因进行治疗：给予孩子合理均衡的营养，养成孩子良好的饮食卫生习惯，对于维生素、微量元素以及常量元素的缺乏需要及时纠正治疗。如果2岁以上的孩子有寄生虫可以进行驱虫治疗。因为没有见过你的孩子，不知道具体情况，希望你根据我说的进行参考。

家长能学会捏积疗法吗

爸爸妈妈@张思莱医师

我的孩子已经2岁半了，近来食欲不好，腹胀，爱哭烦躁，大便干燥，有时2～3天大便一次。听说中医捏积治疗不错，请问，我们家长能够学会捏积吗？如何做？

表情 图片 视频 话题 长微博 发布

A 捏积疗法是我国劳动人民长期与疾病抗衡过程中创造的一种治疗小儿积痞引起的消化不良的方法，操作简单，容易掌握，妈妈应该学会使用。你的孩子正好适合用这种方法治疗。具体方法如下：

◆ 室内温度适宜，解开孩子的腰带，脱去孩子的上衣，露出孩子的整个后背，让孩子俯卧在床上或者家长腿上，力求卧平、卧正。

◆ 扶好孩子的双腿和头部，防止孩子挣扎哭闹。尽量解除孩子的恐惧，争取孩子配合。

◆ 捏积者站在孩子的左侧背后，两手半握拳，两手食指抵在孩子的脊柱上，用中指和拇指捏起皮肉，自下向上，两手交替，边捏边卷，沿着尾骨尖向枕部捏行，共捏6遍。为了加强刺激，在捏积的第四遍双手每捏2次向后提拉皮肉1次。第六次捏完后，双手在孩子背部与肚脐相对应的部位用力按两下。整个操作过程捏拿力度和速度要均匀。瘦小的孩子用力要适度，手法要柔和。

◆ 最好在捏积第四天在孩子的脐部贴上化积消食的膏药。

专家提示

◆ 捏积期间忌食螃蟹、芸豆、醋，以及不好消化的食物、生冷食物。

◆ 高热及其他急性病、营养极度不良、身体虚弱、有出血倾向、严重的心脏病以及皮肤感染或水肿患儿都不能捏积。

如何理解“上火”

爸爸妈妈@张思莱医师

我的孩子近来口气酸臭、眼屎多，邻居说孩子有火了，应该买一些泻火的药给孩子吃。孩子吃了泻火药腹泻不止，而且眼屎一点儿也没减少。我的孩子究竟是不是上火了？

表情 图片 视频 话题 长微博 发布

A 孩子眼屎多、便秘或者口气酸臭，妈妈就认为是上火了。“上火”是老百姓的一个通俗说法，中医不会这样简单地下结论。中医认为人体是一个有机整体，不能仅凭眼屎多就认为孩子是有火。“火”是六淫之一，其症状主要表现为高热、多汗、面红耳赤、唇焦、喜食冷饮、大便秘结、小便短赤、舌质红、舌苔黄腻。即使有火也要通过脏腑辨证分清是心火、胃火、肺火还是肝火，还要进一步分清是实火还是虚火，这样才能准确用药。

遇到这种情况，不少家长不去医院看病，而是认为孩子上火或热气大。如果孩子吃的是母乳，就认为是妈妈吃了上火的食物导致孩子眼屎多、便秘；如果孩子是人工喂养，就将上火的罪名都归结到配方奶上。于是开始大量给孩子或妈妈吃清热泻火的药或凉茶，马上停掉现在吃的配方奶粉转换为其他品牌奶粉。因为清热泻火的药物或凉茶中多是寒凉的药物，脾胃虚寒的人喝了不仅不会泻火，而且很容易伤及乳母或婴幼儿的脾胃，导致脾胃功能失调、便秘或者腹泻。乱用寒凉药物还有可能伤及婴幼儿的阳气，虽然当时可能无明显的不适，但长期服用就会对身体造成损害；有的妈妈偏听偏信，频繁地调换奶粉导致孩子胃肠不适应、消化功能紊乱而腹泻不止。一些妈妈还糊里糊涂地认为这是泻火呢！直到孩子日渐消瘦才去医院看病。由于长期得不到正确的治疗很可能对孩子的发育造成严重影响。希望你千万不要简单地认为宝宝是上火而自行处理，一定要去医院确诊治疗，以免贻误病情。

怎么给孩子煎中草药

爸爸妈妈@张思莱医师

我的孩子已经1岁了，这次感冒伴有发热，大夫说是病毒性感冒，建议用中草药治疗，一共给我开了3服药。第一服药因为药汤太多，孩子不爱喝。请问中草药应该如何煎制？怎样喂药？

表情　图片　视频　话题　长微博　发布

A 中医药是世界医药史上一朵瑰丽的奇葩，我们祖先经过世世代代验证留下了不少治疗疾病的古方和验方，对于一些疾病有着特殊的治疗效应，尤其是对于病毒感染的治疗，在一定程度上胜过西药，而且副作用少。还有一些家长和医生喜欢用中草药治疗一些常见病或疑难病，也取得了不错的疗效。

你现在碰到的问题也是不少家长经常问我的。婴幼儿年龄小，胃容量也小，而且大多数中药味苦，孩子不喜欢吃，因此药汤应量少而浓，每服汤药可以煎30毫升～40毫升，一般分3次口服。最好选择在两次饭中间喂药，因为饭前服药刺激胃黏膜，饭后喂药容易引起孩子呕吐。可以用喂药器或者用小勺顺着孩子嘴角灌入，不要捏着孩子的鼻子灌药，否则容易呛到气管中。每次喂完药后可以给孩子一小块糖，以减少孩子嘴里的苦味。

每次煎药的时间依照药物性能决定。如果是叶类、花类，煎的时间可以少一些，一般是开锅后10分钟左右；如果是块茎、枝根、矿物质、壳、果，煎的时间长一些，开锅后20分钟。尤其是一些滋补的药物可以煎2次，然后将2次的药汤混合在一起，均匀分为3次喂孩子。有的药物医生还会注明先放或者后放，家长要严格遵医嘱，目的是取得药物的最大疗效、减少副作用。

煎药用的器皿自古以来都是用砂锅，目前市面上还有煎中草药的电锅，但

专家提示

祖国医学认为小儿是稚阳之体，阳气偏盛，易受外感，易积滞，所以以热症、阳症多见。一些家长认为中药安全，或者喜欢给孩子吃一些下火的偏方或者滋补的中药都是不可取的。因为任何药物都有副作用，都需要在肝脏解毒、肾脏排毒，婴幼儿脏腑娇嫩，用药不当很容易受到损害，要慎重用药。中草药或中成药在医生指导下应用才能取得好的疗效。

是材质还是以砂锅为好。因为砂锅材质稳定、不容易和中药成分起化学反应。此外，也可选用搪瓷锅、不锈钢锅和玻璃器皿，但是需要注意不要选择有鲜艳涂料的器皿，预防铅的污染。不能使用铁、铜、铝合金的器皿，这些器皿的材质容易和中药中的一些化学成分发生反应，而且这些器皿本身也容易氧化，影响中药汤药的质量，直接影响疗效和患者的健康。

给孩子吃中草药预防和治疗疾病好吗

爸爸妈妈@张思莱医师

我的孩子已经1岁多了，可是体质很差，经常生病。我想多给孩子吃一些中草药，中草药取于自然界，没有副作用，吃多了也没有问题，有病治病，没病健身。您说可以吗？

表情　图片　视频　话题　长微博　发布

A 中药确实有很好的功效，但是任何事物都有两面性，其实很多中药也有药物不良反应。这是中药本身的特性、不恰当的服用方法、不同的炮制方法和配伍，以及每个孩子对中药的特异反应所决定的。它是双刃剑，用得合适就可以起到药到病除的效果；用得不合适，轻者可以引起机体各个系统的生理生化异常，重者甚至可危及生命。

中药讲究配伍和剂量的巧妙应用。例如，用功能相类或不相类的药物互相配伍，使之产生协同作用（即君、臣、佐、使之别，各显其能），提高疗效。但是有的配伍可能使一种药物抑制了另一种药物的性能，甚至产生拮抗作用或产生毒副作用。而且药量的多少、药物的性能、不同年龄、不同体质、不同性别、疾病的轻重都对药物的剂量和选择有重要影响，甚至不同的季节也对选择不同的药物和剂量有直接的关系。有的中药的毒副作用甚至比抗生素的副作用更严重。因此必须遵从医嘱，严格地掌握用药指征，不能随便增加剂量、延长疗程。尤其是汤药，要遵从医生告之的煎煮方法，因为先煎、后放都对药物的疗效有影响。外用和内服的一定要分清楚。注意中药中的各味药不能有发霉、变质、变味，应该保存在干燥低温的环境中。有的孩子对中药有过敏现象，因此服用时也要细心观察。你听了我的介绍，一定不会给孩子乱用中药了。

有病没病来点至宝锭对吗

爸爸妈妈@张思莱医师

我的宝宝已经8个月了，自从6月龄以来，孩子偶尔咳嗽、流涕，有的时候不爱吃奶。为了让孩子增加抵抗力，我妈妈让我平常给孩子吃着一些中成药，例如至宝锭、猴枣散，说什么有病没病吃点至宝锭。您说可以吗？

表情 图片 视频 话题 长微博 发布

A 婴幼儿的免疫力来自两方面，一方面是通过自身锻炼，促使免疫系统逐渐发育；另一方面就是通过疫苗接种，使得孩子产生对相应疾病的免疫力。依靠吃一些小药来抵抗疾病是没有道理的，往往事与愿违。俗话说“是药三分毒”，至宝锭和猴枣散都含有一些对孩子发育不利的药物。至宝锭是根据明代的一个方子改变而成，有二十多味中药，其中有朱砂、雄黄等，主要功能是清热导滞、祛风化痰，用于小儿内热积滞、呕吐腹泻、烦躁口渴、咳嗽发热、痰涎壅盛、睡眠不安。其中雄黄是从砷中提取的，朱砂是汞的硫化物，都有毒性，如果服用时间长、量过大，药物可在体内引起蓄积中毒。猴枣散是以猴枣、牛黄、珍珠为主药的中药制剂，可清热开窍、除痰定惊、祛风定惊，对小儿痰热引起的痰多咳喘、身热不退、惊悸不眠等症确有较好疗效。但是猴枣和牛黄都是苦寒之药，长久吃会伤害孩子的脾胃，所以不要通过给孩子吃小药的方法来提高孩子预防疾病的能力。

急诊急救

孩子吃了干燥剂怎么办

爸爸妈妈@张思莱医师

张医师，我的孩子刚10个月，已经满地爬了。孩子今天爬到床底下，翻出空的鞋盒，将里面的干燥剂的袋子咬破了，把里面装有小颗粒的干燥剂吃到嘴里。我们马上带孩子去了医院，医生说这种干燥剂是硅胶成分，不用担心，对孩子没有什么影响，可以通过大便排出。是这样吗？

表情　图片　视频　话题　长微博　发布

A 一般在我们生活中常见的干燥剂主要是4种成分：生石灰（氧化钙）、硅胶、氯化钙以及三氧化二铁。因为使用生石灰的干燥剂成本低，吸湿率高达30%，食品中多是此种干燥剂；日用产品多放以硅胶为原料的干燥剂，就是你说的放在鞋盒或衣服中的干燥剂。婴幼儿发生误食最常见的干燥剂是生石灰或硅胶。

生石灰有很强的腐蚀性，因为遇水后会生成强碱（熟石灰）同时释放出热量，所以容易烧伤和腐蚀孩子的口腔与消化道，如果溅入眼睛容易造成结膜和角膜的灼伤。遇到这种情况不要惊慌，马上让孩子口服清水（按10毫升/千克体重，总量不超过200毫升）稀释碱液，然后用牛奶、生蛋清水、橄榄油或其他植物油口服，保护创伤面，防止腐蚀加深。眼睛灼伤需要反复用清水冲洗眼睛，尽可能稀释碱液，做完以上处理马上去医院，请医生做进一步的治疗。

硅胶一般是透明的，但是也有的将少量二氯化钴掺入，使其成为蓝色，与水结合后由蓝变红，用以标志是否失去吸水的能力。硅胶一般没有什么毒性，不会被消化道吸收，可随大便排出体外，不需要做特殊处理。

氯化钙干燥剂主要用在大型场所，孩子一般不会接触到。如果误服，因为刺激性不大，只要喝清水稀释即可。但是在不明情况下，还是应该及时去医院请医生处理。

咖啡色的三氧化二铁有轻微的刺激性，误服后只要喝清水进行稀释即可。如果大量服用，可以引起消化道症状，如恶心、呕吐、腹痛以及腹泻，就必须去医院就诊了。

在这里也需要提醒家长，要注意婴幼儿的意外伤害。因为这个阶段的孩子随着自己运动功能的发育、活动范围的扩大，更喜欢通过自己的肢体和口腔探索外界，但是由于认知水平所限，容易发生意外。这个时期，家长要很好地监护孩子。当孩子不明事理时，要让一些容易损伤到孩子的物品远离他们；当孩子能够分辨一些事理后，要告诉孩子哪些东西不能吃或者不能动，防患于未然。

烫伤如何处理

爸爸妈妈@张思莱医师

我邻居家的孩子刚1岁，阿姨给他洗澡时没有调好水温，导致孩子上臂小面积烫伤。有人建议局部抹上牙膏，我认为不科学，如果以后我遇到这种情况应该如何处理呢？

表情　图片　视频　话题　长微博　发布

A 孩子被烫伤，要及时将孩子脱离热源，如果没有穿衣物，直接用流动的冷水（20℃左右）冲洗被烫伤的部位。水流不要太大，以免将烫伤破损的皮肤组织冲掉。这样不但可以降低局部皮肤的温度，而且可以阻止高热向皮肤深处扩散，造成深层组织的伤害。记住千万不要冰敷，以免再次发生冻伤。一般需要用流动水冲创伤面15分钟。如果孩子被烫伤的部位还穿着衣服，要立刻脱掉衣服进行冲洗。如果衣服和皮肤粘连千万不要强行脱掉衣物，而要用剪子剪开取下衣物再进行冲洗。烫伤的部位如果出现水疱千万不要弄破，以防感染。冲洗后用干净的纱布包裹伤口，千万不可使用酱油、牙膏、一些外用药膏、蜂蜜、紫药水和红药水涂抹，以防伤口感染或者引起中毒（如红药水中的汞），应及时去医院就诊。

烫伤分度

Ⅰ度皮肤损伤表皮层，表现为局部干燥，无水疱，轻微红肿、热、痛。一般2～4天脱屑痊愈，短期留有轻度色素沉着。

Ⅱ度：浅Ⅱ度为表皮层和真皮浅层的损伤，表现为创面温度升高、肿胀、潮湿、大水疱、疼痛。一般2周痊愈，留有轻度色素沉着，无瘢痕。

深Ⅱ度为表皮层和真皮深层的损伤，表现为创面纬度略低，肿胀，潮湿，小水疱，脱皮后基底苍白或红白相间，有网状栓塞小血管和猩红色小出血点，痛觉迟钝。一般如果无感染3～4周愈合，易遗留增生性瘢痕，少数需要自体植皮辅助愈合。

Ⅲ度为皮肤全层坏死或含有皮肤以下的各层组织，表现为创面呈蜡白色，炭化，皮革样，可见树枝状栓塞血管网，无痛。因此除小面积外需要植皮治疗，遗留严重瘢痕（烫伤分度内容摘自《诸福棠实用儿科学》第七版下册）。

气管异物如何抢救

爸爸妈妈@张思莱医师

有时在新闻报道中看到，有的孩子因吃花生、开心果等食物或吞咽小的物品，造成气管异物，而失去了生命。这是血的教训！如果家长不大意就不会发生这种事情了；如果家长争分夺秒进行抢救也可能不会让孩子失去生命。请您教给我们如何抢救气管异物的患儿。

表情　图片　视频　话题　长微博　发布

A 建议家长不要给3岁内的孩子吃花生、瓜子、开心果、核桃、年糕、果冻等食物，另外家长也要注意孩子够得到的地方不能放药瓶、带有小物件的玩具和物品，包括衣服上的纽扣，因为这些物件对于好奇心强、喜欢什么都放进嘴里尝一尝的孩子很容易发生气管异物。一旦发生气管异物，家长先不要惊慌，要及时、冷静地进行处理。

如果孩子发生气管异物还能呼吸、说话或哭出声来，孩子张开嘴能看见异物的话，可以用筷子或者小钩子取出来。如果孩子呛咳，鼓励孩子用力咳嗽，通过咳嗽将异物咳出。如果看不见异物，家长要及时带孩子去医院急诊，请医生帮助取出。家长千万不要自行用手掏，防止异物进到更深处。

如果孩子面色青紫，不能呼吸，哭不出声来，甚至昏迷，家长在拨打急救电话120的同时应立刻采用海姆立克抢救法，争分夺秒不能耽搁，争夺抢救生命的关键4分钟。如果超过这段时间，即使抢救过来，因为长时间脑缺氧孩子也有可能发生永久的痴呆。

◆ 1岁内的孩子发生气管异物的紧急处理：家长立刻提起孩子双脚，让孩子头朝下，身体悬空，用手拍孩子的后背，借助孩子咳嗽，将异物从喉部和气管中排出；或者用手托着孩子的下颌，让孩子趴在大人的腿上，咽部的位置低于身体的其他部位，否则异物会更加深入，反而更加危险。然后用手掌根部迅速、连续地用力拍打孩子后背3次（在肩胛骨下面）。如果不奏效，将孩子的身体翻过来，脸朝上，用食指和中指用力压胸3次，重复这个动作，用压力帮助宝宝将异物排出。

◆ 1岁以上的孩子可以采取的方法：大人从孩子后面用手臂环绕抱着他，一只手握成拳，用拇指关节突出点顶在孩子剑突和肚脐之间，另一只手握在已经握成拳的手上，连续快速向上、向后推压冲击6～10次。如果不见效，隔几秒钟重复1次。这种做法使气道压力瞬间迅速加大，肺内空气被迫排出，使阻塞气管的食物（或其他异物）上移并被排出。

什么是植物性日光性皮炎

爸爸妈妈@张思莱医师

今年夏天，我们全家带着孩子去农村游玩，在“农家乐”吃了一些野菜，结果第二天孩子颜面部肿胀起来，一直喊痛、发麻，嘴唇肿胀像个小猪嘴，怪吓人的！我们赶快去医院，医生说孩子患的是植物性日光性皮炎，是因为吃野菜晒太阳所致。是这样吗？

表情 图片 视频 话题 长微博 发布

A 医生说得没错，孩子确实患的是植物性日光性皮炎。植物性日光性皮炎是孩子进食或者接触了一些具有光敏性的植物，包括一些野菜，裸露的皮肤经过太阳光照射而发生皮炎。一般孩子在进食或者接触光敏性植物后1～2天内发

光敏性野菜

灰菜、苋菜、洋槐叶、槐花、刺儿菜、紫云英、榆树叶、柳叶、青青菜、马齿苋、杨树叶、棠梨叶、麦蒿……

病，主要是裸露的皮肤，如颜面部、手臂出现肿胀，肿胀部位压之并不凹陷，皮肤麻木并疼痛，有的皮肤可出现瘀斑，双眼肿胀得眯成一条缝，口唇肿胀外翻，以至于不能抿住口水，造成口水外流。

植物性日光性皮炎的治疗：需要避免太阳光照射，使用一些脱敏的药物，并口服大量钙剂、维生素C等，可以催吐或用硫酸镁导泻，促进吃进的植物尽快排泄出去。严重者可以使用激素。

预防本病就是不要大量进食这些野菜，必须食用时也要先用热水焯后再用冷水浸泡1天，中间多换几次水，加热后再食用。

孩子为什么吃完菠萝后腹痛、呕吐

爸爸妈妈@张思莱医师

我的孩子进食菠萝后出现呕吐、腹痛，同时皮肤发痒。去医院急诊，医生说我的孩子对菠萝中的菠萝蛋白酶过敏，问我给孩子吃之前是否用盐水浸泡过菠萝。我是直接给孩子吃的菠萝，是否提前用水泡过很重要吗？

表情 图片 视频 话题 长微博 发布

A 菠萝过敏症主要过敏原是菠萝中的菠萝蛋白酶。一些人进食菠萝后，很快会出现腹部绞痛，同时伴有呕吐、腹泻，有些人同时伴有皮肤瘙痒及潮红，长荨麻疹，口舌发麻，严重者甚至可以发生休克、昏迷。实验室检查：血常规中白细胞轻度增加，嗜酸细胞增高，尿常规检查可见微量蛋白、红细胞以及管型。因此治疗需要立即皮下注射1：1000的肾上腺素0.01毫升/千克～0.02毫升/千克体重，口服抗过敏药物，严重者使用激素。

对菠萝过敏的人今后要禁食菠萝。吃菠萝前将切好、新鲜的菠萝用盐水浸泡，或者做熟了吃，这样处理后破坏了菠萝蛋白酶，可以预防菠萝过敏症。

动物咬伤如何处理

爸爸妈妈@张思莱医师

最近报纸报道了被狗咬伤的人发生狂犬病，不治身亡。我家周围的邻居还有养猫或者其他宠物的。请问，如果被这些小宠物咬伤该如何处理？

表情 图片 视频 话题 长微博 发布

A 动物是人类的朋友，很多家庭因为喜欢小动物而养宠物。孩子在逗弄小宠物的时候，有可能被宠物咬伤。虽然有的时候被咬的伤口很小，但是有可能带来严重的问题。因此家长不能忽视，应学会紧急处理。

如果被咬的伤口流血，家长应该及时按压止血，然后用肥皂水或清水清洗伤口，处理后立刻去医院做进一步处理，如预防继发感染、接种破伤风疫苗等。根据不同动物的咬伤医生会做出不同的处理。目前被狗或者猫咬伤比较多见，这里着重谈被狗咬伤的处理。

绝大多数哺乳类动物都有可能感染狂犬病毒，像狐狸、狼、鼬、浣熊、猫、吸血蝙蝠等。此病潜伏期长，最长可达19年，一旦发病，死亡率极高，几乎达到100%。因此必须引起重视，紧急处理。被咬伤后需要做以下处理：

◆ 伤口立刻用肥皂、水、洗涤剂、聚维酮碘消毒剂或可杀死狂犬病毒的其他溶液彻底冲洗和清洗15分钟以上，把伤口内的血液和小动物的唾液清洗干净。如果伤口比较大，软组织损伤严重，则不宜过度冲洗，以防引发大出血。

◆ 用干净纱布把伤口盖上，尽快去医院做进一步治疗。

◆ 立即接种狂犬疫苗并注射狂犬病免疫球蛋白。

一般使用狂犬疫苗（人二倍体细胞培养疫苗）第0、3、7、14、28天各接种1次，肌肉注射。如果头部、颈部或上肢被咬伤可以第0、1、2、3、7、14、30天各接种1次，肌肉注射。

世界卫生组织批准比较简易的免疫方案是：用狂犬疫苗（人二倍体细胞培养疫苗）在第0、3、7天每次分别在2个部位做皮内注射，每处注射0.1毫升，在第21和第90天各在1个皮内部位注射0.1毫升。

狂犬病免疫球蛋白应足量注射，且一般都要注射于从解剖学的角度可行的伤口内或其周围部位，剩余的量可注射于远离疫苗注射的肌肉部位。

眼睛外伤如何处理

爸爸妈妈@张思莱医师

过年期间，由于邻居放鞭炮，飞起的纸屑擦伤了孩子的眼睛，孩子也没有喊痛，我们看没有伤及眼球，还需要去医院就诊吗？

表情　图片　视频　话题　长微博　发布

A 孩子的眼球是一个非常敏感的器官，眼球内的角膜、晶状体和玻璃体是眼睛的屈光系统，没有血管系统，抵抗力很弱，即使轻微的外伤也很容易发生感染。因此不管受伤是否严重都应该去医院就诊。因为一般人很难判断是否眼球受伤以及受伤的程度，外表无异常表现也有可能危及孩子的视力，而眼睛红肿却不一定会影响视力。另外，如果一只眼睛受伤没有及时治疗，也有可能发生交感性眼炎，造成双眼都失明。因此建议眼睛外伤在家做如下处理：

◆ 避免压迫受伤的眼球；

◆ 清除眼睛周围的出血，如果是尖锐物刺伤眼球，包扎后立即去医院处理；

◆ 如果是化学灼伤要立刻用大量清水冲洗眼睛，至少冲洗30分钟；

◆ 如果有异物千万不要揉眼睛，可以通过流眼泪将异物冲去，然后及时去医院请医生处理。

不同部位骨折如何处理

爸爸妈妈@张思莱医师

前几天，我3岁的儿子淘气，站在桌子上往下跳，结果左胳膊着地，当时疼得他不敢动。我怕孩子胳膊骨折，不敢动孩子的左胳膊，急忙叫急救车。医生来后说孩子左上肢骨折，给孩子做了暂时处理，送去医院打石膏固定。请问孩子不同部位发生了骨折，在家里该如何处理？

表情　图片　视频　话题　长微博　发布

A 婴幼儿骨骼正在发育中，柔韧性比较强，骨骼表面组织比较厚，因此骨折往往是青枝骨折，很少通过外科手术来修复，只要用石膏固定不要活动即可。如果是开放性骨折或者完全骨折就需要手术或其他骨科手段来处理。

一般骨折的部位肿胀，孩子不但喊痛也不愿意动患处，即使孩子患肢可以活动也要警惕是否存在骨折。如果肢体没有关节的部位出现不正常的活动，受伤的肢体出现缩短、扭转、弯曲，都可能发生骨折。这时家长可以用绷带、杂志、报纸做成简易的夹板保护受伤的部位，不要搬动，也不让孩子活动患肢，以防加重伤情。没有医生许可不要给孩子吃止痛药，以免影响医生的判断。如果局部肿胀，可以用凉毛巾湿敷局部（不要用冰或过于冰冷的毛巾敷，以免对婴幼儿的皮肤造成伤害）。如果是腿的伤害，不要移动他，请急救医生来处理。

对于开放性骨折，家长要做的是：压迫止血，然后用干净的毛巾或者纱布（最好是无菌的）盖住伤口，但是不要试图按压凸出的骨头。

以下是北京市人民政府给市民家庭免费赠送的《急救手册》家庭版有关一些具体部位骨折家庭处理的指导，摘抄出来供家长参考。

一、下颌骨折家庭处理

◆ 口腔内如有脱落牙齿要及时取出。

◆ 用纱布垫或者布垫轻轻托住伤侧下巴，再用绷带和布条上下缠绕患儿头部，将布垫固定住。

◆ 可让患儿（或者家长帮助）自己用手托住伤侧下巴，头向前倾，以便于口水流出。

二、上臂骨折家庭处理

如果没有伴随肘关节损伤的话，处理如下：

◆ 轻轻弯曲伤者伤侧肘关节，将伤侧的前臂置于胸前，掌心向着胸壁。

◆ 在伤侧胸部和上壁之间垫上布垫，用三角巾和绷带将伤侧前臂悬挂固定。

◆ 可再用一条三角巾或绷带围绕伤者胸部，将伤肢扎紧加固。

如果伴有肘关节损伤，肘部不能弯曲，处理如下：

◆ 让伤者躺下，保持伤侧上肢与躯干平行，掌心向身体，在伤侧伤肢与胸部之间垫上布垫。

◆ 用三角巾或绷带轻轻围绕着受伤的上肢和躯干，在未受伤的一侧打结，三角巾和绷带要避开患儿受伤的部位。

◆ 包扎结束后要检查伤者血液循环情况。

三、前臂和腕关节骨折家庭处理

◆ 轻轻弯曲伤者伤侧肘关节，将受伤的前臂和手腕置于胸前，掌心向着胸壁。

◆ 在伤侧胸部和前臂或手腕之间垫上布垫，用三角巾或绷带将伤侧前臂悬挂固定。

◆ 可再用一条三角巾或绷带围绕伤者的胸部扎紧，固定伤肢。

◆ 包扎结束后要检查伤者血液循环情况。

四、手部骨折和脱位家庭处理

◆ 让伤者坐下，把干净的纱布或手绢折叠好，盖在受伤的手上。

◆ 将伤侧前臂置于胸前，用三角巾或绷带将伤侧前臂悬挂固定。可再用一条三角巾或绷带围绕伤者胸部，在健侧打结，打结处与身体之间放上软垫。

◆ 包扎结束后要检查血液循环情况。

◆ 运送医院时，伤者应采取坐位。

五、肋骨骨折家庭处理

◆ 让伤者处于半卧位或坐位，身体向伤侧倾斜，将伤侧的前臂置于胸前。

◆ 在伤侧胸部和前臂之间垫上布垫，用三角巾或绷带将伤侧前臂悬挂固定，以减少活动，避免因此造成更多的损伤。

◆ 可再用一条三角巾或绷带围绕患者胸部，在健侧打结，以加强固定。

◆ 包扎结束后要检查血液循环情况。

六、骨盆骨折家庭处理

◆ 让伤者仰卧，屈膝，膝下垫枕头或衣物，同时呼叫急救车。

◆ 用三角巾或宽布带围绕伤者臀部和骨盆，适当加压，包扎固定。

◆ 用三角巾或布带缠绕伤者双膝固定。

◆ 尽量不要移动伤者，直到急救车来。

七、大腿骨折家庭处理

◆ 扶伤者仰卧，将未受伤的腿和受伤的腿靠在一起，同时呼叫急救车。

◆ 在伤者两腿之间，从膝关节以上到髋关节加垫衣物或折叠后的毯子等。

◆ 用三角巾或绷带、布带以“8”字形缠绕固定伤者双足，使双足底与腿约呈90°。

◆ 用三角巾或宽布带缠绕伤者双膝即骨折处上、下方，达到固定的目的，并在健侧打结。

◆ 包扎结束后要检查患者血液循环情况。

◆ 尽量不要移动患者，等急救车来。

八、膝关节骨折家庭处理

◆ 扶伤者仰卧，稍微弯膝，在膝下垫上衣物或枕头，使伤者感到舒适即可。

◆ 用厚布垫或棉垫包缠伤者膝部，再用三角巾或绷带、宽布条轻轻包扎固定。包扎要松一些，为受伤处肿胀留出空间。

◆ 将伤者送进医院做进一步处理。

九、小腿骨折家庭处理

◆ 将伤者仰卧，将其未受伤的腿和受伤的腿靠在一起。

◆ 在伤者两腿之间，从膝关节以下到踝关节加垫衣物或折叠后的毯子等。

◆ 用三角巾或绷带、布条以“8”字形缠绕固定伤者双足，使双足底与腿约呈90°。

◆ 用三角巾或宽布带缠绕伤者双膝即骨折处上、下方，达到固定的目的，并在健侧打结。

◆ 包扎结束后要检查伤者血液循环情况。

十、足部骨折家庭处理

◆ 扶伤者坐下或者躺下，不要搬动伤足，以免因活动造成骨折处更多的损伤和出血。

◆ 如果受伤部位皮肤无伤口，为减轻伤足肿胀、疼痛，可适当垫高伤肢。

◆ 对没有伤口的部位可以冷敷，以减轻肿胀、疼痛。

◆ 检查足部皮肤感觉和血液循环情况。检查时不要随意扭转伤处，以防加重损伤。

◆ 尽快送医院诊治。

十一、断肢家庭处理

◆ 加压包扎伤口并抬高伤肢。

◆ 用干净手绢、毛巾包好断肢，外面再套一层不透水的塑料袋，同时注明伤者姓名和受伤时间。

◆ 将装有断肢的塑料袋放进装有冰块的容器中保存。

◆ 不要清洗断肢或者直接将断肢放进水里或冰中。

◆ 将保存好的断肢与伤者一同送往医院，交给医务人员。

十二、脊柱损伤的家庭处理

◆ 不要移动伤者，立即呼叫急救车。脊柱如果发生损伤会失去对脊髓的保护作用，此时实施不合理的搬动就可能损伤脊髓神经，造成严重后果。

◆ 用双手保持伤者头和颈部不动，还可以找来衣物、毛毯等垫在伤者的颈、腰、膝、踝部以固定身体，等待急救车到来。

◆ 如果周围环境有危险必须移动时，要在专业人员的指挥下，几个人一起将伤者整体（保持头、颈和躯干在一条直线上）放到平板上，充分固定后再搬运伤者脱离危险环境。如果现场没有专业人员，转移伤者应尽量保持其原来有的体位。

张思莱医师

我是一个儿科医生、母亲和外祖母，更是大家的朋友，愿意晚年为孩子们和家长在育儿路上尽微薄之力。

疫苗接种篇

疫苗接种的一般知识

什么是疫苗，包括哪些剂型

爸爸妈妈@张思莱医师

请谈谈什么是疫苗？现在孩子接种的疫苗有注射的、有口服的、有灭活的，还有减毒活疫苗。请问还有什么剂型？

表情 图片 视频 话题 长微博 发布

A 疫苗是将病原微生物（如细菌、病毒等）及其代谢产物，经过人工减毒、灭活或利用基因工程等方法制成的用于预防传染病的自动免疫制剂。疫苗保留了病原体刺激人体免疫系统的特性，当人体接触到这种不具伤害力的病原体后，免疫系统便会产生一定的保护物质，当身体再次接触到这种病原体时，身体的免疫系统便会依循其原有的记忆，制造更多的保护物质来阻止病原菌的伤害。世界卫生组织给予疫苗的定义是：疫苗是意图通过刺激产生抗体对一种疾病形成免疫力的任何制剂。疫苗包括灭活或减毒微生物的混悬液、微生物制品或衍生物。使用疫苗最常见的方法是注射，但也有一些口服疫苗或鼻雾剂。

为什么要接种疫苗

爸爸妈妈@张思莱医师

孩子出生以后需要接种很多疫苗，我想问一个很傻的问题：孩子为什么要接种疫苗呀？

表情 图片 视频 话题 长微博 发布

A 人生活在地球上，同时各种生物也生活在地球上，其中就有不少是导致人类生病的有害生物，包括一些有害的并在人类之间传播疾病的病毒、细菌、支原体以及某些原虫等。这些有害的生物一旦侵犯人体就会严重威胁人的健康，甚至造成死亡，并且还会大规模传播，让更多的人患病。目前世界公认：接种疫苗是最经济、最有效地预防疾病的一种方法，所以人类就需要有计划地利用疫苗进行预防接种，以提高人群的免疫抗病能力，达到控制和最后消灭相应传染病的目的。正如《诸福棠实用儿科学》所述：预防接种指利用人工制备的抗原或抗体，通过适宜的途径接种于人体，使得个体和群体产生对某种传染病特异性的自动免疫或被动疫苗。

疫苗接种对于婴幼儿来说尤为重要，婴儿出生时从母体中获得一些保护性抗体，这些抗体保护着婴儿的机体免受各种传染病的侵袭。但是随着孩子月龄的增长，由母亲给予的保护性抗体逐渐消失，孩子慢慢失去了来自母亲抗体的保护；此时，婴幼儿自身的免疫系统还发育不成熟，处在继续发育的过程中，自身免疫系统所产生的抗体远远起不到保护婴儿机体的作用。因此婴儿阶段体内血清主要保护抗体的总体水平在出生后3～5月龄逐渐降至最低阶段，到婴儿6月龄后基本消失为零，在此期间孩子的免疫力处于最低水平。婴儿由于失去了母传抗体，又缺乏自身免疫系统产生的抗体，因此婴儿从3月龄以后最容易被传染病侵袭而生病，尤其是小婴儿。孩子患病后病情严重、高并发症、高致残率、高死亡率也是每个患儿家长尤为担忧的事情。即使治疗痊愈，高额的治疗费用以及家长付出的精力也不是一般家庭所能承受的。

目前我国卫计委发布了儿童免疫程序，全面推行计划免疫方案。国家规定我国儿童必须严格按照免疫程序的先后顺序和要求实施接种，使得人群达到和维持高度的免疫水平。

通过我的解释，我想你就明白了为什么孩子要接种疫苗。

为什么要区分一类疫苗和二类疫苗

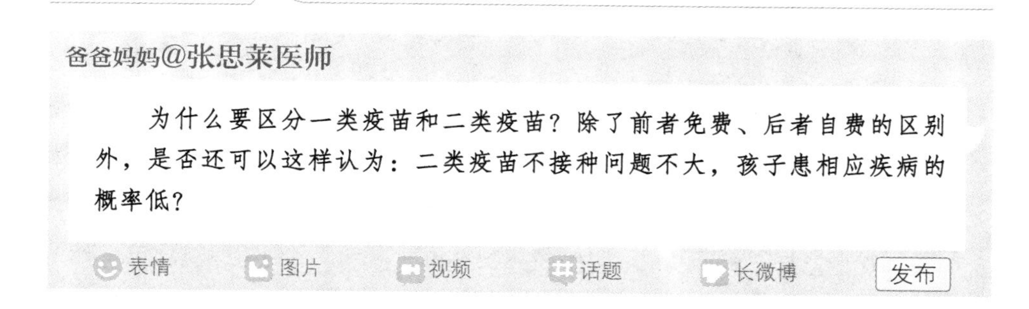

A 目前，我国根据国家财政状况和防病规划将疫苗划分为两类，即一类疫苗和二类疫苗。一类疫苗就是指政府免费向公民提供，公民应当依照政府的规定受种的疫苗，包括国家免疫规划确定的疫苗，省、自治区、直辖市人民政府在执行国家免疫规划时增加的疫苗，以及县级以上人民政府或者其卫生主管部门组织的应急接种或者群体性预防接种所使用的疫苗。一类疫苗是国家规定必须接种的，而二类疫苗可以根据孩子的身体状况和家庭的经济实力选择。一类疫苗和二类疫苗的划分不是固定不变的，比如甲肝疫苗、麻腮风疫苗，在2007年以前它们都曾经是二类疫苗，但随着国家经济实力的提高，这两种疫苗现在都成了一类疫苗。今后也会有越来越多的二类疫苗变为一类疫苗。

目前虽然区分一类疫苗和二类疫苗，但是并不是因为二类疫苗不重要。二类疫苗也是预防相应疾病的疫苗，而且这些疾病也会严重威胁孩子的健康。二类疫苗在发达国家已经实现免费接种，但是我国还是一个发展中国家，现阶段不可能做到将全部疫苗都免费接种，所以区分出免费疫苗和自费疫苗。随着国家财力不断增强，一类疫苗已经扩大到目前的14种，一些地方根据自己的财政情况还将一些二类疫苗实现了免费接种，如流感疫苗、23价肺炎多糖疫苗。相信以后会有更多的二类疫苗转为一类疫苗，实现免费接种。接种二类疫苗孩子可以获得更广泛的保护。建议儿童优先接种的二类疫苗顺序依次为HIB疫苗、肺炎疫苗、流感疫苗、水痘疫苗、流脑AC结合疫苗、流脑4价多糖疫苗、轮状病毒疫苗、霍乱疫苗。

哪些疫苗属于一类、哪些属于二类

爸爸妈妈@张思莱医师

我国规定预防接种疫苗有计划内（一类疫苗）和扩大计划免疫疫苗（二类疫苗），具体每类包括哪些疫苗？

表情 图片 视频 话题 长微博 发布

A 一类疫苗是属于我国规定的计划内疫苗，是必须接种的免费疫苗，二类疫苗又称“扩大计划免疫疫苗”，家长根据自己孩子的情况和经济条件可以选择接种，是自费疫苗。根据中国疾控中心免疫规划中心的中国疫苗和免疫网介绍：一类疫苗包括乙肝疫苗、卡介苗、脊髓灰质炎减毒活疫苗、百白破联合疫苗、麻风腮联合疫苗、甲肝疫苗、脑膜炎球菌多糖疫苗、乙脑疫苗等；二类疫苗是指由公民自费并且自愿受种的其他疫苗，如水痘疫苗、流感疫苗、B型流感嗜血杆菌结合疫苗、肺炎球菌疫苗、轮状病毒疫苗、伤寒Vi多糖疫苗、细菌性痢疾疫苗等。

接种疫苗有哪些注意事项

爸爸妈妈@张思莱医师

我的孩子刚出生不久，在医院已经接种了卡介苗和乙肝疫苗。孩子满月后就要带着他去接种乙肝第二针，2个月就要接种小儿脊髓灰质炎疫苗。请问接种疫苗需要注意什么？

表情　图片　视频　话题　长微博　发布

A 首先，孩子要严格按照计划免疫程序的规定，根据当地卫生机构的通知接种疫苗。医生会根据不同疫苗使用的剂量、次数、间隔时间、不同疫苗的联合免疫方案给你的孩子进行接种。如果因为特殊情况不能按照通知去接种，也要问清楚什么时候可以补种。

其次，每种疫苗都有不同的禁忌证，医生在接种前也会详细向你询问，你应该如实回答。例如，孩子正处于生病期间或者恢复期，发热，有严重的慢性病，如心脏病、肾脏病、肝脏病、化脓性皮肤病、过敏体质、免疫缺陷、活动性肺结核、癫痫和有惊厥史的孩子都在禁忌范围内。

最后，疫苗对于机体来说是一种异于人体的外来刺激，所以接种后可能有不同的反应，包括局部反应、全身反应，甚至还有异常反应，应根据不同的情况给予相应的处理。（详见下篇《接种疫苗后出现高热怎么办》）

接种疫苗后出现高热怎么办

爸爸妈妈@张思莱医师

我的孩子已经1岁了，接种乙脑疫苗后第二天高热，体温达39.5℃，而且精神不振、食欲差、呕吐、腹泻，吓得我们赶紧去医院看病了。为什么会这样？这是接种疫苗后的异常反应吗？

表情　图片　视频　话题　长微博　发布

A 接种疫苗就是向机体内接种某种抗原，在抗原的影响下，机体自动产生免疫力，同时在血清中有相应的抗体出现。我国计划内以及扩大免疫疫苗所用的生物制剂有：菌苗，是用细菌菌体制造而成，分为死菌苗（如百日咳菌苗等）和减毒活菌苗（如卡介苗等）；疫苗，用病毒或立克次体接种在鸡胚或动物组织培养，经过处理制造而成，分为灭活疫苗（如乙脑疫苗等）和减毒活疫苗（如脊髓灰质炎疫苗、麻疹疫苗、流感疫苗等）。疫苗对于人体毕竟是异物，这些预防接种制剂对人体来说是一种外来的刺激，活菌苗和活疫苗的接种实际上是一次轻度感染，死菌苗和死疫苗对人体是一种异物刺激，在诱导人体免疫系统产生对特定疾病的保护力的同时，由于疫苗的生物学特性和人体的个体差异（健康状况、过敏性体质、免疫功能不全、精神因素等），有少数接种者会发生不良反应，其中绝大多数可自愈或仅需一般处理，如局部红肿、疼痛、硬结等局部症状，或有发热、乏力等症状，不会引起受种者机体组织器官和功能损害。异常反应是指合格的疫苗在实施规范接种过程中或接种后造成受种者机体组织器官、功能损害。异常反应的发生率极低，但病情相对较重，多需要临床处置。

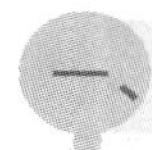

一、接种疫苗后的反应

1.局部反应

一般是在接种24小时左右局部发生红、肿、热、痛等现象。红肿直径在2.5厘米以下者为弱反应，2.6厘米～5厘米为中等反应，5厘米以上为强反应，强反应有时可以引起淋巴结肿痛。

2.全身反应

主要表现为发热，体温37.5℃为弱反应，37.5℃～38.5℃为中等反应，38.6℃以上为强反应。有的孩子还会出现头疼、恶心、呕吐、腹痛和腹泻等症状。

3.异常反应

接种某种生物制剂后可能发生与一般反应性质及表现均不相同的反应。遇到这种反应应该及时去医院诊治，一般会很快痊愈的，极个别严重的，医生也会作出相应的处理。出现这种异常反应可能与孩子的体质有密切的关系，如过敏性体质、免疫缺陷者。

接种灭活疫苗5～6小时或者24小时内体温升高，一般持续2～3天，体温多在38.5℃以下；接种活菌苗、活疫苗局部或全身反应出现得比较晚，一般在接种后5～7天出现发热反应。目前我国所用的预防接种的生物制剂反应一般都是轻微的、暂时的，不需要做任何处理，而且恢复得也很快。对于个别的孩子发生的强反应或异常反应需要给予退热药及对症处理。

二、接种前注意事项

◆ 医生要认真检查预防接种生物制剂，详细询问孩子的健康情况，必要时先对孩子进行体格检查，避免因为潜在疾病而出现接种后的耦合现象。接种时要严格遵守无菌操作，1人1个针管、1个针头，避免交叉感染。

◆ 注意预防接种生物制剂的剂量，每种生物制剂都具有最低的引起机体产生足够的免疫反应的剂量，因此低于该剂量不足以引起机体产生足够的免疫力；但如果剂量过大，可能引起机体的异常反应，甚至机体由于接受过强的抗原刺激，形成免疫麻痹，也达不到应该有的免疫效果。

◆ 严格掌握禁忌证。每一种预防接种生物制剂都有一定的接种对象，也有一定的禁忌证。因此接种前需要仔细审阅说明书或者询问医生，同时向医生详细地介绍自己孩子的情况（包括既往和近来的情况），这样才能避免异常反应及其他意外，更好地达到免疫效果。

由于每个孩子的体质不同，接受这些生物制剂的反应也存在个体差异。你的孩子可能属于强反应，不是异常反应，你们去医院请求医生诊治是对的。不用惊慌，一般2～3天是可以恢复正常的。

什么是人工自动免疫制剂

爸爸妈妈@张思莱医师

每次孩子进行预防接种都会有不同的反应，而且接种的针次也不同，为什么呢？医生说是因为人工自动免疫制剂不同的缘故，是这样吗？

表情　图片　视频　话题　长微博　发布

A 医学上说的“人工自动免疫制剂”就是向人体内接种某种抗原，在抗原的影响下，机体自动产生免疫力，同时在血清中有相应的抗体出现，人体产生了对抗相应疾病的抵抗力。这些人工免疫制剂就是抗原。自动免疫制剂在接种后经过一段时间才产生抗体，抗体产生后免疫力会持续很长一段时间，当免疫作用最强的时候过去后，其免疫力会逐渐削弱。如果此时再次接种同种免疫制剂，很容易使抗体再度增多，免疫力增强。所以在完成各种免疫预防制剂的基础免疫后，需要根据不同预防制剂的不同免疫持久性给予加强免疫，以巩固免疫的效果。这就是接种不同的疫苗，疫苗接种针次也会不同的原因。

人工自动免疫制剂包括菌苗、疫苗和类毒素。

菌苗是由细菌菌体制成的，分为死菌苗和减毒活菌苗。死菌苗一般是选用免疫性好的菌种在适宜培养基上生长、繁殖后将细菌灭活处理，稀释到一定浓度而制成，例如百日咳、伤寒霍乱菌苗。这类菌苗进入人体后因为已经灭活，不能再生长繁殖，对人体刺激的时间短，产生的免疫力不强，为了让人体获得较高和持久的免疫力，需要多次接种。减毒活菌苗一般选择无毒或者毒力很弱，但免疫性比较高的菌培养繁殖后制成，或用菌体制成，例如卡介苗。活菌苗接种到人体后可以生长繁殖，但是不会引发疾病，对人体刺激的时间较长，接种量小，免疫力持续的时间较长，免疫效果好。但是由于是活菌苗，因此有效期短，需冷藏保管。

疫苗是用病毒或立克次体接种于动物、鸡胚或组织培养，经过处理制成，分为灭活疫苗和减毒活疫苗。灭活疫苗，如乙脑灭活疫苗；减毒活疫苗，如口服脊髓灰质炎疫苗糖丸、麻疹疫苗、流感疫苗等。活疫苗的优点与活菌苗相似，但在注射丙种球蛋白或胎盘球蛋白的3周内不可以接种活疫苗，否则其免疫作用会受到抑制。

类毒素就是用细菌所产生的外毒素加入甲醛变成无毒性而仍然有免疫原性的制剂，如白喉类毒素、破伤风类毒素。

因此为了达到免疫效果，根据人工免疫预防制剂的不同，接种的次数就会不同，接种后的反应也不同。需要注意的是，每个孩子虽然都接种了相同的免疫预防制剂，通过抗原的刺激，绝大多数孩子会产生相应的抗体，但是个别的孩子（1%～5%）却不会产生相应的抗体，这不是免疫预防剂的问题。

什么是被动免疫

爸爸妈妈@张思莱医师

我的孩子所在幼儿园班里的一个小朋友得了急性甲型肝炎，幼儿园医生通知我需要马上给孩子接种胎盘球蛋白进行被动免疫。什么是被动免疫？

表情　图片　视频　话题　长微博　发布

A 被动免疫就是将含有对抗某种疾病的大量抗体的被动免疫制剂注入人体，使人体获得免疫力。被动免疫多用于尚无自动免疫方法的传染病密切接触者。被动免疫只能作为一种临时应急的办法，因为这类制剂注入人体后很快就会被排泄掉，预防时间短（3周左右）。如果这种制剂来自动物血清，虽然用的都是精制品，但是对于人体来说是一种异性蛋白，注射后容易引起过敏反应以及血清病。被动免疫制剂包括抗毒素、抗菌血素、抗病毒素等，通称为“免疫血清”，还有丙种球蛋白和胎盘球蛋白。目前使用的被动免疫制剂有白喉抗毒素、破伤风抗毒素、肉毒抗毒素、抗狂犬病毒血清等。

冷链对保管疫苗是非常重要的吗

爸爸妈妈@张思莱医师

每次给孩子接种疫苗时，我都注意到医生是从冰箱中取出疫苗给孩子接种。医生说这些疫苗需要保冷，这是冷链中的一个环节，否则容易失效，是这样吗？

表情 图片 视频 话题 长微博 发布

A 医生说得不错。为了预防、控制传染病的发生、流行，保障人体健康和公共卫生，保证预防接种的效果，必须在各个环节上加强对用于人体预防接种的疫苗类的保管、流通和预防接种的管理工作。由于疫苗对温度敏感，从疫苗制造的部门到疫苗使用的现场之间的每一个环节都可能因温度过高而失效。冷链是为了保证计划免疫所使用的疫苗从生产、储存、运输、分发到使用的整个过程有妥善的冷藏设施、设备，可以使疫苗始终置于规定的保冷状态之下，保证疫苗的合理效价不受损害。冷链配套设备包括储存疫苗的低温冷库、速冻器、普通冷库、运送疫苗专用冷藏车、冰箱、冷藏箱、冷藏背包等。

2007年卫生部关于印发《扩大国家免疫规划实施方案》的通知也明确提出：“加强冷链建设，保障国家免疫规划疫苗冷链运转。要根据实施扩大国家免疫规划的需要扩充冷链容量，完善冷链建设、补充和更新机制。疾病预防控制机构、接种单位要按照《疫苗储存和运输管理规范》的要求，严格实施疫苗的冷链运转，做好扩大国家免疫规划疫苗的储存、运输、使用各环节的冷链监测和管理工作。”只有这样才能保证接种到人体的是合格的疫苗，才能达到防病的效果，保护人体的健康。

为什么接种完后要留观半小时

爸爸妈妈@张思莱医师

每次接种疫苗后医生都不让孩子离开，必须留观半小时，这是为什么？

表情　图片　视频　话题　长微博　发布

A 所有接种疫苗的医院，接种现场必须要配备医生和抢救药品，主要是防止意外发生。接种疫苗以后，由于每个人对疫苗的反应不同，绝大多数人不会发生任何异常反应，但是不能排除个别孩子有可能会发生严重过敏反应（又称“过敏性休克”）。过敏性休克可能发生于接种后几秒几分，也可能发生在1小时之后。监测数据表明，过敏性休克大多发生在半小时之内。如果此时你已经带着孩子回家了，不在医务人员监护范围之内，很容易发生危险。即使半小时以后，家长怀疑自己孩子接种疫苗后出现了不良反应，也要及时向接种人员或疾控中心咨询或报告。

接种疫苗后孩子就一定不会得病吗

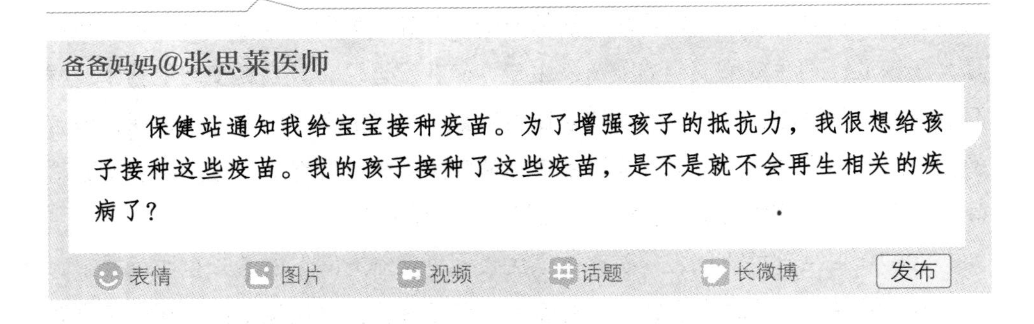

A 回答你的问题必须从被接种对象和接种的疫苗两方面说：

被接种的对象：婴幼儿本身免疫功能发育不健全，从母体中获得的免疫物质又很少，对各种传染病具有易感性，因此对于各种传染病都不具有免疫力。保证孩子按时接种各种疫苗，增强孩子的抵抗力，是保护易感孩子的一种有力措施。这样不但增强了每个孩子的免疫力，而且也提高了整个人群的免疫水平，能够很好地控制传染病的发生和流行，保证孩子健康成长。一般来说，绝大多数婴幼儿经过疫苗的刺激都可以产生相应的抗体或免疫细胞，但是也有极少数的小儿（1%～5%）即使接种了适当的疫苗仍不能产生抗体或免疫细胞，因此一旦遇到这种传染病，孩子仍可能患病。如果孩子正处于某种传染病的潜伏期，虽然接种了疫苗，但是疫苗还没有在机体内产生相应的保护性抗体或者保护性抗体没有达到一定的浓度，孩子也会生病。

接种的疫苗：现在使用的各种疫苗制剂，包括菌苗（分为死菌苗和减毒活菌苗）、疫苗（分为灭活疫苗和减毒活疫苗）以及类毒素。死菌苗进入人体不能生长繁殖，对人体刺激时间短，产生的免疫力不强，所以需要多次接种。减毒活菌苗和减毒活疫苗进入人体后能够生长繁殖，但不引起疾病，对身体刺激时间较长，因此接种量小，接种次数少，免疫时间长。活疫苗很娇嫩，保管不当和口服不当很容易死亡失效。活疫苗的有效期较短，并且运输和储存需要冷藏保管，因此实际使用时需要严格按照规程去做。减毒活疫苗不可以在使用丙种球蛋白或胎盘球蛋白的3周内使用，否则免疫作用受到抑制。

因此在接种疫苗时必须严格遵照使用规定，包括接种部位，接种剂量，接种次数和按时加强接种，接种各种疫苗的间隔时间。使用混合制剂进行联合免疫时需要注意各种疫苗之间的协同作用与干扰现象，严格掌握禁忌证，及时处理因为接种疫苗产生的各种反应。

从原则上说，接种疫苗后不应该生病，但是如果在我描述的以上各个环节中的某一个环节出现问题，都有可能造成接种失败，而达不到免疫的效果。另外每一种疫苗都可能存在着这样或那样的缺点，而且每种疫苗的有效保护率也不会达到百分之百，因此个别人生病还是有可能的。

用过地塞米松是否需要慎重或禁忌接种疫苗

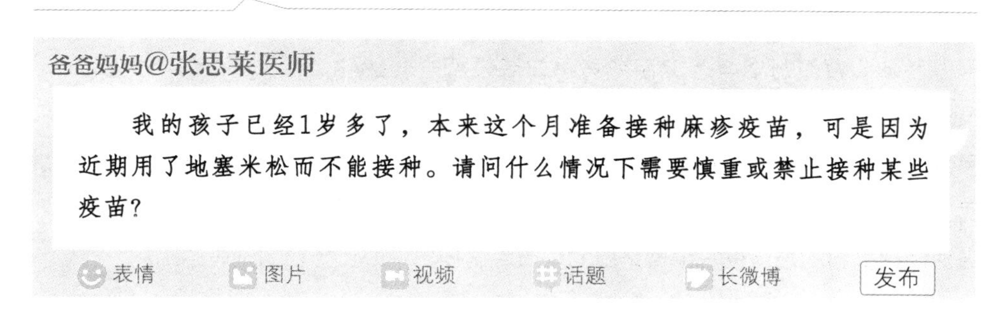

A 每种预防接种的疫苗都有一定针对的对象，也有一定的禁忌证，不是什么人、什么情况下都可以接种的。有急性传染病接触史而未过检疫期者；急性传染病患者（包括恢复期）；发热；严重的慢性病，如心脏病、肾脏病、肝脏病、活动性肺结核以及化脓性皮肤病都不能接种疫苗。6个月以下的孩子不能接种麻疹、风疹、流行性腮腺炎和乙脑疫苗，有癫痫、惊厥史、脑炎后遗症等神经系统病史的人不能接种百白破、乙脑和流脑疫苗，有免疫功能缺陷或使用过免疫抑制剂的人不能接种活疫苗。过敏体质的人要慎重接种，如果确实对某种疫苗或疫苗中某种成分过敏，就不能接种该种疫苗，但是一般轻症的上呼吸道感染和腹泻可以酌情接种。

你的孩子因为近期使用过一段时间的地塞米松，地塞米松具有免疫抑制作用，可以使抗体保护水平下降，增加对该疾病的易感性，所以不能接种。

可以同时接种多种疫苗吗

爸爸妈妈@张思莱医师

现在预防疾病的疫苗很多，除了国家计划免疫内的疫苗外，我还能同时选择其他的疫苗吗？会不会出现“撞车”现象？同时接种有副作用吗？

表情 图片 视频 话题 长微博 发布

A 除了国家规定的计划免疫外，还有一些其他的疫苗根据不同的人、不同的年龄、不同的生活环境、不同的季节可以进行选择性接种。但是各种疫苗对人体来说毕竟是异种，对人体是一种外来的刺激，不管是活疫苗、活菌苗还是死菌苗、死疫苗都是一种异物，都会引起局部或全身反应。同时多种疫苗的接种也会产生协同作用或者干扰作用，搭配合适，可以起到加强免疫的效果；如果不合适，可以发生干扰现象，强者抑制弱者，大大降低免疫力，甚至产生拮抗作用，出现危险。但是近来研究认为：并不是所有的疫苗都不能同时接种，如小儿脊髓灰质炎疫苗可以与卡介苗或者百白破疫苗同时接种，不但不会影响免疫力，反而会使免疫力增强、副作用减少。但是同时接种两种或两种以上的疫苗，不能使用同一个针管，不能在同一个部位接种。因此根据自己孩子的情况，除了国家计划免疫内的疫苗外，最好是咨询大夫后，在大夫指导下选择其他疫苗接种（目前北京各医院保健科的疫苗进货渠道是由北京市疾病预防中心严格控制把关的）。

什么是基础免疫，为什么还要加强免疫

爸爸妈妈@张思莱医师

我的孩子刚2个月，需要接种小儿脊髓灰质炎疫苗。医生说需要每个月接种1剂，连续接种3剂，以后还要加强免疫。为什么？

表情　图片　视频　话题　长微博　发布

A　为了获得较好的免疫反应，有的疫苗需要先进行基础免疫，然后在规定的时间内还需要加强免疫。这是因为某些疫苗接种后，如你说的小儿脊髓灰质炎疫苗，其在机体产生抗体比较慢，一般2~4周产生抗体，抗体水平比较低，因此需要连续接种3剂次，以维持较高水平的保护性抗体，以上即为基础免疫；抗体水平达到高峰后持续一段时间会逐渐下降，其保护性抗体会逐渐减少或者消失，所以需要再次加强一针，即为加强免疫，这样可以继续维持抗体水平，保证免疫力持续的时间。因此要严格遵照规定的时间进行接种。

孩子因病错过了接种疫苗的时间怎么办

爸爸妈妈@张思莱医师

我的孩子因为生病错过了百白破疫苗第二针接种的时间，我该怎么补上这1针？第三针按照什么顺序接种？

表情　图片　视频　话题　长微博　发布

A　根据你孩子的情况，在接种百白破疫苗第二针的时候因为生病而耽误了接种，以后是可以补种的：如果第二针延误，那么第一针和第二针之间的间隔可以延长到3个月，第二针与第三针之间的间隔可以延长到6个月。以后其他疫苗就按照接种程序顺延相同的时间即可。但是因为你的孩子在这段时间推迟接种，保护抗体的水平比较低，会增加感染这种疾病的机会，因此除非不得已，最好不要随便推迟接种疫苗的时间。

疫苗可以提前接种吗

爸爸妈妈@张思莱医师

我的孩子是在香港出生的，在香港坐完月子后准备回内地，想给孩子在香港完成六联疫苗接种（六联疫苗包括小儿脊髓灰质炎疫苗、百白破疫苗、HIB、乙肝疫苗），但是香港医生不同意提前接种，必须要等到婴儿满6周才能接种。为什么？

表情　图片　视频　话题　长微博　发布

A 不单是香港，包括内地，疫苗都是不可以提前接种的。疫苗接种是要遵照免疫程序进行的。这个免疫程序是专家们根据自己国家的疫情，参照联合国卫生组织公布的疫苗接种程序，经过科学研究制定的，其中包括各种疫苗接种的顺序、间隔的时间、需要的针次、需要的剂量。例如，根据我国的情况麻疹疫苗需要婴儿满8个月才可以接种，美国规定麻疹疫苗满周岁才可以接种；乙肝疫苗必须遵照0、1、6月龄进行接种，不可以提前接种。

应根据我国卫生部规定的免疫程序按时接种，提早或延迟都是不好的。若遇到特殊情况应向医生说明，由医生安排，这样宝宝才能得到良好的接种效果。

接种还有一个时间上的要求，如乙脑的传播季节是在夏末，只有在这之前的一段时间里进行免疫接种才能有效果。如果早早地在冬季就进行接种，那是起不到作用的。

另外，宝宝的年龄如果非常小，有些疫苗就对他没有用，因为他根本就不会得那种病。早早地进行接种，既费钱又没有效果。

接种疫苗后多长时间产生免疫力

爸爸妈妈@张思莱医师

孩子接种疫苗后多长时间产生免疫力？各种疫苗说法不一，我该如何做？

表情　图片　视频　话题　长微博　发布

A 接种疫苗后并不是马上产生免疫力，机体的免疫系统需要有一段时间进行免疫应答，然后才产生特异性免疫力，所经过的这段时间就是医学上所说的“诱导期”。每种疫苗的诱导期是不同的，时间的长短取决于接种疫苗的种类、接种的次数、接种的途径以及被接种者的身体健康状况等。一般来说，同一种疫苗初次接种的诱导期较长，1～2周才能产生有效免疫；再次接种的诱导期较短，大约1周就能产生有效免疫。像小儿脊髓灰质炎疫苗、百白破疫苗、五联疫苗等，完成全程接种后才能获得较高水平的保护性抗体。如果在保护性抗体产生前感染了相应传染病的病原体就有可能患病。因此，在预防某些有明显季节性的传染病时，比如乙脑疫苗、流脑疫苗等，最好在该病的流行季节前1个月完成预防接种，以有效防止发病。同时接种后也要注意保护，因为在保护性抗体产生前或者还没有达到最佳的免疫效果时，仍然有可能发病。

同一种疫苗进口的好还是国产的好

爸爸妈妈@张思莱医师

带孩子去医院接种，同样的一种疫苗，有进口的也有国产的。国产的疫苗是免费的，进口疫苗是自费的，儿保医生让我们自己选择。如果不从经济上考虑，请问国产疫苗好还是进口疫苗好？

表情 图片 视频 话题 长微博 发布

A 首先明确指出：不管是进口的疫苗还是国产的疫苗，都是经国家医药监督管理局批准生产和进口的，都通过了国家卫生部门的严格检查和检验，所以都是安全、可靠、有效的疫苗。国产和进口的疫苗的区别在于毒株和培养的工艺不同，所以产生的抗体数量不同，预防保护持续的时间长短不同，不良反应的大小也不同，家长可以根据自己的经济能力进行选择。

孩子接种疫苗前后家长应该怎样做

爸爸妈妈@张思莱医师

我第一次带孩子去接种疫苗，请问我该做些什么准备工作？接种疫苗后需要注意什么事项？

表情 图片 视频 话题 长微博 发布

A 首先家长应该清楚自己的孩子应该接种什么疫苗（参考本地区颁发的《儿童计划免疫程序表》），这种疫苗能够预防什么疾病。在接种疫苗前1周家长需要仔细呵护自己的孩子，尽量不去公共场合，减少接触外界疾病的机会，保持接种前身体健康。接种前一天，要给孩子洗个澡，换上干净的内衣裤。接种时家长要告诉医生孩子目前的身体状况，既往是不是有过敏情况，并认真阅读接种知情书，按照医生或护士的要求，将孩子的身体摆成易于接种的姿势。接种后要留在医院观察30分钟，以便发现情况医生能够及时处理。如果是口服的减毒活疫苗，在口服疫苗后半小时内不要吃热的食物，包括热水、热奶、母乳等，以免疫苗失去效力；24小时内不要洗澡，同时每天注意保持接种部位清洁，不要让孩子抓挠接种部位，以避免感染；让孩子多喝水，好好休息，尽量不要做剧烈的运动，给孩子吃一些清淡的食物。尽量减少进食容易引起过敏的食物，一旦孩子发生异常反应及时去医院，请医生处理。

兰菌净是疫苗吗

爸爸妈妈@张思莱医师

我们这个地区接种疫苗时建议孩子接种兰菌净疫苗，是自费药物。可是网上有人说它不是疫苗，是这样吗？

表情 图片 视频 话题 长微博 发布

A 兰菌净是意大利贝斯迪大药厂生产的治疗用生物制剂，是口服型治疗药物，属于处方药，应该在医生指导下使用。兰菌净根据其说明书介绍主要用于预防和治疗上呼吸道细菌感染（如鼻炎、鼻咽炎、鼻窦炎、扁桃体炎、支气管炎）。根据SFDA的药品注册批件，其注册类别是“治疗用生物制品7类”，疫苗则应该是“预防用生物制品”。

很多地区把兰菌净当作二类疫苗使用，其实兰菌净不是国家规定的二类疫苗。国家规定的二类疫苗只有水痘疫苗、流感疫苗、B型流感嗜血杆菌结合疫苗、肺炎球菌疫苗、轮状病毒疫苗、伤寒Vi多糖疫苗、细菌性痢疾疫苗等。

孩子可以注射胎盘球蛋白吗

爸爸妈妈@张思莱医师

我的孩子已经2岁了，三天两头生病。为了给孩子增强体质，我想给孩子注射胎盘球蛋白，您说可以吗？

表情　图片　视频　话题　长微博　发布

A 胎盘球蛋白或免疫球蛋白是从新生儿的胎盘血液和健康人血液中提取的，属于被动免疫制剂，主要用于近期与传染病密切接触又没有获得相应主动免疫力的人，注入人体后可以马上获得免疫力。这类制剂注射到人体后很快就被排泄掉，预防时间短（3周左右），只能作为一种临时应急的措施。

你的孩子刚2岁，体内的各个系统发育得还不成熟，尤其是免疫系统更是如此：从母体中得到的免疫力正在消失，而后天获得免疫力又很少，所以这个阶段的孩子容易患病。要想增强孩子的体质，希望孩子少生病，除了按我国计划免疫要求接种各种疫苗外，更主要的是均衡营养，养成良好的生活习惯，加强身体锻炼，随着孩子的成长，他对疾病的抵抗力会逐步增强的。

另外，一些血液制品也存在着不安全的因素，因此建议你不要给孩子用这类制剂。

什么是耦合症

爸爸妈妈@张思莱医师

我的孩子接种疫苗后第二天突然发热，体温达39℃。医生检查后认为孩子高热不是因为接种疫苗引起的，孩子患的是感冒，这是耦合症。请问：什么是耦合症？能给孩子吃药吗？会不会影响免疫效果？

表情　图片　视频　话题　长微博　发布

A 耦合症是指受种者正处于某种疾病的潜伏期，或者存在尚未发现的基础疾病，接种后巧合发病（复发或加重）。耦合症的发生确实与疫苗本身无关，用老百姓的话说就是一种巧合，与接种疫苗没关系。疫苗接种率越高、品种越多，发生偶合的概率越高，也是最容易造成误解的。一般治疗感冒的药物包括抗生素都不会影响预防接种的效果，影响免疫接种效果的药物主要是免疫球蛋白、皮质激素以及一些抗肿瘤的药物。

孩子感冒时可以接种疫苗吗

爸爸妈妈@张思莱医师

我的孩子近来感冒了，轻微咳嗽，流涕，但是不发热。我朋友的孩子有轻微的湿疹。以上情况下可以接种疫苗吗？

表情 图片 视频 话题 长微博 发布

A 一般情况下，孩子感冒、轻微的咳嗽流涕，或者有轻微的湿疹，不是接种疫苗的禁忌证。但是我认为疫苗最好是在孩子健康时接种，更何况疫苗接种推迟几天是没有问题的。

早产儿如何接种疫苗

爸爸妈妈@张思莱医师

我怀孕32周时因为一次交通事故造成早产，孩子出生体重才1.4千克，在医院的新生儿病房保暖箱里养育了40天，现在已经出院。出院时因为体重不够，还没有接种卡介苗和乙肝疫苗。孩子现在的体重是2千克。请问早产儿应该什么时候接种疫苗？

表情 图片 视频 话题 长微博 发布

A 早产儿因为发育不成熟，各个组织系统也不成熟，因此和足月儿有很大的差别，尤其是全身的免疫系统发育更不成熟，接种疫苗不能更好地引起全身的免疫应答，接种效果可能不理想。另外，由于早产儿各个器官发育不成熟，抵抗疾病的能力弱，更容易引起一些疾病的发生，而且疾病发生的程度要比足月儿严重。因此，根据以上情况正确掌握早产儿的预防接种就更为重要。具体建议如下：

◆ 卡介苗：孩子出院后1个月内，如果体重达到2.5千克，没有结核病接触史，就可以接种卡介苗。如果出院1个月以后体重才达到2.5千克，必须做结核菌素实验。实验结果阴性者可以接种卡介苗；阳性者，说明孩子可能已受结核菌感染，不能再接种卡介苗，否则会引起局部或全身反应，严重的可以引起结核病病情恶化，需要追踪传染源，必要时可进行药物预防。

◆ 乙肝疫苗：如果母亲是乙肝表面抗原阴性者，早产儿体重低于2千克，可以推迟接种，待早产儿体重达到2千克或者满2个月接种第一针，以后顺延1个月和6个月各接种一针。如果母亲是乙肝表面抗原阳性，孩子出生体重低于2千克，出生后1个月、2个月、7个月分别各接种乙肝疫苗5微克，并在不同部位肌肉注射乙肝免疫球蛋白100IU～200IU。

如果孩子健康，无明显疾病，其他的疫苗，按出生后实际月龄按时接种即可，不需要考虑体重问题。出生时诊断为缺血缺氧性脑病的早产儿不能接种流脑、乙脑等涉及脑部的疫苗，以免诱发癫痫。

什么叫联合免疫

爸爸妈妈@张思莱医师

我的孩子2个月，去医院口服脊髓灰质炎减毒活疫苗，医生建议我的孩子进行联合免疫，选择五联疫苗接种。请问什么叫联合免疫？

表情 图片 视频 话题 长微博 发布

A 联合免疫是将两种或两种以上的抗原采用疫苗联合、混合或者同次接种不同的疫苗进行免疫接种、达到预防多种疾病的一种手段，孩子免受多次接种带来的痛苦，减少偶合反应发生的概率；医院也减少了工作量，提高了工作效率。像五联疫苗，可将原来需要接种的12剂次减少到4剂次。

目前联合免疫有3种形式：

◆ 联合疫苗：如五联疫苗、百白破联合疫苗、麻风腮联合疫苗、麻风二联疫苗、麻腮二联疫苗、A+C流脑疫苗、A+C+Y+W135四价流脑疫苗、甲乙肝联合疫苗等。

◆ 混合使用：目前只有葛兰素史克生产的HIB疫苗可以和无细胞百白破疫苗被允许在同一支注射器中使用（我建议最好还是使用两支注射器分别注射）。

◆ 不同部位同次使用：例如百白破疫苗、乙肝疫苗和脊髓灰质炎减毒活疫苗可以同时接种，但是需要在不同部位分别接种。

一类疫苗的替代疫苗有哪些

爸爸妈妈@张思莱医师

带孩子去医院接种疫苗，因为孩子月月生病，医生担心孩子有免疫缺陷，希望我们接种计划内的疫苗选择替代疫苗，请问一类疫苗有哪些替代疫苗？

表情 图片 视频 话题 长微博 发布

A 一类疫苗确实有一部分替代疫苗，这部分疫苗是属于自费的，多是进口的疫苗，主要是为了减少一类疫苗的不良反应，提高免疫效果。家长可以根据自身的经济条件以及孩子的身体状况自费选用。目前一类疫苗的替代疫苗，如进口无细胞百白破联合疫苗代替吸附的百白破联合疫苗，麻风腮减毒活疫苗代替免费的麻疹疫苗、麻风二联疫苗、麻腮二联疫苗、精制乙脑灭活疫苗代替乙脑减毒活疫苗，甲肝灭活疫苗代替甲肝减毒活疫苗，百白破、B型流感嗜血杆菌、脊髓灰质炎五联疫苗是百白破、脊髓灰质炎减毒活疫苗、B型流感嗜血杆菌疫苗的替代疫苗，脊髓灰质炎灭活疫苗代替脊髓灰质炎减毒活疫苗，A+C群流行性脑膜炎结合疫苗代替A群流行性脑膜炎多糖疫苗和A+C流行性脑膜炎多糖疫苗。

减毒活疫苗有哪些，可以同时接种吗

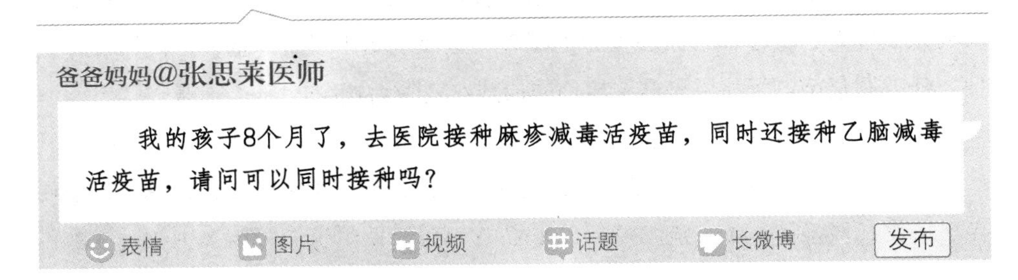

A 根据《预防接种工作规范》的规定："两种注射剂型减毒活疫苗的接种，要么同时接种，要么间隔28天以上接种。"

常见减毒活疫苗有卡介苗、乙脑减毒活疫苗、水痘减毒活疫苗和甲肝减毒活疫苗等注射用减毒活疫苗，强化免疫期间，这几种疫苗都要求与麻疹疫苗接种时间间隔28天以上，但脊髓灰质炎减毒活疫苗、轮状病毒减毒活疫苗等口服减毒活疫苗除外。

接种减毒活疫苗需要注意什么

爸爸妈妈@张思莱医师

给孩子接种减毒活疫苗时，医生一定要等着注射区的消毒剂干燥后方可接种，以往孩子生病打针没有要求这么严格。为什么接种疫苗会有这样的要求？

表情 图片 视频 话题 长微博 发布

A 减毒活疫苗是通过人工的方法，将活菌或者活病毒的毒力降低到足以使机体产生类似自然感染而发生隐性感染，以诱发机体的免疫应答，但不产生临床症状的疫苗，一般接种1次就可以达到长期、稳定的预防效果。但是这些活菌或者病毒虽然毒力降低，但毕竟是活疫苗，如果注射时消毒剂没有干燥，活菌或者活病毒接触消毒剂会凝固或死亡，从而影响疫苗的有效性。因此接种减毒活疫苗时必须要等皮肤局部消毒剂干燥后方可接种。消毒剂不可用2%的碘酊，应该是75%的酒精，注射完不要用酒精棉球按压局部皮肤。减毒活疫苗不能接种血管内，如注射器内见有回血须另外换地方接种。有的减毒活疫苗需要在-20℃保存，如麻疹疫苗、脊髓灰质炎减毒活疫苗；有的减毒活疫苗，如卡介苗、百白破疫苗、乙肝疫苗、甲肝疫苗、麻腮风疫苗、水痘疫苗、流感疫苗、流脑疫苗和乙脑疫苗都需要2℃～8℃避光保存和运输（冷链运输）。疫苗复溶后半小时内必须使用完。如果疫苗瓶有裂纹或瓶塞松动，复溶后有摇不散的块状物，或者疫苗变红，都不可以再使用。接种疫苗必须留观30分钟，以备发生异常及时抢救。

如何看待民间的反疫苗行动

爸爸妈妈@张思莱医师

自从去年出现乙肝疫苗接种疑似多名婴儿致死事件后，我周围的一些家长都不愿意给孩子接种疫苗。我们该怎么办？

表情 图片 视频 话题 长微博 发布

A 你问的这个问题，很多家长也有这样的疑惑。据《健康时报》2014年4月的报道：自从去年在湖南、广西发生乙肝疫苗接种疑似多名婴儿致死事件后，虽然最后卫生部报道这些乙肝疫苗没有质量问题，死亡的孩子与乙肝疫苗接种没有任何关联，但是导致我国10个省市乙肝疫苗接种率下降了30%，其他疫苗接种率则平均下滑15%。乙肝疫苗风波发生后，一些家长放弃为孩子接种疫苗。这种不必要的恐慌可能导致我国艰难建立起的免疫屏障被轻易地毁掉，那就预示着可能几年后相关的疾病患病人数会增加。一些本不该患病的孩子仅仅是因为家长对接种疫苗产生的恐慌，拒绝接种疫苗，让孩子失去了疫苗的保护而发生相应的疾病。世界公认疫苗是预防传染病最经济、最有效的手段。在2014年世界免疫周，由中国疾病预防控制中心和环球健策GHS（国际非营利性咨询机构）联合举办的"疫苗免疫面面观"座谈会上，来自世界卫生组织的法比奥博士说："想不出比疫苗更有效、性价比更高的对付传染病的方式。"在《健康时报》报道中谈到世界顶级权威医学期刊曾经发表了一篇认为麻腮风疫苗导致儿童自闭症发生的论文，结果这篇论文成为全球背景下的反疫苗行动的一个导火线，欧美很多国家的家长开始抵制接种疫苗，导致欧洲、美国等一些国家麻疹病例不正常地上升。后来证实这篇论文是错误的，麻腮风疫苗与自闭症没有任何关系，这位作者之所以发表这篇论文是因为他有一项麻疹疫苗的专利，可用于部分替代麻腮风疫苗，所以诋毁麻腮风疫苗以获得自己的经济利益。虽然这位作者被撤销了行医资格，但造成的危害是很大的。同样，乌克兰也因为一名少年接种麻腮风疫苗死亡，导致家长反疫苗行动，其接种率下降10%，结果仅有5000万人口的乌克兰暴发了1万多例麻疹病人。

所以家长应该客观地、理性地看待疫苗接种，给孩子按照计划接种程序按时接种疫苗是非常重要的。家长应该正确对待和分析接种疫苗的个别病例，不能因噎废食，不给孩子接种疫苗。同时接种疫苗也不是百分之百的保护，受孩子健康因素的影响，免疫功能不全或低下、使用免疫抑制剂等特殊原因都可能导致接种失败，疫苗的抗原型别与当地流行的毒株不同也可导致接种无效。因此，必要时需要补充接种。

如何判断孩子是否有免疫缺陷

爸爸妈妈@张思莱医师

听医生说，小儿麻痹糖丸等一些减毒活疫苗，有免疫缺陷病的孩子是禁止接种的。请问如何判断孩子是不是免疫功能缺陷呢？

表情　图片　视频　话题　长微博　发布

A 目前发现的原发性免疫缺陷病已经超过200种，但是在婴儿早期很难发现孩子患有免疫缺陷病。这是因为孩子出生后有从母体中获得的抗体保护，但是这些孩子由于对活疫苗的易感性，接种后常常表现出不同寻常的临床症状，造成严重的感染或带毒状态，甚至出现严重播散性感染，危及生命。由于我国对原发性免疫缺陷病知识普及程度有限，而且原发性免疫缺陷病种类繁多，早期识别技术并不完善，因此无法实现早期诊断和筛查。6个月前我国婴儿需要接种的活疫苗只有卡介苗和脊髓灰质炎减毒活疫苗，因此早期获得可能为原发性免疫缺陷病的信息很困难。就现有的经验来看：婴儿早期的特殊感染、反复感染，包括危及生命的感染，如败血症、脓毒血症、深部脓肿、重症肺炎、中枢神经系统感染；皮肤感染、特殊病原感染，如鹅口疮、皮肤真菌感染、卡介苗感染、严重EB病毒感染；反复感染，如脓性中耳炎、肛周脓肿、腹泻、肺炎、口腔溃疡等，或家族中有反复感染夭折者等存在免疫方面问题的可能性比较大。另外，早产儿、低体重儿或者患有血液系统疾病的儿童存在着免疫功能低下的问题，接种活疫苗前需要做常规免疫功能评价和实验室检查，再决定是否接种疫苗。

流动儿童如何接种疫苗

爸爸妈妈@张思莱医师

我们夫妇在北京工作，但是户口不在北京，我们在老家的孩子来京后应该在什么地方接种疫苗？

表情 图片 视频 话题 长微博 发布

A 中国疾控中心规定：我国对流动儿童的预防接种实行属地化（即现居住地）管理，流动儿童与本地儿童享受同样的预防接种服务。如果有≤6周岁的孩子迁入其他省份，可直接携带原居住地卫生部门颁发的预防接种证到现居住地所在接种单位接种疫苗。如果之前未办理预防接种证或预防接种证遗失，可在现居住地接种单位补办预防接种证。因此你们的孩子应该在北京你们居住地所在接种单位接种疫苗。

世界卫生组织《关于疫苗接种的传言和事实》

传言1：改善个人卫生和环境卫生就能远离疾病，没有必要进行接种。错。

事实1：如果停止免疫接种计划，通过接种所预防的疾病会卷土重来。虽然改善个人卫生、勤洗手并使用洁净饮用水能保护人们远离传染病，但无论环境多么清洁，许多传染病依然能够传播。如果不进行免疫接种，一些已经不常见的疾病，如脊髓灰质炎和麻疹，会很快重新出现。

传言2：疫苗有不为人知的若干具有危害性的长期副作用，疫苗接种甚至可致人死亡。错。

事实2：疫苗非常安全。对疫苗的大多数反应，如胳膊酸痛或轻度发热，通常都是轻微和暂时的。出现非常严重的健康事件的情况极为罕见，并且会得到细致的监测和调查。疫苗可预防的疾病产生严重危害的概率要远大于疫苗产生危害的概率。例如，脊髓灰质炎能导致瘫痪，麻疹能导致脑炎和盲症。疫苗不但几乎不会导致任何严重伤害或死亡，它所带来的益处也远远大于其风险。没有疫苗，会出现更多的伤害和死亡。

传言3：预防白喉、破伤风和百日咳的联合疫苗和预防脊髓灰质炎的疫苗会导致新生儿猝死综合征。错。

事实3：疫苗的使用与新生儿猝死之间并不存在因果联系，但使用这些疫苗的时间正是婴儿可能出现新生儿猝死综合征（SIDS）的时期。换言之，新生儿猝死综合征死亡与疫苗接种是同时偶发，即便没有接种疫苗，也会出现死亡。关键是不要忘记这4种疾病都是致命性的，婴儿如不进行接种预防，会面临极大的死亡或严重残疾的风险。

传言4：疫苗可预防的疾病在我所在的国家几乎已经消灭，所以不必再进行疫苗接种。错。

事实4：可预防的疾病在许多国家已经不再常见，但引发这些疾病的传染性病原体依然还在世界的某些地方传播。在相互联系极为密切的当今世界，这些病原体可以跨越地理疆界，感染缺乏保护的人群。例如在西欧，自2005年以来，麻疹疫情就曾发生在奥地利、比利时、丹麦、法国、德国、意大利、西班牙、瑞士和英国的未接种人群中。因此，选择疫苗接种的两个主要原因是要保护我们自己和保护我们身边的人。成功的疫苗接种计划犹如成功的社会，依靠每个个体的通力合作才能实现全民的福祉。我们不应依赖由身边的人来遏止疾病传播，我们自己也应尽到个人的一份力。

传言5：疫苗可预防的儿童疾病不过是人生中难免的不如意罢了。错。

事实5：疫苗可预防的疾病并不是难免的，诸如麻疹、腮腺炎和风疹一类的疾病不但严重，而且可在儿童和成人中导致严重的并发症，包括肺炎、脑炎、盲症、腹泻、耳部感染、先天性风疹综合征（孕妇在怀孕早期感染风疹会引发此症）和死亡。所有这些疾病及其带来的痛苦都可以通过接种疫苗避免。不接种疫苗预防这些疾病，会使儿童易受疾病侵害，而且这种受害并无必要。

传言6：向儿童一次接种一种以上的疫苗会增大有害副作用的风险，并会使儿童的免疫系统负担过重。错。

事实6：科学证据表明，同时接种几种疫苗不会给儿童的免疫系统带来不良反应。儿童每天接触数百种异物，这些异物都能诱发免疫反应。就是吃东西这个简单的动作，也能将新的抗原带入体内，而且人的口腔和鼻腔内就有无数细菌在生存。一名儿童因患普通感冒或咽喉痛而接触到的抗原数量远远超过疫苗接种途径的接触。一次接种几种疫苗的一大好处是可以少去医院，从而节省时间和金钱，而且更可能的情况是，儿童是按程序完成推荐疫苗的接种。此外，如果有可能进行诸如麻疹—腮腺炎—风疹疫苗一类的联合疫苗接种，就能减少注射次数。

传言7：流感只是麻烦而已，而且疫苗也不见得很有效。错。

事实7：流感并不仅仅是麻烦而已，它是一种严重的疾病，每年在全球导致30万～50万人死亡，孕妇、幼童、健康状况欠佳的老人以及患有哮喘或心脏病等慢性病的人群受严重感染和死亡威胁的风险更高。为孕妇接种的另一个好处是能为新生儿提供保护（目前还没有针对6个月以下婴儿的流感疫苗）。疫苗能使人们对在任何季节都流行且流行性最高的3种流感病毒产生免疫。它是帮助人们降低严重感冒的患病和传染概率的最好方式。避免感冒意味着能节省额外的医疗费用，也能避免因请病假产生的收入损失。

传言8：通过疾病获得免疫比通过疫苗获得好。错。

事实8：疫苗与免疫系统相互作用产生的免疫反应与通过自然感染产生的免疫类似，但疫苗不会导致疾病，也不会使接种者受到潜在并发症的威胁。相比之下，通过天然感染获得免疫可能会付出高昂的代价。例如，B型流感嗜血杆菌（HIB）感染会导致精神发育迟缓，风疹会导致出生缺陷，乙肝病毒会导致肝癌，麻疹则能导致死亡。

传言9：疫苗含有水银，非常危险。错。

事实9：硫柳汞是一种含汞的有机化合物，它是作为防腐剂添加到某些疫苗中的。在多剂量瓶疫苗中，硫柳汞是使用最为广泛的一种防腐剂。没有证据表明疫苗中的硫柳汞用量会对健康构成威胁。

乙肝疫苗

（一类疫苗）

我国是乙型肝炎的高发地区。乙型肝炎是一种以肝脏为主要病变并可累及多个脏器损害的传染病。其病变逐渐转变为慢性肝炎、肝硬化以及肝癌。这是一种严重威胁人们健康的传染病。我国1～59岁乙肝病毒携带率为7.18%，5岁以下的孩子乙肝病毒携带率为0.96%。接种乙肝疫苗可以成功地预防乙型肝炎病毒感染，是最安全、最方便、最经济的有效办法。

国内使用的乙肝疫苗均为基因重组疫苗，有国内生产的，也有进口的乙肝疫苗。新生儿出生后24小时内接种第一剂，1个月、6个月时接种第二、三剂，每次乙肝疫苗剂量为10微克/支，完成全程免疫。接种方式为母亲一方是单纯乙肝表面抗原阳性者，其新生儿依然采用上述免疫方案。如果母亲是乙肝表面抗原阳性和e抗原阳性，其新生儿可以在0、1个月注射2次高效价乙肝免疫球蛋白（200国际单位）和0、1、6月各注射1支乙肝疫苗，每次10微克；也可以采用出生后立即注射1支高效价乙肝免疫球蛋白和0、1、6月各注射1支乙肝疫苗，每次15微克。

对于发热、中重度急性疾病、存在窒息缺氧等严重并发症的新生儿可暂时不接种乙肝疫苗，但一定要注射乙肝免疫球蛋白，等新生儿情况好转后及时接种乙肝疫苗。如果接种第一针后孩子出现严重过敏反应则不能再接种后面的2针次。

一般乙肝疫苗很少有不良反应，如果有不良反应多出现在接种后24小时内，多数情况下两三天后即可消失。

完成乙肝全程免疫后要检查小儿乙肝表面抗体产生情况，同时监测乙肝表面抗原，了解是否母婴阻断成功。

为什么新生儿接种乙肝疫苗越早越好

爸爸妈妈@张思莱医师

我孩子出生后12小时内就接种了乙肝疫苗。医生告诉我：乙肝疫苗接种越早越好，乙肝母婴阻断率越高。是这样吗？

表情 图片 视频 话题 长微博 发布

A 我国是乙肝的高发区，孕妇乙肝病毒携带率在5%左右，每年估计有70.6万乙肝孕妇，其中病毒在体内复制活跃、传染性强的乙肝病毒e抗原阳性的孕妇高达21.4万。而母婴垂直传播是乙肝感染的主要途径，因此早期接种乙肝疫苗阻断母婴传播率达到85.97%～96.42%。乙肝疫苗接种越早阻断率越高，新生儿免疫应答率也越高。尤其是对于准备开始母乳喂养的乙肝患者所生的新生儿意义更是重大。我国规定新生儿出生后24小时内接种乙肝疫苗，不少医院为了让乙肝患者的子女可以接受母乳喂养，在新生儿出生后立刻接种乙肝疫苗和高效价的乙肝免疫球蛋白，然后进行母乳喂养。需要提请注意的是：乙肝疫苗和高效价免疫球蛋白可以同时接种，但必须在不同部位接种。

乙肝疫苗没有按时接种怎么办

爸爸妈妈@张思莱医师

我的孩子出生后已经接种了2针乙肝疫苗，孩子6个月时因为患了肺炎不能按时接种，不知道以后什么时候补种才不会影响预防的效果。

表情 图片 视频 话题 长微博 发布

A 你的孩子已经接种乙肝疫苗2针，机体在接种疫苗后1～2周就可以产生抗体，抗体水平不稳定，需要接种第三针获得稳定、持久的免疫力。你的孩子因为疾病，第三针不能按时接种，后续接种只需补种未完成剂次，第二剂次与第一剂次之间间隔≥28天，第三剂次与第二剂次之间间隔≥60天。

1岁以上的孩子还需要加强接种乙肝疫苗吗

爸爸妈妈@张思莱医师

我的孩子在出生后半年已经完成乙肝疫苗全程预防接种，因为孩子的妈妈乙肝表面抗原阳性，医生说需要抽血检查，如果血液中乙肝表面抗体阴性或者滴度低的话还应该注射加强针，是这样吗？

表情 图片 视频 话题 长微博 发布

A 我国已经规定免费给出生的孩子接种乙肝疫苗。对于妈妈本身是乙肝表面抗原阳性（澳抗阳性）而言，孩子出生后除了应该按接种程序完成乙肝疫苗的接种外，在孩子1岁和6岁时还应该进行乙肝两对半的检查，如果血液中乙肝表面抗体阴性或者滴度低（<10mIU/ml）的话，还应该注射加强针，每次10微克，共2次，中间间隔1个月；或者重新开始乙肝疫苗的全程免疫（即0、1、6个月各接种1针，每次10微克）。如果母亲的乙肝表面抗原阴性，因为乙肝疫苗的保护时间持久，可长达10～12年，所以已经完成全程乙肝免疫的孩子在这期间不需要加强免疫。

但是也有的孩子虽然母亲是乙肝表面抗原阴性，而且已经完成乙肝疫苗的全程免疫接种，但是由于某种原因：如疫苗本身的问题、疫苗运输或存放不当，或者接种程序不对、用量不足、接种部位不同等，经过检查乙肝两对半，有可能发现乙肝表面抗体阴性。这样的孩子应该重新开始完成全程免疫接种，即按0、1、6个月时间间隔进行接种。

父亲是乙肝患者，孩子应该如何接种乙肝疫苗

爸爸妈妈@张思莱医师

孩子的父亲是乙肝患者，孩子出生后医生告诉我孩子要及早接种乙肝疫苗，他们在孩子出生后12小时内就给接种了，以后我该怎么继续完成全程乙肝疫苗接种呢？

表情 图片 视频 话题 长微博 发布

A 根据中国疾控中心的材料：父亲是乙肝患者，儿童出生后也应尽早接种乙肝疫苗，按程序完成3剂全程接种。由于乙肝疫苗的保护持久性好，目前全球所有国家都不推荐加强免疫。但对于有乙肝病毒携带者的家庭成员来说，如果乙肝病毒表面抗体滴度<10mlU/ml，可再次接种。

慢性乙型肝炎会传染给孩子吗

爸爸妈妈@张思莱医师

我老公最近乙肝又发病了，转氨酶100IU，大夫说属于慢性病毒性乙型肝炎。可是宝宝才45天，虽然已经打了两针乙肝疫苗，但应该还没有抗体吧？我想问，在这种情况下老公能否抱宝宝？能否和我睡在一个床上？是否会通过我传染给孩子？

表情 图片 视频 话题 长微博 发布

A 首先我们先了解乙型肝炎的一般情况：乙型肝炎是由于感染乙型肝炎病毒引发的一种传染病，传染源主要是乙型肝炎患者和HBsAg（表面抗原）携带者。

乙型肝炎的传播途径：

◆ 注射途径：如输血或血液制品，注射，血透析，或医疗用品及手术消毒不严密。

◆ 生活密切接触，如HBsAg阳性者的唾液、精液、阴道分泌物、乳汁、泪、汗、尿、便均可传播。

◆ 母婴传播：如果母亲是乙肝病毒携带者，可以通过产前或宫内垂直传播、分娩过程中传播、产后哺乳传播。

◆ 性接触传播。

◆ 医源性传播。

孩子的父亲是否做了关于乙型肝炎病毒感染相关的各种抗原、抗体检查，医学上常规做HBV-M检查（俗称“两对半检查”）。如果化验结果是：表面抗原（HBsAg）+，E抗原（HBeAg）+，核心抗体（HBcAb）+，这就是通常说的“大三阳”，说明体内病毒活性强，传染性最强，应该隔离接受治疗；如果化验结果是：表面抗原（HBsAg）+，E抗体（HBeAb）+，核心抗体（HBcAb）+，这是通常说的“小三阳”，说明体内病毒活性低，传染性较弱，如果没有肝功能的异常，可以不治疗。

你的孩子已经接种乙肝疫苗，一般注射第一针后7天左右抗体开始生长，一个月后又加强注射1针，应该有免疫力了。

提请注意：

- 养成良好的生活习惯，使用自己专用的碗筷、水杯。
- 你应该接种乙肝疫苗。
- 孩子6个月时需要接种乙肝疫苗第三针。

根据孩子父亲的病情，希望通过我上面的叙述，能够对你有帮助。

乙肝疫苗可以和其他疫苗一起接种吗

爸爸妈妈@张思莱医师

孩子在接种乙肝疫苗时，可能与其他疫苗同时接种，不知这种情况可以吗？会不会互相之间受到干扰？

表情 图片 视频 话题 长微博 发布

A 乙肝疫苗可以和卡介苗、百白破三联疫苗、脊髓灰质炎疫苗、麻疹疫苗同时接种，它们之间没有互相干扰。乙肝疫苗也可以和甲肝疫苗同时接种，但是不能在同一个部位接种。乙肝疫苗也可以和流脑疫苗、乙脑疫苗同时接种，但是也不能在同一个部位接种。以上必须使用各自的注射器和针头。

黄疸没有消退能接种乙肝疫苗吗

爸爸妈妈@张思莱医师

我的孩子已经1个月了，黄疸还没有消退，医生考虑是母乳性黄疸，让我给孩子停3天母乳，观察黄疸是否减轻。我的孩子应该接种乙肝疫苗第二针，请问孩子还能够接种乙肝疫苗吗？

表情 图片 视频 话题 长微博 发布

A 首先要看孩子的黄疸是由什么原因引起的。如果是因为母亲在哺乳期大量食用胡萝卜、西红柿、南瓜、菠菜以及柑橘等，都可以使婴儿发生假性黄疸，具体症状为手（足）掌、额部、鼻翼等处皮肤可出现黄染，但是血清胆红素并不高；或者是母乳性黄疸，这样的孩子都可以接种乙肝疫苗。但是如果是新生儿肝炎、先天性胆红素代谢异常、新生儿感染（败血症）以及胆道闭锁等疾病引起的黄疸，这样的孩子都不能接种乙肝疫苗。

卡介苗

（一类疫苗）

卡介苗是预防结核病的减毒活菌苗。虽然从发明到现在90多年来，各地报道的保护率不一样，对其预防结核病的效果也争论不一，所以一些发达国家，如美国没有把卡介苗作为常规预防接种项目，但是世界卫生组织仍建议结核病高负担地区把接种卡介苗作为常规预防接种项目。我国是一个结核病高负担地区，尤其是接种卡介苗对于预防结核性脑膜炎和播散性结核病有着很好的效果。因此新生儿接种卡介苗仍然是常规接种项目，并纳入国家计划免疫程序中。我国规定：新生儿出生24小时后接种卡介苗。

卡介苗是含有减毒活菌的疫苗（严格讲应该称为“减毒活菌苗”）。90%的接种者在接种2周后局部会出现红肿，6～8周会形成脓疱或者溃烂。此种情况下不必擦药和包扎，只要保证局部清洁，洗澡时不要沾水，衣服不要穿得太紧，也不要挤压即可。一般8～12周结痂形成疤痕，结痂后需要等痂皮自然脱落。如果遇到局部淋巴结肿大应及时就诊。

目前国内使用的皮内注射用卡介苗，每支5次人用剂量，含卡介菌0.25毫克。出生24小时后在上臂三角肌下缘皮内注射0.1毫升（严禁皮下和肌肉内注射，否则引起脓肿很难愈合）。同时要求接种4周内同臂不能接种其他疫苗。

什么情况下新生儿不能接种卡介苗

爸爸妈妈@张思莱医师

我的孩子是孕34周出生的早产儿，医生说孩子目前不能接种卡介苗。请问什么情况下孩子不能接种卡介苗？以后什么时候补种？晚种会不会对孩子有影响？

表情　图片　视频　话题　长微博　发布

A 目前我国还是规定新生儿需要接种卡介苗。这是因为我国是一个结核病菌高感染率的国家，而且结核病是一种非常容易传播的疾病。新生儿抵抗力弱，尤其对周围环境中的结核病菌几乎没有任何抵抗力，很容易感染结核病，尤其是危害极大的播散性结核病和结核性脑膜炎。所以孩子出生后需要及时接种卡介苗。

虽然卡介苗越早接种预防效果越明显，但是早产儿、难产儿和感冒、过敏、发热的孩子暂时不能接种，建议出生后3个月内（体重已经达到2.5千克）及时补种，这个时间段补种其预防效果与出生后24小时接种没有明显差异。最迟1周岁内接种。

接种前需要做结核菌素实验，如果是阳性（可能曾经有过潜在的感染）孩子就不需要再接种了，说明体内已经产生免疫力；如果是阴性就需要补种。有免疫缺陷、免疫功能低下或正在接受免疫抑制剂治疗、湿疹或者有其他皮肤病者禁忌。已知对卡介苗所含有任何成分过敏者也在禁忌中。

新生儿接种卡介苗后3～6个月应复查，目的是检验接种是否成功。复查时需要做结核菌素实验，如果是阳性说明接种成功，就不需要再接种了，孩子体内已经产生免疫力；如果是阴性就说明卡介苗没有接种成功，国内大部分专家认为这种情况下也不需要补种了。

这里需要说明的是，卡介苗预防保护率在80%左右，而且不是终身免疫，如果孩子长期营养不良，体质很弱，免疫力低下，即使接种了卡介苗仍有可能诱发结核病。

孩子是卡介苗感染了吗

爸爸妈妈@张思莱医师

我的孩子现在4个月，在2个半月的时候，发现他的左腋下有个红色的包块，模样像疖子。到医院切开引流，流出很多脓液，以后隔天换药（呋喃西林），2周后基本愈合。但是后来又切开引流两次，目前正在服用抗结核药物，有什么好的治疗办法吗？

表情 图片 视频 话题 长微博 发布

A 卡介苗是结核杆菌经过反复减毒、传代后，使得病菌逐渐失去了致病力而制成的一种减毒活菌苗（称“卡介苗菌”）。孩子出生24小时后接种的第二针疫苗就是卡介苗。接种卡介苗后局部会出现红色小结，略有痛痒，然后结节中心出现脓疱，部分脓疱会破溃，2～3个月后结痂，并留下微红色的小疤痕。破溃时不需要包扎，注意洗澡时不要沾水，局部可以涂甲紫，一般会愈合结痂。

卡介苗常见的不良反应主要是淋巴结炎。由于淋巴回流途径的缘故，如果接种后出现左侧颈部、腋下、锁骨上下等处淋巴结肿大，接种的卡介苗菌进入人体后通过血液传播到全身，机体在杀灭卡介苗菌的同时，亦产生了对结核菌的抵抗力。但是由于个体的差异，有的孩子不能完全消灭淋巴结中的卡介苗菌，卡介苗菌继续繁殖产生脓肿，使淋巴结红肿、化脓。你的孩子就是这种情况，理由是：孩子有卡介苗接种史，2个月左右出现左腋下淋巴结红肿，局部不痛，反复发作不愈。根据这个情况，可以切开引流，一般在脓液中不能查出卡介苗菌。针对卡介苗菌可进行抗结核治疗，如口服异烟肼（雷米封）直至伤口愈合，然后再吃1～2个月。这种情况一般认为与接种卡介苗的量没有直接关系，而与孩子的体质有关，世界卫生组织估计卡介苗淋巴结炎发生率<1‰。

脊髓灰质炎减毒活疫苗

（一类疫苗）

小儿脊髓灰质炎疫苗是预防因脊髓灰质炎病毒引起的急性传染病（俗称“小儿麻痹症”），该病主要影响年幼的儿童。病毒通过受污染的食物和水传播，经口腔进入体内并在肠道内繁殖。90%以上受感染的人没有症状，但他们排泄的粪便带有病毒，因此传染给他人。少数感染者出现发热、疲乏、头痛、呕吐、颈部僵硬以及四肢疼痛等症状，仅有极少数感染者，由于病毒侵袭神经系统，导致不可逆转的瘫痪。在瘫痪病例中，5%～10%的患者因呼吸肌麻痹而死亡。1988年，第41届世界卫生大会提出2000年全球消灭脊髓灰质炎的目标。2010年，全球共19个国家检测到脊髓灰质炎野病毒病例，包括4个本土脊髓灰质炎流行国家（其中3个与我国接壤），15个输入国家（其中4个与我国接壤）。所以在全球消灭小儿脊髓灰质炎前我国仍存在着发生的可能，接种脊髓灰质炎疫苗预防此种疾病是非常必要的。

目前我国使用的脊髓灰质炎疫苗有2种：一种是脊髓灰质炎减毒活疫苗（俗称“小儿麻痹糖丸”），口服，免费；另一种是脊髓灰质炎灭活疫苗，注射用，自费。脊髓灰质炎减毒活疫苗接种程序：2、3、4月龄各1次，进行基础免疫，4周岁时需要加服1剂。脊髓灰质炎灭活疫苗接种程序为2、3、4月龄进行基础免疫，每次0.5毫升，18月龄加强免疫（即第一次加强），每次0.5毫升。小儿选择股外侧肌肉注射。

◆ 脊髓灰质炎减毒活疫苗禁忌证：对乳制品有过敏史或上次接种后发生过严重过敏反应者，发热，患有急性传染病，严重腹泻（每天4次以上），免疫缺陷症，接受免疫抑制治疗者。

◆ 脊髓灰质炎灭活疫苗禁忌证：对疫苗中的活性物质、任何一种非活性物质或生产工艺中使用的物质，如新霉素、链霉素多粘菌素B过敏者，或以前接种该疫苗时出现过敏者；发热或急性疾病期小儿，应推迟接种。

患有出血性疾患或血小板减少症的患儿如果肌肉注射脊髓灰质炎灭活疫苗有可能会引起出血。正在接受免疫抑制剂治疗或者有免疫缺陷的患者，注射本疫苗产生的免疫反应可能减弱。建议接种应推迟到治疗结束，以后确保本疫苗获得很好的保护。免疫缺陷者接种脊髓灰质炎灭活疫苗虽然免疫反应有限，但还是推荐接种。

专家提示

口服脊髓灰质炎减毒活疫苗一般无不良反应，个别人可能有发热、呕吐、腹泻反应，一般不需要处理。

小儿麻痹糖丸带回家服用会失去效力吗

爸爸妈妈@张思莱医师

我们这的医院这3次都是让我们将小儿麻痹糖丸（脊髓灰质炎口服疫苗）带回家给孩子吃，我是研碎后用热水冲服的。可是听您说这样做是不对的，疫苗会失去效力，必须要重服。是这样吗？

表情　图片　视频　话题　长微博　发布

A 小儿麻痹糖丸是经过处理的减毒活疫苗，这种疫苗一般怕光、怕热、怕冻结，在50℃时很快就会死亡。本疫苗保存适宜的温度是在2℃～8℃。因此要求必须在冷链状态下运输和储存，所以一定要把糖丸放在冰箱冷藏室内。为了确保疫苗服用的效果，应从冷藏箱中拿出来后立即口服，时间长了就失去作用了。如果把糖丸活疫苗放在热水中泡化再服，或用热开水送服，都会因水温高而使疫苗中的病毒很快死亡，失去疫苗作用。为确保服用效果，月龄较小的儿童先用汤勺或筷子将糖丸研碎，或用汤勺将糖丸溶于冷开水中服用；较大月龄儿童可直接吞服。你的孩子由于口服时使用热水口服送下，而且还是放置在没有冷藏条件的器皿里带回家的，疫苗可能已经失去活性，不能起到免疫的保护作用。所以你的孩子必须再重新连服3次基础免疫疫苗才能达到预防脊髓灰质炎的目的。

你们那儿的医院这样操作是错误的，更何况口服疫苗之后半小时内不能让孩子吃奶或者热的食物。无论接种任何疫苗都需要在医院留观半小时，口服小儿麻痹糖丸也是如此，以防孩子出现意外反应。

小儿麻痹糖丸未连续吃还有免疫作用吗

爸爸妈妈@张思莱医师

我的宝宝现在满4个月了，在满2个月和3个月时各吃了1次小儿麻痹糖丸，现在又该吃第三次了。可是孩子正在发热，而且腹泻，大夫说目前不能吃小儿麻痹糖丸。请问如果停1次会影响免疫效果吗？我应该怎么办？

表情 图片 视频 话题 长微博 发布

A 你说的小儿麻痹糖丸医学上叫“脊髓灰质炎减毒活疫苗”，可预防脊髓灰质炎（俗称“小儿麻痹症”）。这种减毒活疫苗接种后可以在人体内生长、繁殖但不引发疾病，对身体刺激的时间长，一般免疫效果好，免疫力持续时间长。为了获得好的效果，第一次口服后体内逐渐产生抗体，必须通过后两次继续口服体内才能对脊髓灰质炎产生持续的免疫力。随着时间的推移，这种抵抗力会逐渐减弱，所以在4岁时再加强1次，这样才能长时间地维持免疫效果。如果你的孩子中断了某一次的口服，就会影响免疫的效果，不能有效地预防脊髓灰质炎。由于目前孩子发热，如果吃了小儿麻痹糖丸会使原来的疾病加重，腹泻也会将疫苗排泄掉。因此需要你在孩子现在的疾病好了以后，马上去医院继续口服初种的第三次小儿麻痹糖丸，距离上次接种时间不能超过56天。同时你要记住，吃疫苗前后1小时不能给孩子吃母乳或热的食物，以防止疫苗失效。

为什么要给孩子再次口服脊髓灰质炎疫苗

爸爸妈妈@张思莱医师

我的孩子已经按照免疫程序完成了脊髓灰质炎的全程免疫，现在孩子已经3岁了，为什么还让孩子再口服小儿麻痹糖丸进行加强免疫？

表情 图片 视频 话题 长微博 发布

A 因为2010年全球共19个国家检测到脊髓灰质炎野病毒病例，包括4个本土脊髓灰质炎流行国家（其中3个与我国接壤）、15个输入国家（其中4个与我国接壤）。所以在全球消灭小儿脊髓灰质炎前我国仍存在着发生的可能。我国《2003～2010年维持无脊髓灰质炎行动计划》要求，各省（区、市）决定强化免疫活动开展地区，每年开展三分之一地区，原则上保证适龄儿童每3年接受一轮脊髓灰质炎疫苗强化免疫。通过脊髓灰质炎疫苗常规接种、强化免疫活动，维持高的脊髓灰质炎疫苗接种率，建立牢固的免疫屏障，在短时间内迅速提高孩子的免疫力，彻底阻断脊髓灰质炎野病毒传播，最终实现彻底消灭脊髓灰质炎疾病的目的。

脊髓灰质炎灭活疫苗

（二类疫苗）

为何鹅口疮患儿应选择脊髓灰质炎灭活疫苗

爸爸妈妈@张思莱医师

我的孩子2个月，患有鹅口疮，虽经正规治疗但还是反复不愈，所以医生建议注射脊髓灰质炎灭活疫苗，这是为什么？

表情 图片 视频 话题 长微博 发布

A 注射用脊髓灰质炎灭活疫苗是脊髓灰质炎减毒活疫苗的替代疫苗，能有效规避脊髓灰质炎减毒活疫苗发生脊髓灰质炎减毒（俗称“小儿麻痹”）的风险，有免疫缺陷、免疫功能低下的婴幼儿优先考虑接种。你的孩子鹅口疮虽然经过正规治疗还是反复迁延不愈，可以考虑孩子是否免疫功能低下或者有免疫缺陷，为了慎重起见，不建议口服脊髓灰质炎减毒活疫苗，可注射脊髓灰质炎灭活疫苗。孩子在6个月前因为有母体抗体的保护，即使有免疫功能低下或有免疫缺陷也没有什么临床表现，但是如果口服了脊髓灰质炎减毒活疫苗有可能造成严重感染或者带毒状态。目前早期识别和诊断孩子原发免疫缺陷还有一定困难，因此对正规治疗效果不佳的严重感染，如反复不愈的中耳炎、鹅口疮、肺炎、肛周脓肿、口腔溃疡、先天性心脏病、血小板不明原因持续或反复减少，建议选择接种脊髓灰质炎灭活疫苗。同时建议你带孩子去医院做免疫功能的评估。

哪些孩子适合接种脊髓灰质炎灭活疫苗

爸爸妈妈@张思莱医师

孩子2个月时，去医院口服小儿麻痹糖丸，见有的孩子接种注射的脊髓灰质炎灭活疫苗，但它是属于自费的。请问哪些孩子适合接种脊髓灰质炎灭活疫苗？我的孩子可以接种吗？

表情 图片 视频 话题 长微博 发布

A 所有的孩子都适合接种脊髓灰质炎灭活疫苗。注射用脊髓灰质炎灭活疫苗具有比口服小儿麻痹糖丸免疫效果更好、更安全的特点，而且注射的剂量准确，不像口服小儿麻痹糖丸受温度限制，而且如果孩子呕吐、腹泻的话还容易造成剂量不够的状况。注射脊髓灰质炎灭活疫苗也不会出现由于口服小儿麻痹糖丸而发生感染引起脊髓灰质炎的情况。免疫低下儿、免疫缺陷儿、早产儿、低体重儿、对乳制品过敏的孩子（因为脊髓灰质炎减毒活疫苗含有乳品成分）应该接种脊髓灰质炎灭活疫苗。如果你的经济条件允许的话，可以给孩子选择注射脊髓灰质炎灭活疫苗。

可以给孩子改用脊髓灰质炎灭活疫苗吗

爸爸妈妈@张思莱医师

我的孩子已经2个月了，如果吃了小儿麻痹糖丸，到3个月给孩子改用脊髓灰质炎灭活疫苗可以吗？如果开始给孩子使用脊髓灰质炎灭活疫苗，应该如何完成全程免疫？

表情 图片 视频 话题 长微博 发布

A 如果孩子已经口服了小儿麻痹糖丸，原则上不建议改用脊髓灰质炎灭活疫苗。如果2月龄开始使用脊髓灰质炎灭活疫苗，最好第一、二剂使用脊髓灰质炎灭活疫苗，第三、四剂口服小儿麻痹糖丸，并按照脊髓灰质炎减毒活疫苗的免疫程序完成全程免疫。对于4剂接种脊髓灰质炎灭活疫苗，4岁时加服1剂小儿麻痹糖丸。这是因为接种4剂脊髓灰质炎灭活疫苗以后至少可以维持5年。如果给孩子全部选择注射疫苗的话，在完成方案免疫后，必须每隔5年接种1次疫苗进行加强，才可以取得比较可靠的保护力。因此，我国在同意灭活疫苗进行脊髓灰质炎免疫时，划定其只能用于最初2次的基本免疫，而后必须用口服疫苗进行两次加强免疫。

小儿麻痹糖丸和灭活脊髓灰质炎疫苗哪种好

爸爸妈妈@张思莱医师

我的孩子已经2个月了，去医院接种脊髓灰质炎疫苗。医生告诉我：有口服国产疫苗——小儿麻痹糖丸，是免费的；还有自费进口的注射小儿灭活脊髓灰质炎疫苗，让我自己选择。请问如何选择？

表情　图片　视频　话题　长微博　发布

A 口服小儿麻痹糖丸是脊髓灰质炎减毒活疫苗，从理论上说，生产成本低，免疫效果相对比较好，口服后模拟一次自然感染刺激机体对此做出免疫应答，形成特异型抗体，从而对抗脊髓灰质炎病毒侵犯，达到预防脊髓灰质炎的目的。但是由于是减毒活疫苗，可能在接种者体内形成隐性感染，导致人群排毒；同时对于一些有免疫功能缺陷或低下的孩子有可能患麻痹型小儿脊髓灰质炎，或疫苗衍生脊髓灰质炎病毒；在服用过程中有可能因为没有严格遵守服用方法而导致剂量不足、疫苗失效等问题。注射用灭活脊髓灰质炎疫苗生产成本高，但质量好，剂量准确，不良反应小，世界卫生组织称之为“常规免疫接种中最安全的疫苗之一”，可以完全避免疫苗相关的麻痹型小儿脊髓灰质炎和疫苗衍生脊髓灰质炎病毒发生。从发展趋势来看，因为口服减毒活疫苗会发生向人群和自然界排放活的脊髓灰质炎病毒，无法使脊髓灰质炎病毒从自然界完全消失，达到世界卫生组织要求全球消灭脊髓灰质炎的目的，所以，在最终消灭脊髓灰质炎的过程中，必定要过渡到完全使用灭活疫苗来取代口服疫苗。目前欧洲、美国等发达国家已经广泛使用，美国于2000年时注射灭活脊髓灰质炎疫苗完全取代了口服脊髓灰质炎减毒活疫苗。

你可以根据自己孩子的身体情况和你的经济能力进行选择。

百白破联合疫苗

（一类疫苗）

顾名思义，百白破疫苗就是预防百日咳、白喉、破伤风的疫苗。

百日咳是由百日咳杆菌引起的一种急性、传染性极强的呼吸道传染病，主要传染婴幼儿，其临床表现为阵发性、痉挛性咳嗽，咳嗽终末伴有鸡鸣样吸气声，发作次数多少不定，以夜间多见，病程可达2～3个月之久。同时本病还可引起孩子痉挛、窒息，合并肺炎、脑炎，严重者可以导致脑组织损害，导致孩子智力低下，甚至导致孩子死亡。

白喉是由白喉杆菌通过飞沫、接触引起的急性传染病，本病多见于年长儿。主要是咽喉黏膜充血肿胀，并有灰白色伪膜形成，牢固附着在咽喉部组织上，不易除去。这是一种全身中毒性疾病，可以并发心肌炎、肺炎、心力衰竭、肌麻痹。

破伤风是一种由破伤风杆菌产生的外毒素引起感染的疾病。皮肤损伤后，破伤风杆菌芽孢进入伤口，在伤口的坏死组织转变为破伤风杆菌。破伤风杆菌产生外毒素，侵犯中枢神经系统，患儿出现肌肉强直、阵发性痉挛、牙关紧闭、颈部强直、角弓反张，严重者出现呼吸肌痉挛而导致死亡。死亡率可高达20%～40%。

所以要预防百日咳、白喉、破伤风发生，接种疫苗无疑是最好的预防方法。

目前百白破疫苗有多种剂型，主要是吸附无细胞百白破疫苗和吸附全细胞百白破疫苗。其中吸附无细胞百白破疫苗还可分为国产和进口2种。

◆ 接种程序：百白破疫苗全程共需要接种4次，为婴儿3、4、5月龄各接种1剂次，第一、二次和第二、三次接种时间间隔必须≥28天，18～24月龄加强接种1剂次。每次接种剂量为0.5毫升。

◆ 接种部位：臀部或上臂外侧三角肌深部肌肉注射。

◆ 不良反应：接种本疫苗局部可能有红肿、疼痛、发痒或低热、哭闹、腹泻、少食、嗜睡等反应，一般不需要处理。发热常常发生在接种疫苗6～8小时内，一般2天消失。接种全细胞百白破疫苗，极个别的孩子可能会出现一些异常反应，如突然昏倒、休克、血管性水肿、过敏性皮疹，应该及时去医院就诊。

◆ 禁忌证：对于疫苗所含任何成分过敏者，或者接种本疫苗后发生神经系统反应者；患有脑病、没有控制住的癫痫等其他神经系统疾病者。患有急性发热性疾病的患儿应推迟接种，待疾病痊愈后再接种。如果使用的是史克公司生产的吸附无细胞百白破疫苗，对有高热惊厥病史和惊厥发作史的患儿不是禁忌证。

◆ 提请注意：因为本疫苗是深部肌肉注射，所以有血小板减少症或出血疾患的孩子一定要注意。注射后一定要在注射的部位紧压2分钟以上，同时注意不要来回揉搓。

百白破联合疫苗有几种，为什么有自费的

爸爸妈妈@张思莱医师

我去医院给孩子接种百白破疫苗，医生介绍了几种，让我选择，如果选择进口的百白破疫苗就需要自费。为什么？

表情 图片 视频 话题 长微博 发布

A 目前我国使用的百白破联合疫苗有两种，一种是吸附全细胞百白破联合疫苗，一种是吸附无细胞百白破联合疫苗，吸附无细胞百白破联合疫苗又分为进口和国产的疫苗。进口的疫苗是需要自费的。进口疫苗接种反应率要低一些，尤其是第四针加强接种，接种反应比国产的轻微。

国家免疫规划逐步用无细胞百白破联合疫苗替代全细胞百白破联合疫苗。根据文献报道，无细胞百白破联合疫苗接种后的不良反应比全细胞百白破联合疫苗小。

接种百白破疫苗发热且皮肤出现硬结怎么办

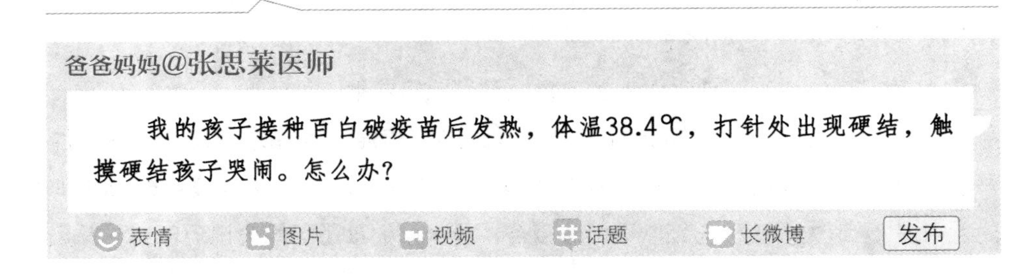

A 接种疫苗后有可能出现发热的症状，一般多为中度热以内。让孩子多喝水，采取物理降温。如果体温超过38.5℃可以吃退热药，让孩子好好休息。孩子接种疫苗后，皮肤出现硬结主要是因为疫苗中吸附剂在皮肤局部不易吸收的缘故，可以局部温水敷，有利于消肿，一般1周左右消退，个别的可以延长到6个月才消退。如果硬结没有消退，反而出现波动感，就要去医院处理，并同时通知接种医院。

百白破联合疫苗可以提前或推后接种吗

爸爸妈妈@张思莱医师

孩子接种百白破疫苗第二针时因为发热没有按时接种，什么时候可以补种？孩子要接种第三针时我们可能要外出，可以提前接种吗？

表情　图片　视频　话题　长微博　发布

A 疫苗应按照免疫程序进行接种。百白破联合疫苗基础免疫各剂之间间隔应>28天，所以在第一次接种后56天之内补种第二针都是在免疫程序中进行的。如因为其他原因未能及时完成相应剂次的接种，一般来说推后接种是可以的，但对于推后接种的剂次一定要及时补种。所有的疫苗都不能提前接种，但可以推后接种。

为什么接种4次百白破疫苗都不在同一部位

爸爸妈妈@张思莱医师

我的孩子完成百白破疫苗基础注射和加强免疫1次，为什么都是在不同的部位肌肉注射？

表情　图片　视频　话题　长微博　发布

A 因为百白破疫苗中含有的吸附剂作用，有的孩子肌肉注射后可能会出现硬结，虽然通过热敷可以逐渐消退，但为了减少硬结出现，这四针医生往往会采取不同的部位深部肌肉注射，如第一针注射在左侧上臂三角肌，第二针在左臀大肌部位，第三针在右侧上臂三角肌，第四针在右臀大肌部位。

接种百白破疫苗后出现严重反应能再接种吗

爸爸妈妈@张思莱医师

我的孩子接种百白破疫苗第一针后出现严重反应，主要表现为高热惊厥，请问剩下的两针还能继续接种吗？

表情 图片 视频 话题 长微博 发布

A 百白破疫苗的基础免疫需要连续接种3针，但是你的孩子接种第一针后出现严重反应——高热惊厥，就不应该继续接种了。类似的严重反应还包括过敏性休克、意识丧失、诱发血液病等，都不应该继续接种。可以选择反应小的替代疫苗继续接种，如果没有替代疫苗就不要继续接种了。一般局部反应或者体温低于38.5℃的发热，可以继续接种。

接种过百白破疫苗还需要打破伤风针吗

爸爸妈妈@张思莱医师

我的孩子已经2岁了，他很淘气，到处乱摸乱动。今天由于爬高摔下来，被地上的一个钉子扎破了手指。我看伤口不大，就没有带孩子去医院打破伤风针，家人一直在埋怨我。请问，我的孩子已经接种过百白破疫苗，还需要打破伤风针吗？

表情 图片 视频 话题 长微博 发布

A 孩子在满2、3、4月龄时各接种1针百白破疫苗，1岁半时加强1针百白破疫苗，用以预防百日咳、白喉、破伤风疫病。孩子的体内已经产生了抵抗这3种疾病的抗体，不必再注射破伤风针。

破伤风针在医学上称“破伤风抗毒素”，是免疫马的血浆经过一系列的生化工艺加工的一种异种蛋白的抗毒素血清，如果反复注射这种血清，容易刺激人体产生相应的抗体，使其抵抗破伤风的作用下降。另外，由于是异种蛋白，也容易使得孩子发生过敏，甚至得血清病。已经全程接种过百白破疫苗（即基础免疫3针+加强1针），自最后一次免疫后3年及以内受伤时不需要再注射；若3年后受伤，应再接种作为加强免疫。

所以你不给孩子打破伤风抗毒素是对的，将这个道理讲给家人，我相信他们会理解的。

B型流感嗜血杆菌结合疫苗

（二类疫苗）

B型流感嗜血杆菌结合疫苗可以预防B型流感嗜血杆菌引起的感染性疾病，主要是B型流感嗜血杆菌脑膜炎和B型流感嗜血杆菌肺炎，还包括引起会厌炎、关节炎和蜂窝组织炎等。B型流感嗜血杆菌脑膜炎后遗症表现为智力低下、偏瘫、脑病、视力和听力障碍等。B型流感嗜血杆菌引起的感染性疾病以春、冬两季多见，并具有一定传染性。本病主要侵犯5岁以内的儿童，是一种严重危害儿童健康的疾病。

目前我国大多数地区使用的都是安尔宝B型流感嗜血杆菌疫苗，其接种程序为：

◆ 小于6月龄的婴儿：从2月龄开始接种，间隔1或2个月，每次0.5毫升，连续接种3剂，在第三次接种后1年（建议第18月龄）加强接种1剂（0.5毫升）。

◆ 6～12月龄的婴儿：每次0.5毫升，间隔1或2个月接种1剂，共2剂，加强针建议于18月龄加强接种1剂（0.5毫升）。

◆ 1～5岁的儿童：接种1剂（0.5毫升）。

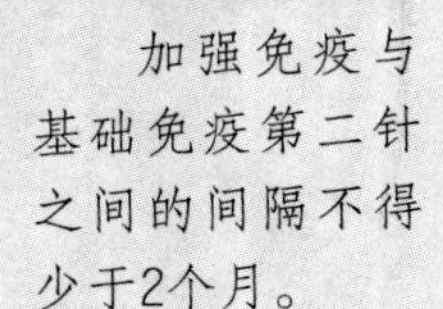

专家提示

加强免疫与基础免疫第二针之间的间隔不得少于2个月。

◆接种部位：2个月至2岁建议在婴幼儿大腿前外侧（中间1/3段）或者上臂三角肌、臀部外上1/4处接种，2岁以上的儿童在上臂三角肌处注射。

B型流感嗜血杆菌结合疫苗是非常安全的疫苗，一般反应发生率极低。少数发热多为中低热，未出现过高热。发热多在接种后6小时内发生，在24小时内消退。HIB疫苗异常反应极为罕见。

◆ 禁忌证：有癫痫、惊厥及过敏史者，患有脑部、肾脏、心脏疾患和活动性肺结核者不能接种。对本疫苗已知成分过敏者、对破伤风类毒素过敏者或先期接种本疫苗过敏者不能接种。接种时发热、患急性疾病，尤其是感染性疾病或慢性疾病活动期，暂缓接种。

有必要接种B型流感嗜血杆菌结合疫苗吗

爸爸妈妈@张思莱医师

我的孩子已经2个月了，带孩子去医院接种疫苗，医生推荐我给孩子接种B型流感嗜血杆菌结合疫苗。这是二类疫苗，自费的，有必要接种吗？

表情 图片 视频 话题 长微博 发布

A 根据世界卫生组织统计，5岁以下患细菌性脑膜炎的孩子，60%是由流感嗜血杆菌感染导致患病的，病死率达到5%~10%，后遗症发生率达到30%~40%，这是一种严重危害儿童身体健康的疾病。在一些发达国家，HIB疫苗都是计划内疫苗，我国因为财力的原因不可能完全将所有疫苗免费接种，所以将HIB疫苗纳入二类疫苗，但不能说这种疫苗不重要。世界卫生组织认为：流感嗜血杆菌疾病的严重危害性是毋庸置疑的。世界卫生组织还特别强调：不应该因为缺乏疾病负担和监测的资料而延缓使用流感嗜血杆菌疫苗。因此，如果不考虑费用问题，流感嗜血杆菌疫苗当然需要接种。

B型流感嗜血杆菌结合疫苗可以和其他疫苗同时接种吗

爸爸妈妈@张思莱医师

我的孩子已经3个月了，今天开始接种百白破疫苗，并继续接种脊髓灰质炎灭活疫苗第二剂，可以同时接种B型流感嗜血杆菌结合疫苗吗？

表情 图片 视频 话题 长微博 发布

A B型流感嗜血杆菌结合疫苗可以与麻风腮疫苗、百白破疫苗、小儿脊髓灰质炎灭活疫苗同时接种，但是应各在不同部位接种。

五联疫苗

（二类疫苗）

五联疫苗是法国巴斯德生产的含有脊髓灰质炎灭活疫苗、无细胞百白破疫苗和B型流感嗜血杆菌疫苗的联合疫苗，可以替代脊髓灰质炎疫苗、百白破疫苗。

经临床研究，五联疫苗具有的免疫原性（即刺激机体形成特异抗体或致敏淋巴细胞的能力）与分别接种这3种疫苗无差异，孩子接种后耐受良好，血清保护率接近100%。美国家庭医师学会和美国免疫咨询委员会均推荐使用联合疫苗，认为五联疫苗最大限度减少注射次数，从12剂减少到4剂，减少因接种剂次带来的疼痛和不良反应风险，减少家长花费在为宝宝接种疫苗上的时间和精力，同时，可提高免疫接种表的依从性。与分开接种各疫苗相比，优先推荐联合疫苗。同时能降低罹患VAPP（俗称“小儿麻痹”）的风险。

◆ 接种程序：在2、3、4月龄，或3、4、5月龄进行3剂基础免疫；在18月龄进行1剂加强免疫。每次接种单剂本品0.5毫升（1剂）。

◆ 不良反应：全身和注射局部常见的不良反应包括发热、腹泻、呕吐、食欲不振、嗜睡、哭闹、接种部位触痛、红斑和硬结等。

◆ 禁忌证：对本品任一组或对百日咳疫苗（无细胞或全细胞百日咳疫苗）过敏，或者以前接种过含有相同组分的疫苗出现过危及生命的不良反应者，具有进行性脑病者，以前接种百日咳疫苗后7天患过脑病者，发热或急性病期间必须推迟接种本品。

◆ 接种时注意事项：确保本品注射不能经过血管内（针头不得刺穿血管），或皮内注射。本品慎用于患有血小板减少症或凝血障碍者，因为肌肉注射可能存在出血的风险。

由于本品含有戊二醛、新霉素、链霉素和多粘菌素B，需谨慎考虑接种本品。

如果出现过与前一次疫苗注射无关的发热性惊厥，不是接种本品的禁忌。在这种情况下，接种48小时内体温监测以及常规使用退热药治疗48小时内以减轻发热尤为重要。如果曾经出现过与前一次疫苗接种无关的非热性惊厥，需谨慎考虑接种本品。

如果以前接种过含有破伤风类毒素的疫苗后出现格林-巴利综合征或臂丛神经炎，是否接种任何一种含有破伤风类毒素疫苗应该基于对潜在的益处和可能的风险进行仔细考虑。

对于基础免疫程序接种没有完成（即接种少于3个剂次）的婴儿通常可考虑继续接种。对于妊娠≤28周出生的早产儿进行基础免疫接种时，应考虑潜在的窒息风险，以及进行48～72小时呼吸监测的必要性，尤其是对那些具有呼吸系统发育不全病史的婴儿，由于此类婴儿可从免疫接种中获益很多，故不应拒绝或延迟免疫接种。

如果下列任何一种情况可能会暂时地与疫苗接种相关，需要谨慎决定是否进一步接种含有百日咳的疫苗：

- 48小时内出现的非其他明确病因导致的≥40℃发热；
- 接种后48小时内出现虚脱或休克症状（低张力、低反应现象）；
- 接种后48小时内出现超过3小时、持续且无法安抚的哭闹；
- 接种后3天内出现伴有或不伴有发热的惊厥。

五联疫苗的优点是什么

爸爸妈妈@张思莱医师

我的孩子2个月时去医院接种疫苗。医生向我们介绍了五联疫苗，但是五联疫苗是自费的疫苗。请问接种五联疫苗的好处是什么？

表情　图片　视频　话题　长微博　发布

A 近年来我国免疫规划工作飞速发展，从2007年开始已经将甲肝疫苗、脑膜炎球菌疫苗、乙脑疫苗、麻风腮联合减毒疫苗纳入免疫规划中，对适龄儿童实行免费接种。疫苗的种类由原来的6种扩大到14种，预防传染病由原来的7种扩大到15种。孩子在2岁前需要接种疫苗18～20剂次，6个月之前几乎每个月要接种2～3剂次。这样的接种频率不但增加了婴幼儿的痛苦，也增加了医务人员的服务负担，同时使发生疑似接种异常反应的风险、耦合反应的概率增加。过多的接种针次也会影响接种对象的依从性和疫苗的接种率。五联疫苗是法国巴斯德研究院研究生产的含有脊髓灰质炎灭活疫苗、无细胞百白破疫苗和B型流感嗜血杆菌疫苗的联合疫苗，可以替代脊髓灰质炎疫苗、百白破疫苗，可以很好地解决以上面临的问题。如果按标准程序接种脊髓灰质炎疫苗、百白破疫苗、B型流感嗜血杆菌疫苗这3种疫苗需要接种12次，改用五联疫苗只需要接种4次，既减少了宝宝的皮肉痛苦和监护人前往接种门诊的次数，又减少了接种门诊的工作量，同时还减少了因多次接种而发生异常反应和偶合反应的概率，其预防接种安全是有保障的。

已经口服2剂脊髓灰质炎疫苗和1剂百白破疫苗，如何接种五联疫苗

爸爸妈妈@张思莱医师

我的孩子4个月了，已经接种了2剂脊髓灰质炎疫苗和1剂百白破疫苗，我想给孩子改用五联疫苗，如何接种？

表情 图片 视频 话题 长微博 发布

A 因为口服脊髓灰质炎疫苗的全程免疫接种程序是2、3、4月龄每个月各1剂次，4周岁加强免疫1剂次。百白破疫苗是3、4、5月龄每个月各1剂次，18～24月龄加强免疫1剂次。如果你的孩子在2个月口服过脊髓灰质炎疫苗1剂、3月龄接种过脊髓灰质炎疫苗和白百破疫苗各1剂，现在想改用五联疫苗，可以在4月龄和18月龄接种2次五联疫苗，并在5月龄接种白百破疫苗和流感嗜血杆菌疫苗，在6月龄接种流感嗜血杆菌疫苗。

接种五联疫苗后能接种一类疫苗吗

爸爸妈妈@张思莱医师

我的孩子在2月龄、3月龄接种了五联疫苗，因为个人原因是否可以换回传统的疫苗？时间间隔有无要求？

表情 图片 视频 话题 长微博 发布

A 可以换回原来的疫苗，按照传统疫苗的接种程序完成全程接种。建议最好选择同品牌的免疫疫苗。脊髓灰质炎疫苗3月龄、4月龄间隔≥28天，4岁加强免疫1剂次。百白破疫苗3、4、5月龄各接种时间间隔≥28天，在18～24月龄加强免疫一剂次。流感嗜血杆菌疫苗3、4月龄接种间隔时间≥28天，18个月加强1剂次。

麻疹疫苗

（一类疫苗）

麻疹疫苗是预防麻疹的疫苗。麻疹是一种冬、春季流行的急性呼吸道传染病，主要多见于儿童，少数也传染成人。麻疹传染性极强，病原体为麻疹病毒，患过麻疹的孩子可以获得终身免疫。麻疹患儿是唯一的传染源，主要通过呼吸道飞沫传染或者通过第三者作为媒介进行传染。一年四季都可以发病，晚春最多，潜伏期6～18天。如果发疹不透或者高热不退，很容易出现并发症：喉炎、肺炎、脑炎、中耳炎、心肌炎等。原世界卫生组织估计在2004年全球有45万多人死于麻疹，其中大多数是儿童。中国自从1968年开始使用麻疹疫苗，1978年开展计划免疫工作以来，麻疹获得有效的控制。虽然在日后的岁月里麻疹疫情有所反复，但是自2006年11月卫生部制定《2006～2012年全国消除麻疹行动计划》以来，麻疹疫情控制获得了很大的进展，并取得了显著成绩。

目前我国使用的麻疹疫苗为减毒活疫苗，需要冷链保存。每人每次剂量为0.5毫升。

◆ 接种对象：8月龄以上的婴儿（也包括8月龄以上的易感者）。

◆ 免疫程序：出生后8个月接种第一剂，18～24个月接种第二剂。目前我国将第二剂用麻风腮联合疫苗替代了麻疹疫苗。

◆ 接种部位：上臂外侧三角肌下缘附着处皮下注射。

◆ 禁忌证：已知对该疫苗所含任何成分过敏者；曾患过敏性喉头水肿、过敏性休克、阿瑟氏反应、过敏性紫癜、血小板减少性紫癜等严重过敏性疾病；正患急性疾病、严重慢性疾病，或处于慢性疾病的急性发作期；有免疫缺陷、免疫功能低下或正在接受免疫抑制治疗；曾患或正患多发性神经炎、格林巴利综合征、急性播散性脑脊髓炎、脑病、癫痫等严重神经系统疾病，或其他进行性神经系统疾病。

◆ 暂缓接种：3个月内接种过免疫球蛋白，近期注射过麻疹疫苗或其他减毒活疫苗，需间隔1个月后补种；有感冒、发热等症状，待恢复健康后补种。

妊娠期妇女不能接种麻疹疫苗。

◆ 注意事项：使用前或注射前消毒剂不能接触疫苗。没有使用完的疫苗应放在2℃～8℃保存，半小时内用完，否则应废弃。注射过人免疫球蛋白者应间隔3个月以上再接种麻疹疫苗。因为麻疹疫苗是减毒活疫苗，因此不推荐在麻疹流行季节接种。

◆ 不良反应：接种疫苗后24小时内有的孩子接种部位可能出现疼痛、红肿、硬结或中低度发热和皮疹，一般不需要特殊处理。接种后6～12天极少数儿童可能出现一过性发热及散在的皮疹，一般会在2天内消失，不需要做特殊处理，可以对症处理。极为罕见出现过敏性休克、过敏性紫癜、荨麻疹、惊厥等，对症处理即可。

接种麻疹疫苗前必须要吃鸡蛋吗

爸爸妈妈@张思莱医师

我们这儿接种麻疹疫苗前让先给孩子吃鸡蛋，如果孩子不过敏，才能给孩子接种麻疹疫苗。有必要这样做吗？

表情　图片　视频　话题　长微博　发布

A　麻疹疫苗是由鸡胚层纤维细胞培养制备的，而不是由鸡胚培养制备的。麻疹疫苗中并不含有鸡蛋卵清蛋白成分，而鸡蛋过敏者主要是对卵清蛋白过敏，目前国内外学者均认为，鸡蛋过敏者不是麻疹疫苗的接种禁忌。

我国在2010年新颁布的《中华人民共和国药典》已删除了旧版《药典》中将鸡蛋过敏者作为麻疹疫苗接种禁忌的说明。同时此药典在2010年10月1日已经开始实施。

一般接种麻疹疫苗很少发生过敏反应，即使有也是局部潮红或荨麻疹。除非一些对鸡蛋过敏的孩子接种了由鸡胚培养制成的麻疹疫苗，所以在接种前请看清疫苗说明书。

接种过麻疹疫苗怎么还会出疹子

爸爸妈妈@张思莱医师

我的儿子已经1岁8个月了，8个月时打过麻疹疫苗，两周前又加强了1针麻疹疫苗。可是3天前孩子开始发热，热度不高，今天身体可见散在的红色皮疹，大夫检查说怀疑是麻疹。请问，我的孩子已经注射过麻疹疫苗，怎么还会出麻疹？

表情　图片　视频　话题　长微博　发布

A 麻疹疫苗是一种人工减毒的活疫苗，接种在人体可以繁殖生长，但是不引起麻疹，只是可能会出现类似麻疹的轻微表现，使得机体获得抵抗力，产生免疫能力。

但是也有以下3种情况造成接种失败：

◆ 注射疫苗前3周曾经用过胎盘球蛋白或丙种球蛋白，使免疫作用受到抑制。

◆ 注射时护理人员用消毒的酒精擦拭了针头或者注射的剂量不够，其保护性抗体水平低或没有产生保护性抗体。

◆ 个别麻疹疫苗的质量或者在运输等冷链过程中出现问题，保管不到位，引起疫苗失效。

由于接种失败，当孩子接触麻疹病毒后，因为机体对麻疹病毒没有获得免疫力，可能就会引起麻疹发生。

你孩子的这种情况属于接种疫苗后的免疫反应，虽然是个别现象，但是也属于正常现象，不用担心。

接种麻疹减毒活疫苗可能出现异常反应，有必要接种吗

爸爸妈妈@张思莱医师

我看到麻疹减毒活疫苗的说明书，谈到孩子可能会出现异常反应，现在患麻疹的孩子很少，我的孩子有必要接种吗？

表情　图片　视频　话题　长微博　发布

A 疫苗接种确实存在风险，预防接种出现异常反应与疫苗的生物学特性和受种者的个体差异有关，但发生的概率是很低的，而且通常发生的不良反应

是轻微的，不需要临床处置，这比感染麻疹所带来的危害要小得多。如果没有接种疫苗，没有针对麻疹的免疫力，感染麻疹病毒的风险就比较高，也可能会出现严重的并发症或死亡，而且能够将麻疹病毒传染给其他人，造成更大的危害。所以建议你的孩子还是要接种。

为什么需要强化接种麻疹疫苗

爸爸妈妈@张思莱医师

我的孩子8月龄时已经接种过麻疹疫苗，现在孩子1岁2个月了，为什么还需要强化接种麻疹疫苗？

表情　图片　视频　话题　长微博　发布

根据中国疾控中心的解释：“国际资料表明，由于儿童个体差异等因素，接种疫苗后并不是所有的儿童都能产生有效的免疫力，5%～10%的儿童仍可发病。我国麻疹监测表明，近年来部分地区时有疫情暴发，麻疹病例中5%是接种过2剂次麻疹疫苗的儿童，14%是接种过1剂次的，因此适龄儿童即使曾接种过2剂次，在无麻疹疫苗禁忌证情况下，接受本次接种也是有益的；鉴于我国传染病网络通报的疑似麻疹病例中最终有23%被确诊为其他出疹性疾病，一些家长自认为曾患麻疹的儿童接受本次接种也是有必要的。如果家长坚持不同意接种，可尊重其选择。”另外，在短时间内对特定人群开展麻疹疫苗强化免疫可以迅速提高人群免疫力，形成免疫屏障，有效阻断麻疹病毒传播。建议你根据自己孩子的情况酌情选择。

曾高热惊厥的孩子能接种麻疹疫苗吗

爸爸妈妈@张思莱医师

我的孩子6个月时曾经发生高热惊厥，禁忌证中谈到有神经系统疾患的孩子是禁忌接种麻疹疫苗的，我的孩子可以接种吗？

表情　图片　视频　话题　长微博　发布

高热惊厥不属于神经系统疾病，你的孩子是可以接种麻疹疫苗的。

麻风减毒活疫苗

（一类疫苗）

麻风减毒活疫苗是预防麻疹和风疹的联合减毒活疫苗。风疹是由风疹病毒感染、儿童时期常见的，通过呼吸道飞沫、接触传播的急性流行性传染病。传染源可能是已经感染的病人，也可以是没有发病但是带病毒者、胎内感染的新生儿。多在冬、春季发病，可以在集体流行。一般潜伏期10～21天，其传染期在发病前几天开始至发疹后5～7天结束。发疹后孩子伴有咳嗽、咽痛、流涕、头痛、呕吐、结膜炎，耳后、颈部及枕后淋巴结肿大，本病可以并发中耳炎、支气管炎、脑炎、肾炎以及血小板减少性紫癜。

我国部分地区用麻风联合减毒活疫苗替代麻疹减毒活疫苗。

◆ 接种程序：8月龄接种1剂麻风联合减毒活疫苗，每人次使用剂量为0.5毫升；18～24月龄接种1剂麻风腮减毒活疫苗。

◆ 接种部位：上臂外侧三角肌下缘附着处皮下注射。

◆ 禁忌证：已知对该疫苗所含任何成分过敏者；曾患过敏性喉头水肿、过敏性休克、阿瑟氏反应、过敏性紫癜、血小板减少性紫癜等严重过敏性疾病；正患急性疾病、严重慢性疾病，或处于慢性疾病的急性发作期；有免疫缺陷、免疫功能低下或正在接受免疫抑制治疗；曾患或正患多发性神经炎、格林巴利综合征、急性播散性脑脊髓炎、脑病、癫痫等严重神经系统疾病，或其他进行性神经系统疾病。

◆ 不良反应：接种后24小时内可出现局部疼痛，2～3天自行消失。1～2周内可能会出现一过性发热，不需要特殊处理，可以自行缓解。接种后出现过敏性休克、过敏性紫癜或血小板减少性紫癜等严重不良反应极其罕见，必要时应及时与接种单位联系进行对症治疗。

接种了免疫球蛋白还能接种麻风疫苗吗

爸爸妈妈@张思莱医师

我的孩子因为幼儿园班上有一个孩子患了甲肝，最近接种了免疫球蛋白，所以医生让我们暂缓接种麻风疫苗。为什么？

表情　图片　视频　话题　长微博　发布

A 中国疾控中心免疫规划中心规定：3个月内接种过免疫球蛋白，近期注射过麻疹疫苗或其他减毒活疫苗，需间隔1个月后补种；有感冒、发热等症状，待恢复健康后进行补种。妊娠期妇女不能接种麻疹疫苗。根据以上规定，你的孩子由于近期注射了免疫球蛋白，因此暂时不能接种含有麻疹成分的麻风疫苗，注射免疫球蛋白3个月后可以补种麻风疫苗。

患过幼儿急疹可以接种麻风疫苗吗

爸爸妈妈@张思莱医师

我的孩子8月龄了，前1周患过幼儿急疹，现在疹子已经完全消退了，医院通知我们近期接种麻风疫苗，可以吗？

表情　图片　视频　话题　长微博　发布

A 幼儿急疹病程一般为7～10天，其感染的病毒与麻疹无交叉免疫，疹消1周后，如果属于本次麻疹强化接种对象，且无接种禁忌，可以接种。

麻风腮减毒活疫苗

（一类疫苗）

麻风腮联合疫苗是预防麻疹、风疹和流行性腮腺炎的疫苗。麻疹和风疹的传染病学知识前面已经讲过了。流行性腮腺炎是由流行性腮腺炎病毒感染引发的急性呼吸道传染病，潜伏期为2～3周。主要临床表现为发热、食欲不振、头痛、呕吐，以一侧或双侧耳垂为中心肿大，并向四周扩散，边缘不清，触之有弹性感和触痛。流行性腮腺炎本身并不是重症，但是并发症较多，病情严重。因为这种病毒与腺体和神经组织有亲和力，可以合并无菌性脑膜炎或脑炎、睾丸炎、附睾炎或卵巢炎、胰腺炎、心肌炎、肾炎以及听力减退。有的并发症病情较重，预后也较差，因此需要引起家长的注意。本病是病人或隐性感染者通过唾液飞沫传播，一年四季都有，冬、春季是流行高峰期。本病多见于年长儿，2岁以下的孩子发病较少见。我国目前接种麻风腮三联减毒活疫苗，减少孩子多次接种的痛苦，而且保护率可达96%，对于腮腺炎自然感染保护效果可达97%。

◆ 免疫程序：出生后18～24月龄接种1剂，4～6岁再接种1剂。

◆ 接种部位：上臂外侧三角肌下缘附着处皮下注射。

◆ 禁忌证：已知对该疫苗所含任何成分过敏者；曾患过敏性喉头水肿、过敏性休克、阿瑟氏反应、过敏性紫癜、血小板减少性紫癜等严重过敏性疾病；正患急性疾病、严重慢性疾病，或处于慢性疾病的急性发作期；有免疫缺陷、免疫功能低下或正在接受免疫抑制治疗；曾患或正患多发性神经炎、格林巴利综合征、急性播散性脑脊髓炎、脑病、癫痫等严重神经系统疾病，或其他进行性神经系统疾病。需要注意的是，注射过免疫球蛋白者应间隔3个月以上再接种本疫苗。

◆ 不良反应：接种24小时内可出现注射部位疼痛，2～3天内自行消失。1～2周内可出现一过性发热，一般不需要特殊处理。少数人6～12天可出现皮疹，极少数人出现轻度腮腺或唾液腺肿大。

我的孩子会得腮腺炎吗

爸爸妈妈@张思莱医师

我的孩子1岁6个月了，一直由我姐姐帮我带。现在我姐姐的孩子（13岁的中学生）得腮腺炎了。请问需要隔离吗？怎么隔离才是最安全的？

表情　图片　视频　话题　长微博　发布

A 腮腺炎就是医学上说的流行性腮腺炎。你的姐姐由于和她的孩子生活在一起，可能是一个隐性感染者，因此就是一个潜在的传染源。我不知道你的孩子是否已经接种了麻风腮疫苗？即使接种了麻风腮疫苗其保护率也不会是百分之百。更何况按照免疫接种程序，你的孩子可能也是刚刚接种完麻风腮疫苗，对应的抗体也不会产生达到足以保护机体的浓度水平，因此还需要注意隔离。患者需要隔离至腮部肿胀消失为止，你的姐姐和你的孩子都是直接或间接接触者，因此需要检疫（即隔离观察）21天。我认为继续让你的姐姐带孩子不合适，现在最好是孩子与你的姐姐分别隔离观察。

患过腮腺炎还需要接种麻风腮疫苗吗

爸爸妈妈@张思莱医师

我的孩子在1岁时患过流行性腮腺炎，现在18个月还需要接种麻风腮疫苗吗？

表情　图片　视频　话题　长微博　发布

A 麻风腮疫苗是一种用于预防麻疹、风疹和腮腺炎的联合疫苗。这3种病都是传染性疾病，都是因病毒感染引起的呼吸道传染病。可以通过空气传播，传染性很强，婴幼儿及较大儿童都容易被传染。但是你的孩子已经患过流行性腮腺炎，孩子体内已经获得相应的抗体，因此不需要再接种腮腺炎疫苗，建议你给孩子选择麻风疫苗。

麻腮联合减毒活疫苗

（一类疫苗）

麻腮联合减毒活疫苗是预防麻疹、流行性腮腺炎的联合疫苗。麻疹和流行性腮腺炎的传染病学知识已经说过了，本疫苗在部分省市用于替代麻疹疫苗。

◆ 接种对象：8月龄以上麻疹和流行性腮腺炎易感儿童。

◆ 接种程序：8月龄或者18月龄的孩子用于替代麻疹疫苗。共接种1剂。

◆ 接种部位：上臂外侧三角肌下缘附着处皮下注射。

◆ 禁忌证：已知对该疫苗所含任何成分过敏者；曾患过敏性喉头水肿、过敏性休克、阿瑟氏反应、过敏性紫癜、血小板减少性紫癜等严重过敏性疾病；正患急性疾病、严重慢性疾病，或处于慢性疾病的急性发作期；有免疫缺陷、免疫功能低下或正在接受免疫抑制治疗；曾患或正患多发性神经炎、格林巴利综合征、急性播散性脑脊髓炎、脑病、癫痫等严重神经系统疾病，或其他进行性神经系统疾病。

以下情况暂时不能接种麻疹疫苗，可在以后条件适宜时予以补种：

3个月内接种过免疫球蛋白；近期注射过麻疹疫苗或其他减毒活疫苗，需间隔1个月后补种；有感冒、发热等症状，待恢复健康后进行补种。妊娠期妇女不能接种麻疹疫苗。

◆ 不良反应：疫苗安全性高。个别人在接种后可出现注射局部疼痛、红肿、硬结或中低度发热和皮疹，一般不需要特殊处理，可自行缓解。接种后出现过敏性休克、过敏性紫癜或血小板减少性紫癜等严重不良反应极其罕见，必要时应及时与接种单位联系进行对症治疗。

患过风疹的孩子还需要接种麻风腮疫苗吗

爸爸妈妈@张思莱医师

我的孩子1岁半了，曾经在1岁时患过风疹，请问还需要接种麻风腮疫苗吗？

表情 图片 视频 话题 长微博 发布

A 虽然风疹传染性很强，但是你的孩子在1岁时患过风疹，体内已经有了相应的抗体，可获得终身免疫。所以你的孩子可以不用接种麻风腮疫苗，应该选择麻腮疫苗接种。

甲肝疫苗

（一类疫苗）

甲肝疫苗是预防由甲肝病毒感染、经消化道传播而引起流行性甲型肝炎的疫苗。甲型肝炎是一种导致黄疸、肝脏损害的急性传染病，儿童易感，发病率较高，而且易于暴发流行。甲型肝炎患者和亚临床感染者是本病的传染源，主要是经过粪口传播，能够通过食物、手的接触或生活用品等传播。一年四季均可以发病，其中重症型肝炎病死率很高。目前使用的甲肝疫苗有甲肝减毒活疫苗和甲肝灭活疫苗（替代疫苗，属于二类疫苗，需要自费）。我国大部分地区儿童使用的是甲肝减毒活疫苗，部分省、市如上海、北京使用的是甲肝灭活疫苗儿童型。

◆ 接种程序：甲肝灭活疫苗：18月龄儿童接种1剂，2岁加强免疫1剂，2剂间隔≥6个月。每剂0.5毫升。

甲肝减毒活疫苗接种1剂次，剂量为1毫升/剂次。

◆ 接种部位：上臂三角肌肌内注射。

◆ 禁忌证：甲肝灭活疫苗：包括身体不适，腋下温度超过37.5℃者；急性传染病或肝炎或其他严重疾病者；对已知疫苗中任何成分过敏者或前一次接种后有过敏反应者；对硫酸庆大霉素有过敏史者。

甲肝减毒活疫苗：包括身体不适、腋下温度超过37.5℃者，患急性传染病或其他严重疾病者，免疫缺陷或接受免疫抑制剂治疗者，过敏性体质者。

◆ 不良反应：不良反应大多数轻微。可能注射部位轻微疼痛、发红和肿胀，有的孩子可能出现头痛、疲劳、恶心、发热或食欲不振，24～48小时可以自行缓解。有血小板减少症或出血性疾病注射本品时应谨慎，因为肌内注射有可能导致出血，注射后要按压注射部位至少2分钟，但不要揉擦。如果与其他疫苗或免疫球蛋白联合使用，必须分开注射器并在不同部位注射。本疫苗非常罕见过敏反应或惊厥。

◆ 储存条件：疫苗需要在2℃～8℃环境中避光保存和运输。

孩子需要接种甲肝疫苗吗

爸爸妈妈@张思莱医师

我的女儿由于我们工作调动，1岁半时没有接种甲肝疫苗。现在我们工作稳定了，孩子也已经送幼儿园了。前天幼儿园通知我，要求给孩子注射甲肝疫苗。甲肝疫苗可靠吗？是不是需要接种？

表情 图片 视频 话题 长微博 发布

A 甲型肝炎分为黄疸型和无黄疸型，是一种通过粪口传播的消化道传染病，甲肝患者会出现高热、无力、厌油、腹泻和黄疸等症状。甲肝的流行高峰一般在春、秋两季，有2～6周的潜伏期，具有传染性强和流行面广的特点，好发于15岁以下的儿童，尤其是学龄前的儿童。这个年龄段的孩子没有形成好的卫生习惯，所以托儿所、幼儿园以及学校发病率较高，且容易形成暴发流行。由于有相当一部分孩子感染后没有临床症状，往往容易被忽视，因此成为一个潜在的传染源，威胁着周围接触的人，造成甲肝的传播。有效地制止甲型肝炎主要是做好预防工作，甲肝疫苗就是预防甲肝的一种有效手段。接种甲肝疫苗后8周左右便可产生很高的抗体，获得良好的免疫力，免疫效果高达98%～100%。

目前，市场上的甲肝疫苗主要有甲肝灭活疫苗和减毒活疫苗两大类，这两种疫苗都有良好的安全性和免疫效果。甲肝减毒活疫苗只需要接种1针，灭活疫苗需要接种2次，中间相隔半年。减毒活疫苗有水针剂和冻干型两种，水针剂保护期限可达3～5年；不同厂家生产的冻干减毒活疫苗保护期不同，一般可持续10～20年。对于需要接种甲肝疫苗的人来说，根据当地医院情况选择任何一种都可以。

你的孩子已经上幼儿园，过的是集体生活，没有患过甲型肝炎，所以我建议：只要不是甲肝疫苗接种的禁忌，建议接种。

甲肝减毒活疫苗和甲肝灭活疫苗有什么区别

爸爸妈妈@张思莱医师

孩子18个月，去医院接种甲肝疫苗，医院有甲肝减毒活疫苗和甲肝灭活疫苗。医生让我们选择，前者是免费的，后者是自费的，为什么上海、北京接种甲肝灭活疫苗是免费的？这两种疫苗有什么不同？

表情 图片 视频 话题 长微博 发布

A 这两种疫苗采取的生产工艺不同：甲肝灭活疫苗是应用灭活甲肝病毒制成的，甲肝减毒活疫苗是将减毒的甲肝病毒经过培养制成的。甲肝灭活疫苗安全性和有效性比甲肝减毒活疫苗略高一筹，且具有更好的稳定性。但是国产甲肝减毒活疫苗价格相对比较便宜，其免疫效果也可以达到95%以上，保护效果是一样的。两种疫苗接种程序也有所不同，甲肝减毒活疫苗需要接种1剂，甲肝灭活疫苗需要接种2剂。

各地使用何种疫苗由各个省自行决定。目前北京和上海儿童接种甲肝灭活疫苗免费是当地政府财政补贴的缘故。

流脑疫苗

（一类疫苗）

流脑疫苗主要是预防流行性脑脊髓膜炎（简称“流脑”）。流脑是由脑膜炎双球菌感染引起的化脓性脑膜炎，此病是冬、春季常见的急性传染病，主要通过呼吸道飞沫传播侵入。由于我国地域广阔，发病季节略有差异，北方地区冬末开始，南方地区可能晚1～2个月。6～12月龄为发病高峰年龄段，大多数患儿都小于5岁，所以婴幼儿是易感人群。流脑的特点是起病急、变化快、病情重、传播快。脑膜炎双球菌菌株有很多种，我国主要是以A群为主，近来C群也很猖獗。孩子一旦感染其潜伏期为2～3天，最短1天，最长7天。患儿主要表现为发热、剧烈头痛、呕吐、嗜睡、昏迷、抽风、角弓反张，少数患儿出现关节痛，起病数小时后皮肤和黏膜可见大片瘀血点、瘀血斑，瘀血严重者可造成局部皮肤坏死。

专家提示

A群脑膜炎球菌多糖疫苗和A+C群脑膜炎球菌多糖疫苗需要在2℃～8℃条件下避光运输和保存。

我国目前使用的流脑疫苗为A群脑膜炎球菌多糖疫苗和A+C群脑膜炎球菌多糖疫苗。

◆ 免疫程序：出生6个月接种第一剂A群脑膜炎球菌多糖疫苗，间隔3个月接种第二剂，3岁和6岁各接种A+C群脑膜炎球菌多糖疫苗1剂。

◆ 接种部位：上臂外侧三角肌附着处皮下注射。

◆ A群脑膜炎球菌多糖疫苗禁忌证：已知对该疫苗所含任何成分（包括辅料及抗生素）过敏者。患有急性疾病、严重慢性疾病和慢性疾病的急性发作期或发热者。患有脑病、未控制的癫痫或其他进行性神经系统疾病者。

◆ A群脑膜炎球菌多糖疫苗不良反应：接种后反应轻微，少数局部出现红肿、硬结，偶有低热，1～2天消失。

◆ A+C群脑膜炎球菌多糖疫苗禁忌证：对疫苗中任何成分过敏者；以前接种过本疫苗出现过重度不良反应者；患有脑病、肾脏病、心脏病和活动性肺结核者，有癫痫、惊厥和过敏史者。高热或急性感染期者应推迟接种。

◆ A+C群脑膜炎球菌多糖疫苗不良反应：一过性局部疼痛，有时伴有肿胀、发红和发热；常见头痛、呕吐、易激惹、疲劳、食欲减退；极少见过敏反应、休克、紫癜。

需要接种流脑疫苗吗

爸爸妈妈@张思莱医师

我的孩子6个月了，上个月我爸妈带着孩子去打百白破疫苗的第三针，医生通知下周注射流脑疫苗，6个月的小孩需要注射1针，9月份还要接种1针。这是计划免疫内的针吗？可以不打吗？

表情 图片 视频 话题 长微博 发布

A 流脑疫苗可预防流行性脑脊髓膜炎（简称“流脑”）。流脑始发于冬末春初，带菌者或患者是本病的传染源，主要是通过飞沫传染。潜伏期2～3天，最长7天，最短1天。本病主要是儿童传染病，大多数患儿小于5岁，6～12月龄是发病的高峰，易暴发流行。流脑有的症型，如暴发型中可见的休克型、脑膜脑炎型和同时具有休克型和脑膜脑炎型的混合型发病急剧，进展迅速，病势险恶，死亡率高。随着城乡人口流动，发病率有逐渐增多的趋势。因为这是国家计划免疫的疫苗，你应该遵照保健医生的安排，按时给孩子接种。

为什么两次接种的流脑疫苗不一样

爸爸妈妈@张思莱医师

我的宝宝在满6个月、9个月时各接种了1剂流脑疫苗，今年3岁又要接种1针。据保健医生说，这次流脑疫苗与上两次接种的不一样。同时提醒我，在1个月内仍需要注意个人防护。为什么？

表情 图片 视频 话题 长微博 发布

A 北京市规定，当孩子满6个月时接种A群流脑疫苗的第一剂，9个月时再接种1剂。脑膜炎双球菌有A、B、C、D、X、Y、Z、E、H、I、K、L、W等13个菌群，以A、B、C群最为多见。我国的流行菌群主要是A群，一般基础免疫都是接种A群流脑疫苗。但是由于我国个别地方暴发了C群流行性脑膜炎。C群流行性脑膜炎具有容易传染、隐性感染比例高、发病急、病程发展迅速、死亡率高的特点，临床上多表现为暴发型，患者可在发病后24小时内死亡。但是A群流脑疫苗对于C群脑膜炎双球菌不具有抵抗力，所以现在需要接种A＋C混合型流脑疫苗进行加强。孩子不管是接种了A群流脑疫苗还是A+C混合型流脑疫苗，大约需要1个月的时间人体才能产生足量的抗体来抵抗脑膜炎双球菌的侵袭，在未产生足量抗体前如果孩子接触了A群或C群脑膜炎双球菌仍可以患病，所以医生让你在1个月内注意个人防护是正确的。

乙脑疫苗

（一类疫苗）

目前我国8月龄的婴儿主要接种的是乙脑减毒活疫苗。乙脑疫苗可预防流行性乙型脑炎。乙型脑炎是由乙型脑炎病毒引起，经过蚊子传播的一种中枢神经系统急性传染病。病毒主要侵犯大脑，儿童是本病的易感者。流行性乙型脑炎主要在夏、秋季流行，约90%的病例集中在7、8、9月份，南方提前1个月。我国大部分地区均是乙脑流行区。本病潜伏期为6～16天，发病时主要表现为发热、头痛、呕吐、食欲减退，小婴儿易激惹、呆滞、嗜睡，患儿常出现抽搐、颅脑神经瘫痪、共济失调、肢体瘫痪或强直，严重者昏迷甚至死亡。病死率达到10%～20%，约有30%的患儿留有后遗症，如痴呆、失语、肢体瘫痪或者强直、癫痫、精神失常、智力减退等。

目前乙脑疫苗有乙脑减毒活疫苗和乙脑灭活疫苗。我国大多数地区8个月的孩子接种的是乙脑减毒活疫苗。

◆ 接种程序：婴儿8月龄接种第一剂，2岁接种第二剂。

◆ 接种部位：上臂外侧三角肌下缘附着处皮下注射。每一人次剂量为0.5毫升。

◆ 禁忌证：已知对该疫苗所含任何成分（包括辅料及抗生素）过敏者，患有急性疾病、严重慢性疾病和慢性疾病的急性发作期或发热者，妊娠妇女，有免疫缺陷、免疫功能低下或正在接受免疫抑制治疗者，有惊厥史、脑病、未控制的癫痫和其他进行性神经系统疾病者。

◆ 不良反应：接种乙脑疫苗不良反应很少，主要接种部位可出现红、肿、热、痛等反应，一般1～2天可自愈。偶尔可出现散在皮疹，不需要特殊处理。

患过敏性鼻炎能接种乙脑疫苗吗

爸爸妈妈@张思莱医师

我儿子2岁半，现在患鼻炎（过敏性）合并感染，医生开的头孢氢氨苄片，已吃了3天，昨天孩子回家说幼儿园给他打了乙脑疫苗。我孩子的体质接种疫苗合适吗？目前孩子倒是没有什么不适，我还接着给他吃消炎药吗？谢谢！

表情　图片　视频　话题　长微博　发布

A 接种疫苗对人体是一个外来的异物刺激，虽然在我国经多年的使用证明，大多数接种对象基础免疫后没有反应，仅个别人在注射后24小时内局部出现疼痛或红肿，1～2天内消退，偶有发热，一般在38℃以下，也有极少数人有头痛、头晕、恶心，个别人出现过敏性休克等不良反应，因此规定要严格掌握禁忌证。患有急性疾病、严重慢性疾病和慢性疾病的急性发作期或发热者应该暂缓接种乙脑疫苗，待疾病痊愈后补种即可。你的孩子目前正在患病，而且是过敏体质，暂缓接种为宜。幼儿园给孩子接种疫苗前应该提前与家长沟通，确实无误后才能接种。但是孩子已经接种乙脑疫苗了，现在能做的就是密切观察孩子的反应，有不良反应及时去医院就诊。另外，孩子的疾病还需要继续治疗，因此你可以继续给孩子吃抗生素。

流感疫苗

（二类疫苗）

流感疫苗是预防流行性感冒的疫苗。流行性感冒是由流感病毒感染引起的急性呼吸道传染病。流感病毒分甲、乙、丙3种血清型，甲型可因其抗原结构发生较剧烈的变异而导致大流行，估计每隔10～15年1次；乙型流行规模较小且局限；丙型一般成散发流行，病情较轻。这3型可以引起喉炎、气管炎、支气管炎、毛细支气管炎和肺炎，人群普遍易感，主要临床表现为发热，头痛，全身无力，多伴有呼吸系统的症状——流涕、干咳、咽痛，同时可以并发心肌炎和心包炎。我国是流感多发地区，尤其是近几年来局部地区甲型流感暴发流行，更加引起人们对预防流感的重视，而接种流感疫苗是有效预防和控制流感的主要措施之一。我国批准上市的流感疫苗均为灭活疫苗，包括裂解疫苗和亚单位疫苗。接种流感疫苗的最佳时机是在每年的流感季节开始前。在我国，特别是北方地区，冬、春季是每年的流感流行季节，因此，9、10月份是最佳接种时机。当然流感开始以后接种也有预防效果。目前我国流感疫苗有国产、法国巴斯德凡尔灵流感儿童疫苗和葛兰素史克公司流感疫苗。

◆ 接种对象：6～35月龄婴幼儿（与本书无关的其他接种对象略）。

◆ 接种程序：以凡尔灵流感儿童疫苗为例，6～35月龄儿童接种1剂，既往未接种流感疫苗的儿童接种2剂，间隔至少4周。

◆ 接种部位：上臂外侧三角肌肌内注射或深度皮下注射。

◆ 禁忌证：对鸡蛋或疫苗中任何其他成分（包括辅料、庆大霉素、甲醛、卡那霉素、裂解剂、赋形剂等），特别是对卵清蛋白过敏者；患急性疾病、严重慢性病的急性发作期和发热者；未控制的癫痫和其他进行性神经系统疾病，有吉兰巴雷综合征病史者。患有高热性疾病或急性感染时，建议症状消退至少2周后接种疫苗。注射后出现任何神经系统反应，禁止再次使用本品。本疫苗严禁静脉注射。家族和个人有惊厥史者，患有慢性疾病者、有癫痫史者、过敏体质者慎用本疫苗。

◆ 不良反应：流感疫苗接种后可出现低热、局部红肿等轻微症状，无须特殊处理。偶见过敏反应。罕见神经痛、感觉异常和惊厥、血小板减少等。

◆ 提请注意：2010年10月，美国妇产科医师学会的产科执业委员会已颁布怀孕期间接种灭活流感疫苗的新指导方针，呼吁在流感季节，最好在季节初期，未接种过疫苗的孕妇在任何妊娠周数随时都要接受免疫。到目前为止，还没有研究显示灭活流感疫苗对孕妇或婴儿有任何不良影响。有明显出血倾向者应在皮下注射。注射免疫球蛋白者应至少间隔1个月以上接种本疫苗，以免影响免疫效果。

◆ 储存条件：2℃～8℃环境中避光储存和运输。

为什么有的流感疫苗不能给婴儿接种

爸爸妈妈@张思莱医师

我的孩子已经7个月了。我去医院防保科给孩子接种流感疫苗，医院不给接种，说等1周后来疫苗了再接种。可是我明明看见医生正在给小学生接种流感疫苗，为什么不能给我的孩子接种？难道还有不同的流感疫苗？

表情　图片　视频　话题　长微博　发布

A 流感疫苗不在我国规定的国家计划免疫程序中。目前流感疫苗分为老人型，为60岁以上的老人接种；儿童型为6～35月龄的婴幼儿接种；成人型为3岁以上的儿童和成人接种。

6月龄以上的婴幼儿由于免疫功能不健全，对外界流感病毒的抵抗力弱，因此不少的家长通过给6月龄以上婴幼儿接种流感疫苗提高孩子对流感病毒的抵抗力。但是由于孩子从出生开始就接种各种疫苗，3岁前要完成我国规定的各种疫苗；菌苗全程免疫后，还要根据该疫苗、菌苗的免疫持久性适时安排加强免疫，以巩固免疫的效果。由于在这个时期有众多疫苗需要接种，根据婴幼儿的免疫特点，就需要确保疫苗的纯度和剂量的准确，增加疫苗的安全性，否则如果低于要求的剂量时，不能引起机体产生足够的免疫反应，因而达不到免疫效果；如果剂量过大，可以引起异常的接种反应，对孩子是不安全的。因此国际上对婴幼儿的流感疫苗接种要求用专门的儿童型的流感疫苗，婴幼儿流感疫苗的生产工艺和质量控制要求非常严格。你孩子接种的流感疫苗和小学生接种的不是一种疫苗。我想可能是医院没有婴幼儿专用的流感疫苗了，需要专用的疫苗来货后才能给婴幼儿接种。现在刚9月份，1周后接种时间很合适。

接种流感疫苗后为什么还经常感冒

爸爸妈妈@张思莱医师

专家你好！我的女儿现在2周岁多，在她8个月的时候打了流感预防针，打针当晚就高热39.5℃，我们当地的医生说这是正常反应。孩子在6个月以前没生过病，自从那次打过流感预防针后就经常发热、流涕、咳嗽。请问，我的孩子已经接种流感疫苗，为什么还容易感冒呢？

表情 图片 视频 话题 长微博 发布

A 首先你要知道流行性感冒和普通感冒不是同一个病，它们是有区别的。流行性感冒是由流感病毒感染引起的，有明显的流行病史，其特点是发病急，全身的中毒症状明显，如高热、畏寒、全身酸痛、头痛、乏力等，呼吸道症状可以表现不明显。此病可以迅速蔓延，还可以并发肺炎、支气管炎、心肌炎、心包炎，是一种严重危害公共健康的疾病。

感冒又叫“急性鼻咽炎”，与急性咽炎、急性扁桃体炎统称为“上呼吸道感染”。感冒主要是以病毒感染为主，大约占原发上呼吸道感染病因的90%，细菌少见。但是由于病毒感染造成上呼吸道黏膜受损，细菌容易乘虚而入，有可能合并细菌感染。

你给孩子接种流感疫苗是为了预防流行性感冒，对于一般上呼吸道感染是不起保护作用的。孩子在出生6个月内由于从母体中带来一些抗感染的物质，其与外界接触得少，所以很少感冒；6个月以后从母体中获得的抗感染物质已经基本上消耗完，而自身免疫机制发育还不健全，再加上随着活动范围的增加，与外界接触逐渐也增多，尤其在幼儿园的集体生活中，容易发生交叉感染，引起感冒。

另外，接种任何一种疫苗或菌苗都不可能对人的机体产生百分之百的保护作用，更何况接种疫苗也要半个月之后才能产生抗体，达到预防的效果。所以说，接种流感疫苗后也不能高枕无忧，还是需要注意预防保护措施的，更何况流感疫苗是需要一年一接种的。

流感疫苗的保护性能持续多长时间

爸爸妈妈@张思莱医师

我的宝宝已经8月龄了，自从部分地区暴发甲流后大家都非常重视流感疫苗的注射，我也想给孩子注射。我想问：每年流行的流感病毒不是同一种类型，今年接种的疫苗管用吗？

表情 图片 视频 话题 长微博 发布

A 因为冬、春季是流感高发的季节，凡是年龄在6月龄以上无禁忌的人都可以接种流感疫苗。

目前我国采用的流感疫苗有3种：全病毒灭活疫苗、裂解疫苗和亚单位疫苗。每种疫苗都含有甲1亚型、甲3亚型和乙型3种流感灭活病毒或抗原组分。一般在流感流行高峰前1～2个月接种能够发挥更有效的保护作用，保护性抗体能在体内持续1年。推荐的接种时间是每年9～10月份，但是由于我国地域辽阔，也可以根据当地的疫情调整接种时间。

虽然注射流感疫苗可以有效预防流感，但疫苗必须与流行的病毒株类型相吻合。流感病毒是一种变异力极强的病原体，每一年的流行类型都会有所不同，疫苗只能提供1年的免疫力。1988年起WHO设在100多个国家的监测网每年分析监测流感病毒类型及走势，论证和推测流感毒株的主导株。经过病毒学家、免疫学家、流行病学家、疫苗制备专家共同参与，经由WHO和我国卫生行政部门共同认定、以当年3月份公布的流感病毒类型来决定每年药厂生产的疫苗类型，接种了适宜的疫苗，可产生60%～90%的保护率。目前他们的分析基本是正确的。所以你不用担心，放心给孩子接种吧！

肺炎疫苗

（二类疫苗）

肺炎球菌疫苗主要是预防因肺炎球菌感染引起的一系列疾病的疫苗。肺炎是我国5岁以下儿童的重要死因，位列我国5岁以下儿童死因的第二位。在各种肺炎中，肺炎链球菌是小儿肺炎的主要元凶。国际链球菌专家委员会（PACE）委员、亚洲儿科感染疾病学会候任主席杨永弘教授特别强调，重症肺炎中约有50%是由肺炎链球菌引起的，“肺炎链球菌疾病已经成为全球重要的公共卫生问题之一；由于其高发病率、高致残率、高死亡率，WHO已将肺炎链球菌性疾病列为需‘极高度优先’使用疫苗预防的疾病”。

肺炎链球菌广泛分布于自然界。病菌携带者可以通过咳嗽，打喷嚏，说话或从口部、鼻部排出飞沫等方式，也可以通过带菌者的污染物（如痰、鼻涕、唾液等）将病菌传染给健康人。该病菌的传播途径十分广泛，人群密集的公共场所，如车站，幼儿园、托儿所等都可能成为传染场所。病菌还会长时间潜伏在人体鼻咽部，成人携带率为27%～85%；儿童的携带率高于成年人。在流感流行的季节，肺炎链球菌和流感病毒具有协同作用。一方面，流感病毒能损伤呼吸道上皮层，使肺炎链球菌更容易定植，同时病毒导致的其他病理变化也有利于肺炎链球菌致病。这正是流感患者常常合并肺炎链球菌感染的原因所在；而另一方面，肺炎链球菌也可以增强病毒的致病力。

抗生素耐药问题是目前儿童肺炎链球菌疾病治疗所面临的一个全球性的、急剧发展的问题。我国肺炎链球菌抗生素耐药形势严峻，并呈现逐年上升的趋势。由于肺炎链球菌血清分型近90种，其中分布最广、最经常引起疾病的有20余种血清分型。引起疾病最多的一些血清分型对某些抗生素耐药性已达到80%以上，甚至100%，导致治疗难度很大。耐药致病菌导致的感染往往是致命的，耐药所致的治疗无效或治疗周期延长、治疗费用增加等，也给患者及家庭带来沉重负担。肺炎球菌引起的致病率和致死率呈年龄的两极化，主要为2岁以内和高危的2岁以上及老年人。因此接种肺炎疫苗是预防肺炎链球菌感染和降低肺炎链球菌耐药率的有效手段之一。

目前我国使用的肺炎疫苗有两种：一种是7价肺炎球菌结合疫苗，另一种是23价肺炎球菌多糖疫苗。

7价肺炎球菌结合疫苗：

◆ 接种对象：3月龄至2岁婴幼儿，未接种过本疫苗的2～5岁儿童。每剂0.5毫升。

◆ 接种程序：根据儿童首次接种月龄，分别采用以下接种程序：

3～6月龄：基础免疫接种3剂，首次接种在3月龄，免疫程序为3、4、5月龄各1剂，每次接种至少间隔1个月。建议在12～15月龄接种第四剂。

7～11月龄：基础免疫接种2剂、每剂0.5毫升，每次接种至少间隔1个月。建议在12月龄以后接种第三剂，与第二次接种至少间隔2个月。

12～23月龄：接种2剂、每剂0.5毫升，每次接种至少间隔2个月。

24月龄至5岁儿童：接种1剂。

◆ 注射部位：婴儿大腿前外侧区域（股外侧肌）或儿童的上臂三角肌，肌肉注射。

◆ 禁忌证：患急性发热性疾病或慢性疾病发作期应暂缓接种疫苗，对白喉类毒素过敏的孩子不能接种。除非受益明显高于接种风险，对患有血小板减少症或任何凝血障碍的婴幼儿禁止肌肉注射本品。因遗传缺陷、HIV感染、使用免疫抑制剂药物或其他原因导致的免疫应答受损的婴幼儿对本品主动免疫的抗体应答反应可能下降。本品禁止静脉注射。

◆ 不良反应：最常见的是发热和睡眠中断，易激惹、食欲差和腹泻，大多数为轻度，接种部位有红斑、硬结和疼痛。上述不良反应多为一过性，可很快恢复。急性发热的患儿应暂缓接种本疫苗。

◆ 储存条件：2℃～8℃环境中储存。

23价肺炎球菌多糖疫苗：

◆ 接种对象：2岁以上高危人群，其中包括50岁以上的老年人。23价肺炎球菌多糖疫苗可以诱导特异性抗体产生，增强免疫功能，并可维持5～10年。正常但患有慢性疾病，如心血管疾病、肺病、糖尿病、酒精中毒、肝硬化者；免疫功能低下者：如脾切除或脾功能不全、镰状细胞病、何杰金氏病、淋巴瘤、多发性骨髓瘤、慢性肾衰、肾病综合征和器官移植者；无症状和症状性艾滋病毒感染者；脑脊液漏患者；特殊人群：如在感染肺炎球菌或出现其并发症的高危环境中密集居住者或工作人员，如长期住院的老年人、福利机构人员等。

◆ 接种程序：初次接种1剂量0.5毫升，3～5年再次接种1剂量0.5毫升。

◆ 接种部位：上臂外侧三角肌皮下或肌肉注射。

◆ 禁忌证：对疫苗中任何成分过敏者；除接种对象项目中所列适用者外，均禁止接种本品；发热、急性感染、慢性病急性发作期最好推迟接种；除非特殊原因，本疫苗不推荐给3年内已接种者。已证实或怀疑有肺炎球菌感染不是接种本疫苗的禁忌，应视其所处危险状态决定是否接种。本疫苗禁用于静脉和皮内注射，保证针头不进入血管；本疫苗不应给2岁以下儿童使用。

◆ 不良反应：可能在注射局部出现暂时性的疼痛、红肿、硬结和短暂的全身发热等轻微反应，一般均可自行缓解；罕见的不良反应极为罕见。患有其他稳定的自发性血小板减少性紫癜的病人接种疫苗后偶尔会出现复发。有严重心脏和肺部疾病的患者使用本疫苗应极为慎重，严密监测全身不良反应的发生。

◆ 储存条件：置于2℃～8℃环境中，避光储存和运输。

7价肺炎疫苗可以推迟接种吗

爸爸妈妈@张思莱医师

7价肺炎疫苗属于自费疫苗，每针大约800元，我的邻居说孩子3个月时开始接种需要接种4针。如果等到孩子12个月再接种才接种2针，这样可以节约不少钱呢！您说可以吗？

表情 图片 视频 话题 长微博 发布

A 孩子出生后，从母传获得的抗体随着月龄的增长逐渐消失，血清中主要保护抗体的总体水平在出生后3～5月龄降至最低水平，孩子慢慢失去来自母亲的抗体保护；与此同时，孩子自身的免疫系统发育还不成熟，3～5月龄阶段的孩子自身总体的免疫力水平仍处于最低水平。广泛分布于自然界，肺炎链球菌可以通过咳嗽或者打喷嚏进行传播并长时间潜伏在人体内。儿童的鼻咽部携带率高于成年人，肺炎链球菌是我国儿童肺炎致死的重要原因。肺炎链球菌性疾病所造成的后遗症相当严重，有时候可能会给患儿带来一生的遗憾。肺炎链球菌所导致的脑膜炎发生严重后遗症，死亡率高。生后6个月内的婴儿在这个阶段难以抵抗肺炎链球菌的侵袭。因此，为了应对肺炎链球菌疾病的严重威胁，从婴幼儿出生后3个月开始接种肺炎疫苗预防肺炎链球菌感染，为孩子提供最及时和全面的保护。如果你等孩子12个月时才接种，保护性抗体形成大约还需要一段时间，那么孩子就一直处于被感染的危险阶段，越晚接种其感染的危险性就越大。既然你的邻居想给孩子接种，就不要再抱着侥幸心理推迟接种。建议她按照接种的免疫程序越早接种越好，要知道孩子的健康是任何金钱也买不来的。

两种肺炎球菌疫苗有什么区别

爸爸妈妈@张思莱医师

我的孩子马上就2岁了，医生建议我给孩子接种肺炎球菌疫苗，可是我看到有两种肺炎球菌疫苗，不知道接种哪种好？7价肺炎球菌结合疫苗与23价肺炎球菌疫苗有什么区别？

表情　图片　视频　话题　长微博　发布

A 7价肺炎球菌结合疫苗适用于2月龄至2岁的婴幼儿，以及没有接种过7价肺炎球菌结合疫苗的2～5岁儿童，可以诱导体内B细胞免疫和T细胞免疫，产生足量的特异性抗体。对2岁以下儿童可以诱导有效的抗体应答和免疫记忆，再次接种时可产生增强抗体的反应。因此可以对抗侵袭性感染，如肺炎球菌引起的肺炎、脑膜炎和败血症。

23价肺炎球菌疫苗适用于2岁以上的高危人群，多用于老年人，尤其是含有23个血清型抗原的高危人群。其抗原成分为肺炎球菌荚膜多糖，可以诱导B细胞免疫系统，对2岁以内的婴幼儿无法诱导有效的抗体应答，不会产生免疫记忆。2岁以内的孩子是禁用23价肺炎疫苗的。

综上所述，鉴于你的孩子马上就要2岁了，建议你根据孩子的身体情况，征求医生的意见，选择适合的肺炎疫苗接种。

患过肺炎还需要接种23价肺炎疫苗吗

爸爸妈妈@张思莱医师

我的孩子2岁了，因为反复呼吸道感染，并且得过两次肺炎，保健站医生建议孩子接种23价肺炎球菌疫苗。为什么？

表情 图片 视频 话题 长微博 发布

A 小儿的呼吸道感染是幼儿时期孩子的常见病和多发病，其中不乏肺炎球菌感染的疾病。尤其是反复呼吸道感染的孩子，由于长期应用抗生素，也包括一些原本不应该应用抗生素治疗的病毒感染的疾病，造成小儿耐药性的增强，使得一些肺炎球菌感染的疾病难以治疗，特别是2岁以上是肺炎球菌感染的高危人群，容易出现病情危急状况。针对这种情况，建议2岁以上、反复发生呼吸道感染的孩子接种23价肺炎球菌疫苗。这种疫苗在世界上已经有20年以上的应用历史，接种后3周左右可以产生抗体，起到保护作用，至少5年都可受到该疫苗的持续保护，能够使得90%的肺炎球菌疾病免于产生，可以在全年任何时间接种，尤其和流感疫苗同时接种，可以产生叠加的保护作用，大大减少肺炎和流感发生率，即使患病也会减轻病情或危重症的发生。

23价肺炎球菌疫苗含有肺炎球菌23种荚膜型，覆盖90%肺炎球菌常见类型，可以预防由于肺炎球菌所致的肺炎、脑膜炎、中耳炎等疾病，它适合2岁以上的孩子。

23价肺炎球菌疫苗已经进入北京市扩大免疫疫苗接种程序。你的孩子因为有反复呼吸道感染病史，而且曾患过两次肺炎，所以保健医生建议你的孩子接种此种疫苗。根据以上情况，你可以酌情考虑。

接种了肺炎疫苗孩子就不患肺炎了吗

爸爸妈妈@张思莱医师

我的孩子体质比较差，我想给孩子接种肺炎疫苗。请问，接种了肺炎疫苗孩子就不患肺炎了吗？

表情 图片 视频 话题 长微博 发布

A 引起肺炎的病原体很多，其中包括细菌、病毒、支原体、衣原体等，其中细菌感染的肺炎还有众多的细菌种类。7价肺炎结合疫苗和23价肺炎球菌疫苗只是针对肺炎链球菌感染引起的肺炎，而肺炎链球菌有90多种具有临床意义上的不同血清型，致病血清型全球70%或以上的儿童发生侵袭性肺炎球菌感染系有6～11种血清型，还有一些血清型抗菌药物耐药性很强。23价肺炎球菌疫苗含有其中常见的23个血清型，7价肺炎结合疫苗含有其中7种最常见的血清型。因此你的孩子无论接种哪一种肺炎疫苗，只能预防接种肺炎疫苗所含的血清型肺炎链球菌引起的肺炎，对于其他细菌、病毒、支原体和衣原体感染所引起的肺炎，这两种肺炎疫苗就不起作用了。

接种了7价肺炎结合疫苗还需要再接种23价肺炎球菌疫苗吗

爸爸妈妈@张思莱医师

我的孩子在1岁内已经完成了7价肺炎结合疫苗全程免疫，现在快2岁了，还需要再接种23价肺炎球菌疫苗吗？

表情　图片　视频　话题　长微博　发布

A 根据《中国预防医学杂志》2014年2月第八卷第二期刊登的《2012年WHO关于肺炎链球菌疫苗立场文件的解读》，“WHO立场文件指出，在部分高收入国家和中等收入国家，23价肺炎球菌疫苗被推荐用于以下人群：（1）肺炎链球菌感染发病和死亡均高的人群。（2）肺炎球菌结合疫苗基础免疫后，使用23价肺炎球菌疫苗补充免疫应答。美国免疫实施顾问委员会的推荐意见进一步指出，年龄≥2岁、免疫功能低下的儿童，为避免低免疫应答，应首先接种肺炎球菌结合疫苗，至少间隔2个月方可再接种1剂23价肺炎球菌疫苗。”所以你的孩子如果体质比较差，我建议可以再接种1剂23价肺炎球菌疫苗。

水痘疫苗

（二类疫苗）

水痘疫苗是预防水痘—带状疱疹病毒引起的两种不同的疾病，即水痘和带状疱疹的疫苗。接种水痘疫苗不仅能预防水痘，还能预防因水痘—带状疱疹而引起的并发症。

水痘是一种传染性极强的疾病，对于易感染群感染率在90%以上，1～14岁的孩子发病为多，其中5～9岁的孩子最为敏感。主要是通过飞沫经呼吸道传播，也可以通过接触患者疱浆、衣被和玩具传播。水痘是以斑疹、丘疹、疱疹、结痂为主要特点的传染病。带状疱疹是水痘—带状疱疹病毒潜伏感染再激活造成的疾病，表现为水疱样皮疹伴有严重疼痛。水痘可继发金色葡萄球菌和A族链球菌感染而发生脓疱、蜂窝组织炎、筋膜炎、脓肿猩红热和脓毒症，甚至可以导致永久的后遗症和死亡。接受免疫抑制剂治疗和有免疫缺陷的孩子发病病情严重，可致严重肺炎、脑炎、心肌炎、视神经炎、脊髓炎、睾丸炎和关节炎，病死率可到达15%。水痘一年四季都可以发病，以冬、春季多发。

带状疱疹在儿童中比较少见，但是有水痘病史的个体中一生中发生带状疱疹的概率大约为10%，这主要是因为水痘—带状疱疹病毒潜伏在体内，一旦有抵抗力下降等因素就会再激活而发生带状疱疹疾病。带状疱疹可以并发和继发细菌感染，造成运动神经或颅神经瘫痪、脑炎和角膜炎。

目前国内使用的是水痘减毒活疫苗，其接种对象为1岁以上儿童。水痘减毒活疫苗的免疫持久性较好，一般可持续20年以上。但与自然感染获得的水痘抗体相比，疫苗免疫后仍有5%～10%的人群发生突破病例（即再次发生水痘）。

◆ 接种程序：水痘减毒活疫苗的接种程序一般是1～12岁的儿童接种1剂次，北京市则采用欧美国家的2针程序，即1岁半、4岁各接种1剂，每次接种剂量为0.5毫升。

◆ 接种部位：上臂外侧三角肌下缘附着处皮下注射。

◆ 禁忌证：患有严重疾病（急性或慢性疾病）、慢性疾病的急性发作期和发热者。禁用于已知对新霉素、卡那霉素、庆大霉素或对该疫苗的任何成分过敏者。禁用于淋巴细胞总数少于1200/mm^3或表现有细胞免疫功能缺陷的原发或继发免疫缺陷的个体，或者正在使用免疫抑制剂治疗，包括应用高皮质醇激素的患者。禁用于有先天性免疫病史和密切接触的家庭成员中患有先天性免疫疾病史者。患有急性发热疾病的个体应推迟接种水痘减毒活疫苗。

◆ 不良反应：接种疫苗后一般无反应，在接种6～18天内少数人可有短暂一过性发热或轻微皮疹，一般无须治疗会自行消退，必要时可对症治疗。

◆ 注意事项：水痘减毒活疫苗不推荐在水痘流行季节接种，与其他减毒活疫苗需要间隔1个月接种。注射过免疫球蛋白、全血、血浆者应间隔3个月后再接种，否则影响免疫效果。

◆ 储存条件：2℃～8℃环境下避光保存和运输。

医生为什么问是否给孩子接种过水痘疫苗

爸爸妈妈@张思莱医师

我的孩子已经3岁多了，4个月前孩子患原发性血小板减少性紫癜，现在应用大剂量免疫抑制剂治疗。大夫问我是否给孩子接种过水痘疫苗。孩子在1岁时已经接种过，请问大夫为什么这样问？

表情 图片 视频 话题 长微博 发布

A 你的孩子由于正在接受大剂量的免疫抑制剂治疗，在此期间如果不慎染上水痘，后果将十分严重，甚至可以导致死亡（这里也包括接受化疗、放疗的孩子，有免疫缺陷等患有严重疾病的孩子）。由于你的孩子在1岁时接种过水痘疫苗，接种后所产生的保护作用可以持续保护达20年以上，这样可以在你孩子接受大剂量免疫抑制剂治疗期间避免再次受到水痘—带状疱疹病毒的感染。所以说，你当初选择给孩子接种水痘疫苗是正确的。

2岁的孩子需要接种水痘疫苗吗

爸爸妈妈@张思莱医师

水痘疫苗属于二类疫苗，是自愿接种的疫苗。我的孩子快2岁了，有必要接种水痘疫苗吗？

表情 图片 视频 话题 长微博 发布

A 水痘是一种传染性极强的传染病，可以通过空气中的飞沫以及接触传染，你的孩子正处于易感年龄段，将来孩子还要上幼儿园、小学过集体生活，只要幼儿园或小学发生1例水痘患儿就有可能造成大面积流行，严重时整个幼儿园或小学大多数孩子都会被传染患病。对于水痘，谁都没有什么特殊治疗方法，而且需要隔离至全部水痘结痂，需要2～3周时间，在这期间孩子不能上学，肯定要耽误课程，同时水痘的并发症和继发感染也会对孩子造成一定的伤害甚至后遗症。

而且孩子患水痘对于周围人是一种潜在的威胁，如果亲属中有孕早期或处于中晚期的准妈妈，感染水痘可造成胎儿畸形或者胎儿出生患有先天性水痘；如果亲属中有先天免疫缺陷者危害更大，即使有的人接触了水痘病毒没有发病也有可能在身体中潜伏下来，一旦机体抵抗力下降就会激活而发生带状疱疹，影响健康，尤其对老年人伤害更大。鉴于这些原因，我还是建议你给孩子接种水痘疫苗。目前水痘疫苗出现不良反应很少，即使出现不良反应也不需要特殊处理，大多可自行消失。

为什么有的地方接种1剂水痘疫苗，有的地方接种2剂水痘疫苗

爸爸妈妈@张思莱医师

我国扩大计划免疫程序规定在1～12岁接种水痘疫苗1剂，但是欧美等国家建议接种2剂。为什么？

表情 图片 视频 话题 长微博 发布

A 美国疾病预防控制中心建议：从12月龄到12岁的所有孩子都应该接种2剂水痘疫苗：第一剂是在孩子12～15月龄接种，第二剂最好是在4～6岁接种，两剂之间接种至少要间隔4周。这是因为原来专家曾经认为接种1剂就可以保护终身，但是发现只接种1剂，保护作用会随着时间的推移而逐渐消失，所以建议如果想让孩子终身获得免疫，需要加强接种1剂。我国部分地区已经采用这种做法，例如北京市就是采用欧美的这种做法——2针接种，即1岁半、4岁各接种1剂。

轮状病毒疫苗

（二类疫苗）

轮状病毒疫苗是预防轮状病毒肠炎的疫苗。根据世界卫生组织统计，全球每年患轮状病毒肠炎者超过1.4亿，造成超过60万孩子死亡。轮状病毒肠炎多见于6月龄至2岁的婴幼儿（4岁以后很少发病），是危害孩子健康的一种严重疾病。主要发生在秋末冬初，多发生在10、11、12、1月秋、冬寒冷季节。小儿消化系统发育不成熟，轮状病毒广泛存在于自然界，传染性很强。病人和隐性带菌者为传染源，通过消化道、密切接触和呼吸道传播，可以引起散发或暴发流行。本病潜伏期1～3天，发病急，伴有发热；也可表现为上呼吸道感染等症状，伴有呕吐、大便水样或蛋花汤样大便，无臭味，每日5～10次或10次以上。可以发生病毒性心肌炎、肺炎、脑炎、感染性休克等并发症。一般预后良好，但是严重者可出现脱水酸中毒，甚至导致死亡。发病后没有特效药物，只能对症治疗。接种轮状病毒疫苗是预防轮状病毒肠炎最有效、最经济的医学手段。目前我国使用的轮状病毒减毒活疫苗，其保护率能够达到73.72%，对重症腹泻的保护率达90%以上，保护时间为1年。主要接种对象为2月龄至3岁儿童。

◆ 接种程序：为口服疫苗，直接喂给婴幼儿，每人1次口服3毫升，每年应口服1次。

◆ 禁忌证：身体不适，发热时腋下温度达37.5℃以上者；急性传染病或其他严重疾病者；有免疫缺陷和接受免疫抑制剂治疗者；有消化道疾病、胃肠功能紊乱者；严重营养不良，过敏体质者。

◆ 不良反应：口服后一般无不良反应，偶有低热、呕吐和腹泻等轻微反应，一般无须治疗，可自行消失。

◆ 注意：使用本疫苗前后需要与其他活疫苗或免疫球蛋白间隔2周以上。口服疫苗前后30分钟内不吃热的东西和喝热水。

◆ 储存条件：本疫苗需要在2℃～8℃环境中避光保存和运输。

需要接种轮状病毒疫苗吗

爸爸妈妈@张思莱医师

快到秋天了，保健站的医生通知我，保健站来了轮状病毒疫苗，希望我1岁的儿子去接种，据说是为了防止秋季腹泻。我的孩子需要接种吗？

表情　图片　视频　话题　长微博　发布

A 你说的"秋季腹泻"就是医学上说的"轮状病毒性肠炎"。每年秋末冬初（11~12月）是轮状病毒肠炎发病的高峰期，5岁以下的小儿几乎人人感染，其中有42%的患儿为无临床症状的隐性感染。5岁前有的孩子可反复感染10~15次，临床表现发病急，常伴有发热和上呼吸道感染的症状，多有呕吐，大便呈水样或蛋花样，轻者腹泻，重者严重脱水，甚至导致死亡，其并发症可以发生病毒性心肌炎、肺炎、脑炎、感染性休克。发病后没有特效药物，只能对症治疗。轮状病毒肠炎是通过消化道和呼吸道传播的，几乎所有的人都感染过轮状病毒，但是因为成人已经产生了抗体，所以一些成年人感染后并不发病，但他可能是一名带毒者。而婴幼儿因为消化系统发育不成熟，免疫机制又不健全，而且需要抚养人贴身照顾，如果护理不清洁，如给孩子冲奶时不洗手，外出回来不换外衣直接给孩子喂奶，孩子所用饮食餐具没有很好地进行消毒，都可能引发轮状病毒肠炎。另外，有些人喜欢带孩子去公共场所玩，很容易造成孩子感染而患轮状病毒肠炎。接种轮状病毒肠炎是最好的预防办法，我建议你给孩子接种。本疫苗是口服疫苗，对于孩子没有任何痛苦，孩子也乐于接受，何乐而不为呢！

已经患过轮状病毒肠炎的孩子有必要再接种轮状病毒疫苗吗

爸爸妈妈@张思莱医师

我的小儿子已经2岁了，在1岁的时候已经患过一次轮状病毒肠炎，现在还有必要再接种轮状病毒疫苗吗？我的大儿子已经4岁了，还需要接种吗？

表情　图片　视频　话题　长微博　发布

A 你的小儿子已经患过轮状病毒肠炎，体内有了相应的抗体，就不需要再次接种轮状病毒疫苗了。同样对于已经4岁的哥哥，与弟弟密切接触，他也不需要再接种轮状病毒疫苗了。因为即使他还没有发过病，多半也已经感染过轮状病毒了，体内有了抗体，发病率会明显减低。

狂犬疫苗

（二类疫苗）

狂犬疫苗是预防狂犬病的疫苗。狂犬病毒只有一种血清型，接种狂犬疫苗后，血液中产生狂犬病毒抗体，这些抗体可以防止狂犬病毒在体内传播，减少病毒增殖量，还能清除游离的狂犬病毒，从而达到保护机体、预防狂犬病发生的作用。狂犬病是狂犬病病毒侵犯人的神经系统引起的急性传染病。狂犬病是一种人畜共患的疾病，主要临床表现为高度兴奋不安、痉挛、瘫痪，一旦发病病死率极高，几乎达到100%。狂犬病发病率最高的是5岁以下的儿童，主要是因为孩子年龄小，缺乏自我保护意识和能力，加上好奇心强，容易被动物咬伤。狂犬病是一种动物之间的传染病，如果家养动物没有做到充分的免疫都有可能感染狂犬病病毒，其中狗占成人和其他传播狂犬病动物的90%以上。绝大多数野生动物都有可能感染狂犬病毒，病毒主要存在于这些动物的神经组织和唾液里。人被病犬（或者感染狂犬病毒的其他动物）咬伤或者抓伤后，病毒经伤口进入到人体内，当时可能除了伤口的不适外，患者没有其他不适。本病的潜伏期最短4天，最长可以达到近20年。病毒一旦进入神经系统，狂犬病的症状就会渐渐显露出来，前期仅仅表现为乏力、寒战、咽痛、腹痛或腹泻；如果神经系统受累，则表现为忧虑、烦躁、易激惹、紧张、失眠、精神障碍和抑郁，进而病人可以表现为狂躁型和麻痹型，最后昏迷死亡，能够进入到恢复期至完全恢复是极少数甚至是个别的人。因此对本病做好预防是很关键的。一旦被狗或其他动物咬伤或者抓伤，应及时、彻底地对伤口进行清洁处理（见本书动物咬伤的处理），并在24小时内进行正规的狂犬疫苗接种。如被咬伤的部位为头面部、颈部或系被狂犬咬伤，即使已经过相当长的时间，仍应积极进行狂犬疫苗的接种，同时注射抗狂犬病免疫血清或免疫球蛋白。目前我国有纯化地鼠肾狂犬病疫苗、精制Vero细胞狂犬病疫苗、人二倍体细胞狂犬病疫苗和鸡胚细胞狂犬病疫苗等。

◆ 免疫程序：全程接种5针。

暴露前的免疫程序：0、7、21（28）天各接种1剂，长期与动物密切接触的人，完成基础免疫后，在没有动物致伤的情况下，1年后加强免疫1剂，以后每隔3～5年加强免疫1剂。

暴露后的免疫程序：分别于咬伤当天、第3天、第7天、第14天和第28天接种1剂，每剂0.5毫升。如果第一针延迟接种，则以后4针也相应延迟接种。

2010年卫生部推荐新方案：新型人用狂犬病疫苗预防接种“2-1-1”免疫程序已经开始施行，疫苗接种由过去的5次减少为3次，分别在当天接种2剂，第7天和第21天各接种1剂，能有效预防狂犬病，接种周期缩短了7天，且产生抗体迅速，对就诊时间比较晚、严重咬伤者更加适用。

◆ 注射部位：上臂三角肌内，婴幼儿可以在大腿前外侧区肌肉注射。

◆ 禁忌证：由于狂犬病是致死性疾病，所以被狗或其他动物咬伤或抓伤后无任何禁忌证。但是对于高危人员预防接种遇到发热、急性疾病、严重慢性疾病、神经系统疾病、过敏性疾病和对抗生素、生物制品有过敏史者禁用。哺乳期、妊娠期妇女建议推迟注射本疫苗。

◆ 不良反应：接种后少数人可能出现局部红肿、硬结等一过性轻度反应，一般不需要特殊处理，反应严重时请及时对症处理。

◆ 注意事项：忌饮酒、浓茶等刺激性食物和剧烈运动，不能进行血管内注射，禁止臀部注射，庆大霉素过敏者慎用。

被已经接种过狂犬疫苗的狗咬伤的孩子还需要再接种疫苗吗

爸爸妈妈@张思莱医师

我家的狗已经接种过狂犬疫苗了，由于没有看护好，狗又咬伤了邻居家的孩子，请问邻居家的孩子还需要接种狂犬疫苗吗？

表情　图片　视频　话题　长微博　发布

A 被注射过狂犬疫苗的狗咬伤的人也应尽快接种狂犬疫苗。目前给狗注射灭活狂犬疫苗后，其药力一般可维持1年，第二年应该继续为狗预防接种，才能有效控制狂犬病发作率。但为狗注射狂犬疫苗，对狗的狂犬病发作率和对人的保护率都不是百分之百，这与狗自身携带的狂犬病毒毒量有关系。同时狗在感染狂犬病毒后再接种狂犬疫苗，疫苗会失去作用。所以当人被狗咬伤后接种狂犬疫苗，使得人体形成一道保护大门，阻断病毒侵入神经系统尤其是中枢神经的通道。所以，即便是被注射过狂犬疫苗的犬咬伤，伤者也应尽快到防疫部门接种狂犬疫苗。

被宠物猫咬出牙印需要注射狂犬疫苗吗

爸爸妈妈@张思莱医师

我家养了宠物猫，孩子在逗引猫玩的时候，手指被猫咬出牙印，但是没有破，还需要接种狂犬疫苗吗？

表情　图片　视频　话题　长微博　发布

A　如果家养的动物（猫、狗、小兔子、豚鼠等）没有进行免疫接种，即使接种了疫苗也不见得百分百能起到保护作用。更何况如果疫苗接种已经过了免疫期，或者疫苗不合格，或者接种失败，因此就不敢断定这些宠物的分泌物不带有狂犬病毒。虽然狂犬病毒很难通过完好的皮肤进入机体，但是你的孩子被咬出牙印，就不能掉以轻心了。因为肉眼看不到的不见得就没有细微的损伤，所以不能确定猫唾液中的病毒是否顺着牙印进入到人体内。为了防止发生意外，我建议孩子被咬的部位进行彻底消毒处理，然后去医院全程接种狂犬疫苗。同时要教育孩子平时不要逗引宠物。

卫生部推荐的“2-1-1”方案免疫效果如何

爸爸妈妈@张思莱医师

我记得狂犬疫苗往常接种是5针，历时近1个月，现在采取“2-1-1”方案接种3次，共4剂，免疫效果如何？

表情　图片　视频　话题　长微博　发布

A　“2-1-1”是WHO推荐的狂犬疫苗肌内注射方案，得到全球临床验证，并具有广泛的使用经验。我国卫生部也推荐使用“2-1-1”方案，这是源于我国狂犬病疫苗质量的提高，并获得国家药品监督管理局批准，使“2-1-1”成为可能。多项临床试验证明，“2-1-1”与5针法在全程免疫后能达到同样好的免疫效果：首次接种后“2-1-1”第七天的血清阳转率可达70%左右，14天血清阳转率为100%。优于5针法。因为首次接种抗原量加倍，并同时刺激双侧淋巴系统，可以更快产生抗体，早期抗体水平也更高。因此，“2-1-1”是比5针法更快速的免疫程序。

是否所有的狂犬病疫苗都可以使用“2-1-1”

爸爸妈妈@张思莱医师

我听说一些地区狂犬疫苗是4针接种3次，为什么我们这个地区却要求接种5次？医生说我们地区使用的疫苗与“2-1-1”方案的疫苗不一样。难道狂犬疫苗不是都能实施“2-1-1”方案吗？

表情　图片　视频　话题　长微博　发布

A 因为“2-1-1”对疫苗的质量提出了更高的要求，因此只有获得国家药品监督管理局批准的产品才能使用。目前国内仅有一家和一家进口的狂犬疫苗获得批准可以使用“2-1-1”。如果当地没有这两个产品，其他厂家出产的狂犬病疫苗仍按原接种程序接种，即5针肌内注射方案：狂犬病暴露者于第0、3、7、14和28天各注射狂犬病疫苗1个剂量。

“狂犬病暴露”是指被狂犬、疑似狂犬或是不能确定健康的狂犬病宿主动物咬伤、抓伤、舔黏膜和皮肤破损处，或者开放性伤口，黏膜接触可能感染狂犬病病毒动物唾液和组织。被狂犬、疑似狂犬或是不能确定健康的狂犬病宿主动物咬伤、抓伤、舔黏膜和皮肤破损处的所有人员称为狂犬病暴露者。

可以将2针合在1支针管里注射吗

爸爸妈妈@张思莱医师

孩子被狗咬后，医生第一次注射分别在双上臂三角肌处肌肉注射1针，不可以将2针合并1针注射吗？孩子减少一次注射的痛苦。另外完成全程接种后还需要加强免疫吗？

表情　图片　视频　话题　长微博　发布

A 根据“2-1-1”方案，孩子被狗咬后第一次接种狂犬疫苗必须分别在左、右上臂三角肌内接种。因为只有通过在两侧分别注射1剂，疫苗中的抗原才会激发左、右两侧的淋巴系统，产生更多的抗体，免疫效果更好。因此，如果只在一个部位接种则达不到上述效果。本疫苗不需要加强针。

第一次接种2针狂犬疫苗，同时注射抗狂犬免疫球蛋白是否会影响效果

爸爸妈妈@张思莱医师

孩子被狗咬后需要接种狂犬疫苗，并且同时注射狂犬病免疫球蛋白，是不是不可以在同一部位？应该如何同时注射？

表情 图片 视频 话题 长微博 发布

A 按照《狂犬病暴露预防处置工作规范（2009年版）》第18条规定：“不得把被动免疫制剂和狂犬病疫苗注射在同一部位。”因为这两种成分可能在同一部位发生中和反应。但如果狂犬疫苗和狂犬免疫球蛋白接种在不同部位，则不会相互影响，具体情况是：如是上肢伤口，伤口周围注射狂犬免疫球蛋白，只要三角肌处肌肉皮肤完整，即可在两侧接种疫苗；如果咬伤在三角肌部位，狂犬免疫球蛋白的使用不变，但同侧的疫苗可接种在同侧大腿前外侧肌，另一支疫苗在对侧三角肌或大腿前外侧肌接种；上臂被咬伤者，若不是在三角肌，狂犬免疫球蛋白在伤口周围浸润注射。疫苗接种尽量远离暴露部位并且两侧接种，不会影响效果。采用“2-1-1”，两侧三角肌和两侧大腿前外侧肌四处均可作为疫苗接种部位，根据情况选择。

“2-1-1”接种过程中出现延期接种的情况该如何处理

爸爸妈妈@张思莱医师

我们家中养了一只宠物狗，为了预防万一，给孩子接种了人用狂犬疫苗，采用的是“2-1-1”方案，但是第二次接种因为外出延误了几天，以后应该如何接种？

表情　图片　视频　话题　长微博　发布

A 《狂犬病暴露预防处置工作规范（2009年版）》第12条规定：“接种狂犬病疫苗应当按时完成全程免疫，按照程序正确接种对机体产生抗狂犬病的免疫力非常关键，当某一针次出现延迟一天或数天注射，其后续针次接种时间按延迟后的原免疫程序间隔时间相应顺延。”一般“2-1-1”由于仅需就诊3次，发生延期的比例相对比较低。如延迟期太长（超过10天），建议重新开始一个新的免疫程序。

附录1

《0～3岁可供接种的疫苗》（一类、二类、替代疫苗）

月龄	疫苗
0月龄	乙肝疫苗、卡介苗。
2月龄	脊髓灰质炎减毒活疫苗（糖丸）、脊髓灰质炎灭活疫苗、HIB疫苗、轮状病毒疫苗、五联疫苗。
3月龄	脊髓灰质炎减毒活疫苗（糖丸）、HIB疫苗、百白破疫苗、7价肺炎结合疫苗、五联疫苗。
4月龄	脊髓灰质炎减毒活疫苗（糖丸）、脊髓灰质炎灭活疫苗、HIB疫苗、百白破疫苗、7价肺炎结合疫苗、五联疫苗。
5月龄	7价肺炎结合疫苗、百白破疫苗。
6月龄	乙肝疫苗、流感疫苗（儿童型）、流脑疫苗。
8月龄	麻风腮疫苗、乙脑疫苗。
9月龄	流脑疫苗。
12月龄	流感疫苗（儿童型）、7价肺炎结合疫苗、水痘疫苗、人用狂犬疫苗。
18月龄	脊髓灰质炎灭活疫苗、HIB疫苗、百白破疫苗、五联疫苗、麻腮风疫苗、甲肝疫苗。
24月龄	流感疫苗（儿童型）、霍乱疫苗、麻腮风疫苗、甲肝疫苗、23价肺炎球菌多糖疫苗。
30月龄	甲肝疫苗。
36月龄	乙脑疫苗、流感疫苗（儿童型）、流脑疫苗。

以上摘自中国预防学会主办的家庭疫苗网

附录2

几种传染病的潜伏期、隔离期

病名	潜伏期（日）			病人隔离期
	一般	最短	最长	
水痘	13～17	10	24	隔离至全部皮疹干燥结痂为止。
麻疹	8～14	6	21	皮疹出现后5日解除隔离，合并肺炎者不少于发疹后10日。
风疹	14～21	5	25	一般不需要隔离，必要时隔离至皮疹出现5日后为止。
流行性腮腺炎	14～21	8	30	隔离至腺肿消失为止。
流行性感冒	1～2	数小时	4	隔离至症状消失为止。
流行性乙型脑炎	6～8	4	21	隔离至体温正常为止。
脊髓灰质炎	7～14	3	35	发病4周后解除隔离。
甲型肝炎	14～42			一般发病后40日解除隔离。
猩红热	2～5	半天	12	咽部症状消失，鼻咽分泌物培养连续2次阴性，解除隔离，但自治疗起不少于7日。
白喉	2～5天	1	10	症状消失，鼻咽分泌物连续2次培养阴性，解除隔离，但不少于7日。
百日咳	7～14	2	21	发病40日后或痉咳30日后解除隔离。
流行性脑膜炎	2～3	1	10	体温正常、鼻咽分泌物培养阴性解除隔离。
杆菌痢疾	1～4	半天	8	症状消失，粪便培养连续2次阴性，或症状消失后1周解除隔离。
伤寒副伤寒	10～14	3	30	体温正常，粪便培养连续2次阴性，或体温正常后2周，解除隔离，炊事员保育员暂调离工作，继续观察2个月。

附录3

扩大国家免疫规划疫苗免疫程序

疫苗	接种对象月（年）龄	接种剂次	接种部位	接种途径	接种剂量/剂次	备注	是否有二类疫苗可替换
乙肝疫苗	0、1、6月龄	3	上臂三角肌	肌内注射	酵母苗5微克/0.5毫升，CHO苗10微克/1毫升、20微克/1毫升	出生后24小时内接种第一剂次，第一、二剂次间隔≥28天	进口乙肝疫苗（GSK）
卡介苗	出生时	1	上臂三角肌中部略下处	皮内注射	0.1毫升		
脊灰疫苗	2、3、4月龄，4周岁	4		口服	1粒	第一、二剂次，第二、三剂次间隔均≥28天	进口灭活脊灰疫苗（巴斯德）进口五联疫苗
百白破疫苗	3、4、5月龄 18～24月龄	4	上臂外侧三角肌	肌内注射	0.5毫升	第一、二剂次，第二、三剂次间隔均≥28天	进口五联疫苗BH
白破疫苗	6周岁	1	上臂三角肌	肌内注射	0.5毫升		
麻风疫苗（麻疹疫苗）	8月龄	1	上臂外侧三角肌下缘附着处	皮下注射	0.5毫升		
麻腮风疫苗（麻腮疫苗、麻疹疫苗）	18～24月龄	1	上臂外侧三角肌下缘附着处	皮下注射	0.5毫升		
乙脑减毒活疫苗	8月龄 2周岁	2	上臂外侧三角肌下缘附着处	皮下注射	0.5毫升		
A群流脑疫苗	6～18月龄	2	上臂外侧三角肌附着处	皮下注射	30微克/0.5毫升	第一、二剂次间隔3个月	
A+C流脑疫苗	3周岁 6周岁	2	上臂外侧三角肌附着处	皮下注射	100微克/0.5毫升	2剂次间隔≥3年；第一剂次与A群流脑疫苗第二剂次间隔≥12个月	国产CYW135流脑疫苗 进口A+C疫苗

续表

疫苗	接种对象月（年）龄	接种剂次	接种部位	接种途径	接种剂量/剂次	备注	是否有二类疫苗可替换
甲肝减毒活疫苗	18月龄	1	上臂外侧三角肌附着处	皮下注射	1毫升		进口甲肝灭活疫苗
出血热疫苗（双价）	16～60周岁	3	上臂外侧三角肌	肌内注射	1毫升	接种第一剂次后14天接种第二剂次，第三剂次在第一剂次接种后6个月接种	
炭疽疫苗	炭疽疫情发生时，病例或病畜间接接触者及疫点周围高危人群	1	上臂外侧三角肌附着处	皮上划痕	0.05毫升（2滴）	病例或病畜的直接接触者不能接种	
钩体疫苗	流行地区可能接触疫水的7～60岁高危人群	2	上臂外侧三角肌附着处	皮下注射	成人第1剂0.5毫升，第二剂1.0毫升 7～13岁剂量减半，必要时7岁以下儿童依据年龄、体重酌量注射，不超过成人剂量1/4	接种第一剂次后7～10天接种第二剂次	
乙脑灭活疫苗	8月龄（2剂次）2周岁6周岁	4	上臂外侧三角肌下缘附着处	皮下注射	0.5毫升	第一、二剂次间隔7～10天	
甲肝灭活疫苗	18月龄24～30月龄	2	上臂三角肌附着处	肌内注射	0.5毫升	2剂次间隔≥6个月	进口甲肝灭活疫苗

注：1. CHO疫苗用于新生儿母婴阻断的剂量为20微克/毫升。

2.未收入药典的疫苗，其接种部位、途径和剂量参见疫苗使用说明书。

参考文献

1.《联合疫苗的应用和原理》，《PEDIATRICS》杂志中文版。

2.王晓川：预防接种与原发性免疫缺陷，《中国实用儿科杂志》2010（3）。

3.胡亚美、江载芳：《诸福棠实用儿科学》（第七版），人民卫生出版社，2005。

4.王创新：《预防接种实用知识问答》，山东大学出版社，2011。

5.罗凤基：《预防接种手册》，人民卫生出版社，2013。

6.［美］斯蒂文·谢尔弗：《美国儿科学会育儿百科》（第五版），池丽叶、栾晓森、王智瑶、王柳译，北京科学技术出版社，2012。

7.金汉珍、黄德珉、官希吉：《实用新生儿学》（第三版），人民卫生出版社，2003。

8.中国营养学会：《中国居民膳食营养素参考摄入量》，中国轻工业出版社，2006。

9.中国营养学会：《中国居民膳食指南》（2011年版），西藏人民出版社，2010。

10.沈晓明、金星明：《发育和行为儿科学》，江苏科学技术出版社，2003。

11.〔美〕本杰明·斯波克著、罗伯特·尼德尔曼修订：《斯波克育儿经》（第八版），哈澍、武晶平译，南海出版公司，2010。

12.蔡萌玲、曾明贵：《绝对强健宝宝牙齿》，江西美术出版社，2007。

13.王思宏：《绝对提升宝宝视力》，江西美术出版社，2007。

14.北京市人民政府：《急救手册》（家庭版），北京出版社，2009。